JN070225

スバラシク伸びると評判の

元気に伸びる 数学II・B 問題集

馬場敬之（けいし）

改訂4 revision

MATHEMA

マセマ出版社

◆ はじめに ◆

みなさん，こんにちは。数学の**馬場敬之（ばばけいし）**です。これまで発刊した**「元気が出る数学」シリーズ**は教科書レベルから易しい大学受験問題レベルまで無理なく実力を伸ばせる参考書として，沢山の読者の皆様にご愛読頂き，また数え切れない程の感謝のお便りを頂いて参りました。

しかし，このシリーズで学習した後で，**さらにもっと問題練習をするための問題集を出して欲しい**とのご要望もまたマセマに多数寄せられて参りました。この読者の皆様の強いご要望にお応えするために，今回
「元気に伸びる数学 II・B 問題集 改訂 4」を発刊することになりました。

これは「元気が出る数学」シリーズの準拠問題集で，**「元気が出る数学 II」**，**「元気が出る数学 B」**で培(つちか)った実力を，着実に定着させ，さらに易しい受験問題を解くための応用力も身に付けることができるように配慮して作成しました。

もちろんマセマの問題集ですから，自作問も含め，**選りすぐりの 147 題の良問ばかり**を疑問の余地がないくらい，分かりやすく親切に解説しています。したがいまして，「元気が出る数学」シリーズで，まだあやふやだった知識や理解が不十分だったテーマも，この問題集ですべて解決することができるはずです。

また，この問題集は，授業の補習や中間試験・期末試験，実力テストなどの対策だけでなく，易しい大学なら十分合格できるだけの実践力まで養うことができます。楽しみにして下さい。

数学の実力を伸ばす一番の方法は，体系だった数学の様々な解法パターンをシッカリと身に付けることです。解法の流れが明解に分かるように工夫して作成していますので，問題集ではありますが，物語を読むように，楽しみながら学習していって下さい。

この問題集は，数学 **II・B** の全範囲を網羅する **9** つの章から構成されており，それぞれの章はさらに**「公式＆解法パターン」**と**「問題・解答＆解説編」**に分かれています。

まず，各章の頭にある「公式＆解法パターン」で基本事項や公式，および基本的な考え方を確認しましょう。それから「問題・解答＆解説編」で実際に問題を解いてみましょう。「問題・解答＆解説編」では各問題毎に **3** つのチェック欄がついています。

慣れていない方は初めから解答＆解説を見てもかまいません。そしてある程度自信が付いたら，今度は解答＆解説を見ずに**自力で問題を解いていきましょう。**チェック欄は **3** つ用意していますから，自力で解けたら"○"と所要時間を入れていくと，ご自身の成長過程が分かって良いと思います。**3** つのチェック欄にすべて"○"を入れられるように頑張りましょう！

本当に数学の実力を伸ばすためには，**「良問を繰り返し自力で解く」**ことに限ります。ですから，**3** つのチェック欄を用意したのは，最低でも **3** 回は解いてほしいということであって，間違えた問題や納得のいかない問題は，その後何度でもご自身で納得がいくまで繰り返し解いてみることです。

マセマの問題集は非常に読みやすく分かりやすく作られていますが，その本質は，大学数学の分野で**「東大生が一番読んでいる参考書」**として知られている程，**その内容は本格的**なものなのです。

（「キャンパス・ゼミ」シリーズ販売実績　2019 年度大学生協東京事業連合会調べによる。）

ですから，安心して，この**「元気に伸びる数学 II・B 問題集 改訂 4」**で勉強して，是非**自分自身の夢**を実現させて下さい。マセマのスタッフ一同，読者の皆様の成長を心から楽しみにしています…。

マセマ代表　馬場 敬之（けいし）

この改訂 **4** では，補充問題として，数列の和と漸化式の問題を新たに加えました。

◆目　次◆

第１章
CHAPTER

1 方程式・式と証明

テーマ

- 乗法公式，二項定理
  $\left((a+b)^n$ の一般項 ${}_n\mathrm{C}_r\, a^{n-r}b^r\right)$
- 2 次方程式の解と係数の関係
  $\left(\alpha+\beta=-\dfrac{b}{a},\ \alpha\beta=\dfrac{c}{a}\right)$
- 高次方程式と因数定理 $\left(f(a)=0\right)$
- 不等式の証明 $\left(a+b \geqq 2\sqrt{ab}\right.$ など$\left.\right)$

第1章 方程式・式と証明 ●公式＆解法パターン

1. 乗法公式（因数分解公式）の復習

(1) 2 次の乗法公式（因数分解公式）　（数学 I の分野）

（i）$m(a+b) = ma + mb$　　（m：共通因数）

（ii）$(a+b)^2 = a^2 + 2ab + b^2$，$(a-b)^2 = a^2 - 2ab + b^2$

（iii）$(a+b)(a-b) = a^2 - b^2$

（iv）$(a+b+c)^2 = a^2 + b^2 + c^2 + 2ab + 2bc + 2ca$

（v）$(x+a)(x+b) = x^2 + (a+b)x + ab$

$(ax+b)(cx+d) = acx^2 + (ad+bc)x + bd$ ←“たすきがけ”の因数分解公式

(2) 3 次の乗法公式（因数分解公式）

（vi）$(a+b)^3 = a^3 + 3a^2b + 3ab^2 + b^3$

$(a-b)^3 = a^3 - 3a^2b + 3ab^2 - b^3$

（vii）$(a+b)(a^2 - ab + b^2) = a^3 + b^3$

$(a-b)(a^2 + ab + b^2) = a^3 - b^3$

（viii）$a^3 + b^3 + c^3 - 3abc = (a+b+c)(a^2 + b^2 + c^2 - ab - bc - ca)$

2. 二項定理

(1) 二項定理

$$(a+b)^n = {}_n\mathrm{C}_0 a^n + {}_n\mathrm{C}_1 a^{n-1}b + {}_n\mathrm{C}_2 a^{n-2}b^2 + {}_n\mathrm{C}_3 a^{n-3}b^3 + \cdots + {}_n\mathrm{C}_n b^n$$
$$(n = 1,\ 2,\ 3,\ \cdots)$$

$(a+b)^n$ の一般項は ${}_n\mathrm{C}_r a^{n-r}b^r$　$(r = 0,\ 1,\ 2,\ \cdots,\ n)$ となる。

(2) 二項定理の応用（三項の場合）

$(a+b+c)^n$ の展開式の $a^pb^qc^r$ $(p+q+r=n)$ の項の係数は，

$\dfrac{n!}{p!q!r!}$ となることも，覚えておこう。

3. 複素数

(1) 複素数の定義

$a + bi$　（a，b：実数，虚数単位 $i = \sqrt{-1}$）

（i）$b = 0$ のとき，実数 a，（ii）$b \neq 0$ のとき，虚数 $a + bi$ となる。

(2) 複素数の公式

複素数 $\alpha = a + bi$, $\beta = c + di$ について,

(i) 共役複素数 $\overline{\alpha} = a - bi$

(ii) 絶対値 $|\alpha| = \sqrt{a^2+b^2}$, $|\alpha|^2 = \alpha\overline{\alpha}$

(iii) $\overline{\alpha \pm \beta} = \overline{\alpha} \pm \overline{\beta}$, $|\alpha\beta| = |\alpha||\beta|$

(iv) $\alpha = \beta$, すなわち $a + bi = c + di$ ならば, $a = c$ かつ $b = d$ ← 複素数の相等

4. 2次方程式の解と係数の関係

(1) 2次方程式：$ax^2 + bx + c = 0$ $(a \neq 0)$ の解を α, β とおくと,

(i) $\alpha + \beta = -\dfrac{b}{a}$ かつ (ii) $\alpha\beta = \dfrac{c}{a}$ が成り立つ。

(2) 解と係数の関係を逆に利用するパターン

$\begin{cases} \alpha + \beta = p \\ \alpha \cdot \beta = q \end{cases}$ のとき, α と β を解にもつ x の2次方程式は,

$x^2 - px + q = 0$ ……① になる。

ここで, α, β が実数のとき, ①は実数解 α, β をもつので,

判別式 $D = p^2 - 4q \geqq 0$ となる。(これを実数条件という。)

5. 2次方程式の2実数解の符号を判定

2次方程式 $ax^2 + bx + c = 0$ $(a \neq 0$, a, b, c：実数$)$ の相異なる2つの実数解 α, β について,

(I) α と β が共に正となるための条件

(i) $D > 0$ かつ (ii) $\underset{\oplus}{\alpha} + \underset{\oplus}{\beta} = -\dfrac{b}{a} > 0$ かつ (iii) $\underset{\oplus}{\alpha} \cdot \underset{\oplus}{\beta} = \dfrac{c}{a} > 0$

(II) α と β が共に負となるための条件

(i) $D > 0$ かつ (ii) $\underset{\ominus}{\alpha} + \underset{\ominus}{\beta} = -\dfrac{b}{a} < 0$ かつ (iii) $\underset{\ominus}{\alpha} \cdot \underset{\ominus}{\beta} = \dfrac{c}{a} > 0$

(III) α と β が異符号となるための条件

(i) $\alpha \cdot \beta = \dfrac{c}{a} < 0$

> $\dfrac{c}{a} < 0$ のとき, $ac < 0$ より,
> $D = \underset{0以上}{b^2} \underset{\oplus}{- 4ac} > 0$ となるので,
> $D > 0$ を言う必要はない。

6. 3次方程式の解と係数の関係

3次方程式 $ax^3 + bx^2 + cx + d = 0 \ (a \neq 0)$ の解が α, β, γ のとき,

(i) $\alpha + \beta + \gamma = -\dfrac{b}{a}$, (ii) $\alpha\beta + \beta\gamma + \gamma\alpha = \dfrac{c}{a}$, (iii) $\alpha\beta\gamma = -\dfrac{d}{a}$ が成り立つ。

7. 剰余の定理と因数定理

(1) 剰余の定理

整式 $f(x)$ について,

$f(a) = R \iff f(x)$ を $x - a$ で割った余りは R である。

$(ex)\ f(x) = 2x^3 + x^2 - 3x + 1$ を $\underline{x + 2}$ で割った余りは，剰余の定理から，

$\boxed{x - (-2) \text{ より, } a = -2 \text{ だね。}}$

$f(-2) = 2 \cdot (-2)^3 + (-2)^2 - 3 \cdot (-2) + 1 = -16 + 4 + 6 + 1 = -5$ である。

(2) 因数定理

整式 $f(x)$ について,

$f(a) = 0 \iff f(x)$ は $x - a$ で割り切れる。

この因数定理は，3次，4次，… の高次方程式 $f(x) = 0$ の解法に利用される。

高次方程式 $f(x) = 0$ は，$x = a$ を代入して，$f(a) = 0$ をみたす定数 a を求めて，$(x - a) \cdot Q(x) = 0$ の形に因数分解して解く。

(ex) 3次方程式 $x^3 - x^2 + x + 3 = 0$ を解く。

$f(x) = 1 \cdot x^3 - 1 \cdot x^2 + 1 \cdot x + 3$ とおくと，

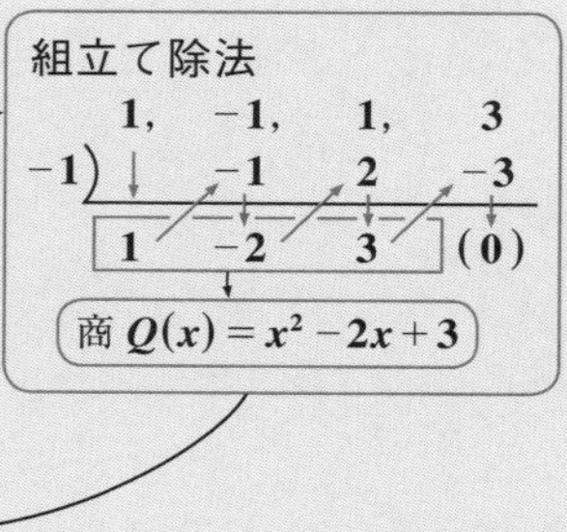

$f(-1) = (-1)^3 - (-1)^2 + (-1) + 3$

$\qquad = -1 - 1 - 1 + 3 = 0$ より，

因数定理から，$f(x)$ は

$x + 1 \ (= x - (-1))$ で割り切れて，

$f(x) = (x + 1)(x^2 - 2x + 3)$ となる。

よって，$f(x) = 0$ は，$(x + 1)(x^2 - 2x + 3) = 0$ となるので，

3次方程式 $f(x) = 0$ の解は，

$x = -1$，または $x = -(-1) \pm \sqrt{(-1)^2 - 1 \cdot 3} = 1 \pm \sqrt{-2} = 1 \pm \sqrt{2}\,i$ となる。

組立て除法

$$
\begin{array}{r|rrrr}
 & 1 & -1 & 1 & 3 \\
-1 & \downarrow & -1 & 2 & -3 \\
\hline
 & 1 & -2 & 3 & (0) \\
\end{array}
$$

$\boxed{\text{商 } Q(x) = x^2 - 2x + 3}$

8. ω（オメガ）計算

$x^2+x+1=0$ の解の 1 つを ω とおくと，ω は次の性質をもつ。

(i) $\omega^2+\omega+1=0$　　(ii) $\omega^3=1$

(ex) $x^2+x+1=0$ の解の 1 つを ω とおくとき，$\omega^6+\omega^5+\omega^4+\omega^3$ の値は，

$\underbrace{\omega^6}_{(\omega^3)^2}+\underbrace{\omega^5+\omega^4+\omega^3}_{\omega^3(\omega^2+\omega+1)}=\underbrace{(\omega^3)}_{1}{}^2+\underbrace{\omega^3}_{1}\cdot\underbrace{(\omega^2+\omega+1)}_{0}=1^2+1\times0=1$ である。

9. 等式 A＝B の証明の 3 つのパターン

(Ⅰ) A，B のうち，いずれか一方が複雑な式で，他方が簡単な式の場合，複雑な式の方を変形して，簡単な式と同じになることを示す。

(Ⅱ) A，B が共に複雑な式の場合，どちらも変形して，ある簡単な式にして，同じ式になることを示す。

(Ⅲ) $A-B$ を計算して，$A-B=0$ となることを示す。

10. 不等式の証明に使う 4 つのパターン

(1) $A^2\geqq0$，$A^2+B^2\geqq0$ など。(A，B：実数)

(2) 相加・相乗平均の不等式

$a\geqq0$，$b\geqq0$ のとき，$a+b\geqq2\sqrt{ab}$　(等号成立条件：$a=b$)

(3) $|a|\geqq a$　(a：実数)

(4) $a\geqq0$，$b\geqq0$ のとき，$a>b \iff a^2>b^2$

(ex) 正の数 x，y が，$x+y=6$ をみたすとき，$x\cdot y$ の最大値を求める。

$x>0$，$y>0$ より，相加・相乗平均の不等式を用いると，

$\underbrace{x+y}_{6}\geqq2\sqrt{x\cdot y}$　(等号成立条件：$x=y=3$)

ここで，$x+y=6$ より，　$6\geqq2\sqrt{xy}$　　$3\geqq\sqrt{xy}$

この両辺は正より，2 乗しても大小関係は変化しない。

$\therefore\ \underbrace{9}_{xyの最大値}\geqq xy$ より，$x=y=3$ のとき，$x\cdot y$ は最大値 9 をとる。

因数分解

元気力アップ問題 1	難易度 ★★	CHECK 1	CHECK 2	CHECK 3

次の各式を因数分解せよ。

$(1)\, x^6 - y^6$ （武蔵大 *）　　　　$(2)\, x^3 - x^2y - xy^2 + y^3$ （四日市大）

$(3)\, x^3 + 8y^3 - 6xy + 1$

> **ヒント！** (1), (2) は，$a^3 \pm b^3 = (a \pm b)(a^2 \mp ab + b^2)$ を用いればいい。(3) は，長い公式だけれど，$a^3 + b^3 + c^3 - 3abc = (a+b+c)(a^2+b^2+c^2-ab-bc-ca)$ が利用できることに気付けばいいんだね。

解答＆解説

$(1)\ x^6 - y^6 = (x^3)^2 - (y^3)^2$

$= \underbrace{(x^3 + y^3)}_{(x+y)(x^2-xy+y^2)}\underbrace{(x^3 - y^3)}_{(x-y)(x^2+xy+y^2)}$

$= (x+y)(x-y)(x^2+xy+y^2)(x^2-xy+y^2)$

$\cdots\cdots\cdots$（答）

$(2)\ x^3 - x^2y - xy^2 + y^3$

$= \underbrace{(x^3 + y^3)}_{(x+y)(x^2-xy+y^2)} - xy(x+y)$

$= (x+y)(x^2 - xy + y^2) - xy(x+y)$

$= (x+y)(x^2 - 2xy + y^2)$

$= (x+y)(x-y)^2$ $\cdots\cdots\cdots\cdots$（答）

$(3)\ \underbrace{x^3}\ +\ \underbrace{8y^3}_{(2y)^3}\ +\ \underbrace{1}_{1^3}\ -\ \underbrace{6xy}_{3\cdot x \cdot 2y \cdot 1}$

$= x^3 + (2y)^3 + 1^3 - 3\cdot x\cdot 2y\cdot 1$

$= (x + 2y + 1)\{x^2 + (2y)^2 + 1^2$
$\qquad\qquad - x\cdot 2y - 2y\cdot 1 - 1\cdot x\}$

$= (x + 2y + 1)(x^2 + 4y^2 + 1 - 2xy - 2y - x)$

$= (x + 2y + 1)(x^2 - 2xy + 4y^2 - x - 2y + 1)$

$\cdots\cdots\cdots$（答）

ココがポイント

⇦ $A^2 - B^2 = (A+B)(A-B)$

⇦ $a^3 \pm b^3 = (a \pm b)(a^2 \mp ab + b^2)$ を利用する。

⇦ $a^3 + b^3 = (a+b)(a^2 - ab + b^2)$ を使うんだね。

⇦ $(x+y)$ をくくり出す。

⇦ $a^2 - 2ab + b^2 = (a-b)^2$

$x = a,\ 2y = b,\ 1 = c$ とおいた

⇦ $a^3 + b^3 + c^3 - 3abc$
$= (a+b+c)(a^2+b^2+c^2$
$\qquad - ab - bc - ca)$
を利用しよう。

分数計算(I)

元気力アップ問題 2　難易度 ☆☆　CHECK 1　CHECK 2　CHECK 3

次の式を簡単にせよ。ただし，i は虚数単位 ($i^2 = -1$) を表す。

(1) $\dfrac{\dfrac{1+x}{1-x}-\dfrac{1-x}{1+x}}{\dfrac{1+x}{1-x}+\dfrac{1-x}{1+x}}$　(山梨学院大)　(2) $\left(\dfrac{1+2i}{3-4i}\right)^3$　(関西学院大)

ヒント！ (1)(2) は共に分数計算の問題だね。(1) は，まず分子・分母をそれぞれ通分し，(2) では，$\dfrac{1+2i}{3-4i}$ をまず計算して簡単化しよう。

解答＆解説

(1)(分子) $= \dfrac{1+x}{1-x}-\dfrac{1-x}{1+x} = \dfrac{(1+x)^2-(1-x)^2}{(1-x)(1+x)} = \dfrac{4x}{1-x^2}$

(分母) $= \dfrac{1+x}{1-x}+\dfrac{1-x}{1+x} = \dfrac{(1+x)^2+(1-x)^2}{(1-x)(1+x)} = \dfrac{2(1+x^2)}{1-x^2}$

以上より，

与式 $= \dfrac{\dfrac{4x}{1-x^2}}{\dfrac{2(1+x^2)}{1-x^2}} = \dfrac{4x}{2(1+x^2)} = \dfrac{2x}{1+x^2}$ ……(答)

(2) $\dfrac{1+2i}{3-4i} = \dfrac{(1+2i)(3+4i)}{(3-4i)(3+4i)} = \dfrac{-1+2i}{5}$ より，（有理化）

$\left(\dfrac{1+2i}{3-4i}\right)^3 = \left(\dfrac{-1+2i}{5}\right)^3 = \dfrac{(-1+2i)^3}{5^3}$ （$(a+b)^3$ の公式より）

$= \dfrac{(-1)^3+3\cdot(-1)^2\cdot 2i+3\cdot(-1)\cdot(2i)^2+(2i)^3}{125}$

$= \dfrac{11-2i}{125} = \dfrac{11}{125}-\dfrac{2}{125}i$ ……………(答)

ココがポイント

⇦ 分子 $= \cancel{1}+2x+\cancel{x^2}-(\cancel{1}-2x+\cancel{x^2})$
$= 4x$

⇦ 分子 $= 1+\cancel{2x}+x^2+1-\cancel{2x}+x^2$
$= 2+2x^2$
$= 2(1+x^2)$

⇦ 分子・分母に $1-x^2$ をかけた。

⇦ $\dfrac{3+4i+6i+8i^2}{9-16\cdot i^2}$ （$i^2 = -1$）
$= \dfrac{-5+10i}{25} = \dfrac{-1+2i}{5}$

⇦ 分子 $= -1+6i-12i^2+8i^3$ （$i^2 = (-1)$，$i^3 = (-i)$）
$= -1+6i+12-8i$
$= 11-2i$

分数計算 (Ⅱ)

x の分数式 $f(x) = 1 + \cfrac{1}{1 + \cfrac{1}{1 + \cfrac{1}{x}}}$ について，次の問いに答えよ。

(1) $f(x)$ を簡単にせよ。　　　　**(2)** 方程式 $f(x) = x$ を解け。

ヒント! **(1)** では，$f(x) = \dfrac{(x \text{の式})}{(x \text{の式})}$ の形で表そう。**(2)** は，x の 2 次方程式になる。

解答 & 解説

(1) $f(x)$ を変形して，

$$f(x) = 1 + \cfrac{1}{1 + \boxed{\cfrac{1}{1 + \cfrac{1}{x}}}} \quad \boxed{\cfrac{1}{\frac{x+1}{x}} = \frac{x}{x+1}}$$

$$= 1 + \cfrac{1}{1 + \boxed{\cfrac{x}{x+1}}} \quad \boxed{\cfrac{1}{\frac{x+1+x}{x+1}} = \frac{x+1}{2x+1}}$$

$$= 1 + \frac{x+1}{2x+1} = \frac{2x+1+x+1}{2x+1}$$

$$\therefore f(x) = \frac{3x+2}{2x+1} \quad \cdots\cdots ① \text{ となる。} \cdots\cdots\cdots\cdots (答)$$

(2) ① より，方程式 $f(x) = x$ は

$$\frac{3x+2}{2x+1} = x \text{ となる。よって，} 3x+2 = x(2x+1)$$

これをまとめて，$x^2 - x - 1 = 0$

これを解いて，$x = \dfrac{1 \pm \sqrt{5}}{2}$ $\cdots\cdots\cdots\cdots\cdots (答)$

$\left(\text{これは，} x \neq 0, \; -1, \; -\dfrac{1}{2} \text{ をみたす。} \right)$

ココがポイント

⇦ 繁分数の計算

$$\cfrac{\;\frac{d}{c}\;}{\;\frac{b}{a}\;} = \frac{ad}{bc} \text{ となる。}$$

⇦ 式変形の際，分母は **0** にならないので，$x \neq 0, \; -1, \; -\dfrac{1}{2}$ である。

⇦ $2x^2 + x = 3x + 2$
$2x^2 - 2x - 2 = 0$
両辺を 2 で割って，
$x^2 - x - 1 = 0$
これから，解は，
$x = \dfrac{-(-1) \pm \sqrt{(-1)^2 - 4 \cdot 1 \cdot (-1)}}{2}$

二項定理 (I)

元気力アップ問題 4	難易度 ★★	CHECK 1	CHECK 2	CHECK 3

(1) $\left(ax^2+\dfrac{1}{x^3}\right)^6$ の展開式で，$\dfrac{1}{x^8}$ の係数が **60** であるとき，a の値を求めよ。

(宮崎大)

(2) $\left(x+y+\dfrac{1}{3xy}\right)^6$ の展開式の定数項を求めよ。

ヒント！ (1) では，$(\alpha+\beta)^n$ の一般項の公式 ${}_n\mathrm{C}_r\,\alpha^{n-r}\beta^r$ を用い，(2) では，$(\alpha+\beta+\gamma)^n$ の一般項の公式 $\dfrac{n!}{p!q!r!}\alpha^p\beta^q\gamma^r$ $(p+q+r=n)$ を用いればいいんだね。

解答＆解説

(1) $(ax^2+x^{-3})^6$ の展開式の一般項は，

$${}_6\mathrm{C}_r\underbrace{(ax^2)^{6-r}(x^{-3})^r}_{a^{6-r}x^{2(6-r)-3r}}=\underbrace{{}_6\mathrm{C}_r\,a^{6-r}}_{\text{係数}}x^{\overset{-8}{\boxed{12-5r}}}\quad(r=0,\ 1,\ \cdots,\ 6)$$

よって，$\dfrac{1}{x^8}=x^{-8}$ の項の係数は，

$12-5r=-8$ より，$5r=20$　　$r=4$ から，

${}_6\mathrm{C}_4\ a^{6-4}=\dfrac{6!}{4!\cdot 2!}\cdot a^2=15a^2$ となる。

よって $15a^2=60$ のとき，$a^2=4$

$\therefore\ a=\pm 2$ である。……………………………(答)

(2) $\left(x+y+\dfrac{1}{3xy}\right)^6$ の展開式の一般項は，

$$\frac{6!}{p!q!r!}\underbrace{x^p\cdot y^q\cdot\left(\frac{1}{3xy}\right)^r}_{\frac{1}{3^r}\cdot\frac{x^p}{x^r}\cdot\frac{y^q}{y^r}=\frac{1}{3^r}x^{p-r}\cdot y^{q-r}}=\underbrace{\frac{6!}{p!q!r!}\cdot\frac{1}{3^r}}_{\text{係数}}\cdot x^{\overset{0}{\boxed{p-r}}}\cdot y^{\overset{0}{\boxed{q-r}}}$$

$(p+q+r=6)$ となる。よって，この定数項は

$p-r=0$ かつ $q-r=0$，すなわち $p=q=r=2$ より，

$\dfrac{6!}{2!2!2!}\cdot\dfrac{1}{3^2}=\dfrac{6\cdot5\cdot\cancel{4}\cdot3}{\cancel{2\cdot1\times2\cdot1}}\times\dfrac{1}{3^2}=\dfrac{90}{9}=10$ である。

………(答)

ココがポイント

⇦ $(\alpha+\beta)^6$ の一般項は ${}_6\mathrm{C}_r\,\alpha^{6-r}\beta^r$ となる。

⇦ ${}_6\mathrm{C}_4=\dfrac{6!}{4!2!}=\dfrac{6\cdot5}{2\cdot1}=15$

⇦ $(\alpha+\beta+\gamma)^6$ の一般項は，$\dfrac{6!}{p!q!r!}\alpha^p\cdot\beta^q\cdot\gamma^r$ $(p+q+r=6)$ となる。

⇦ $p+q+r=6$, $p=r$, $q=r$ より，$p=q=r=2$ となる。

二項定理(II)

元気力アップ問題5　難易度★★　CHECK 1　CHECK 2　CHECK 3

$\left(x^2+\dfrac{2}{x}\right)^4(x-1)^5$ を展開したとき x^7 の係数を求めよ。

ヒント！ $\left(x^2+\dfrac{2}{x}\right)^4$ の一般項 ${}_4C_r(x^2)^{4-r}\left(\dfrac{2}{x}\right)^r$ と $(x-1)^5$ の一般項 ${}_5C_kx^{5-k}(-1)^k$ の積から x^7 の項の係数を求めればいいんだね。頑張ろう！

解答&解説

・$\left(x^2+\dfrac{2}{x}\right)^4$ の一般項は，

${}_4C_r\underbrace{(x^2)^{4-r}\left(\dfrac{2}{x}\right)^r}_{x^{8-2r}\cdot 2^r\cdot x^{-r}}={}_4C_r\cdot 2^r\cdot x^{8-3r}$ であり，

$(r=0,\ 1,\ 2,\ 3,\ 4)$

・$\{x+(-1)\}^5$ の一般項は，

${}_5C_kx^{5-k}\cdot(-1)^k={}_5C_k(-1)^kx^{5-k}$ である。

$(k=0,\ 1,\ 2,\ 3,\ 4,\ 5)$

以上より，$\left(x^2+\dfrac{2}{x}\right)^4\cdot(x-1)^5$ の一般項は，

${}_4C_r2^r\cdot{}_5C_k(-1)^k\cdot x^{8-3r}\cdot x^{5-k}=\underbrace{{}_4C_r2^r\ {}_5C_k(-1)^k}_{係数}x^{13-3r-k}$ （$13-3r-k=7$）

よって，x^7 の指数が $13-3r-k=7$ より，

$3r+k=6$ ……①　ここで，$0\leqq r\leqq 4$，$0\leqq k\leqq 5$

より，①をみたす整数の組 $(r,\ k)$ は，

$(r,\ k)=(1,\ 3)$，$(2,\ 0)$ の2組のみである。

$\therefore$ $\left(x^2+\dfrac{2}{x}\right)^4\cdot(x-1)^5$ を展開したときの x^7 の係数は，

$\underbrace{{}_4C_1\cdot 2^1\cdot{}_5C_3(-1)^3}_{r=1,\ k=3}+\underbrace{{}_4C_2\cdot 2^2\cdot{}_5C_0(-1)^0}_{r=2,\ k=0}$

$=4\cdot 2\cdot 10\cdot(-1)+6\cdot 4\cdot 1\cdot 1$

$=-80+24=-56$ である。 ………………(答)

ココがポイント

⇦二項定理より，$(\alpha+\beta)^4$ の一般項は ${}_4C_r\alpha^{4-r}\cdot\beta^r$ だね。

⇦二項定理より，$(\alpha+\beta)^5$ の一般項は ${}_5C_k\alpha^{5-k}\cdot\beta^k$ だね。

⇦$0\leqq r\leqq 4$，$0\leqq k\leqq 5$ より，①をみたす $(r,\ k)$ の組は
・$r=1$ のとき，$k=6-3=3$
・$r=2$ のとき，$k=6-6=0$
より，$(r,\ k)=(1,\ 3)$，$(2,\ 0)$ の2組のみだね。

⇦${}_4C_1=4$，${}_5C_3=\dfrac{5!}{3!2!}=10$，${}_4C_2=\dfrac{4!}{2!2!}=6$，${}_5C_0=1$

複素数の相等(Ⅰ)

元気力アップ問題 6　難易度 ☆☆　CHECK 1　CHECK 2　CHECK 3

有理数 a, b, c, d が, 次の式をみたしているとき, a, b, c, d の値を求めよ。ただし, i は虚数単位とする。

$(\sqrt{3}+i)^4+a(\sqrt{3}+i)^3+b(\sqrt{3}+i)^2+c(\sqrt{3}+i)+d=0$ ……① (阪南大)

ヒント! ①を変形して, $A+Bi=0$ (A, B : 実数)とすると, 複素数の相等により, $A=0$ かつ $B=0$ になるんだね。

解答&解説

$\underbrace{(\sqrt{3}+i)^4}_{-8+8\sqrt{3}i}+a\underbrace{(\sqrt{3}+i)^3}_{8i}+b\underbrace{(\sqrt{3}+i)^2}_{2+2\sqrt{3}i}+c(\sqrt{3}+i)+d=0$ ……①

を変形して, まとめると

$-8+8\sqrt{3}i+8ai+2b+2\sqrt{3}bi+c\sqrt{3}+ci+d=0$

$\underbrace{(-8+2b+c\sqrt{3}+d)}_{\text{実部(実数)}=0}+\underbrace{(8\sqrt{3}+8a+2\sqrt{3}b+c)}_{\text{虚部(実数)}=0}i=\underbrace{0}_{0+0i}$

ここで $A+Bi=0$ (A, B: 実数)のとき, 複素数の相等より,

$A=0$ かつ $B=0$ となるので,

$\begin{cases} -8+2b+c\sqrt{3}+d=0 & \cdots\cdots② \text{ かつ} \\ 8\sqrt{3}+8a+2\sqrt{3}b+c=0 & \cdots\cdots③ \text{ となる。} \end{cases}$

ここで a, b, c, d は有理数より, ②, ③をまとめて,

$\begin{cases} (2b+d-8)+c\sqrt{3}=0 & \cdots\cdots②' \\ (8a+c)+(8+2b)\sqrt{3}=0 & \cdots\cdots③' \end{cases}$ とおくと,

$\begin{cases} 2b+d-8=0 \cdots\cdots④, & \text{かつ } c=0 \cdots\cdots⑤ \\ 8a+c=0 \cdots\cdots⑥, & \text{かつ } 8+2b=0 \cdots\cdots⑦ \end{cases}$

⑤と⑦より, $c=0$, $b=-4$

$c=0$ より, ⑥は $8a=0$ $\therefore a=0$

$b=-4$ より, ④は $-8+d-8=0$ $\therefore d=16$

以上より, $a=c=0$, $b=-4$, $d=16$ である。……(答)

ココがポイント

⇦ ・$(\sqrt{3}+i)^2=3+2\sqrt{3}i+i^2$
$=2+2\sqrt{3}i$

・$(\sqrt{3}+i)^3=\underbrace{(\sqrt{3}+i)^2}_{2+2\sqrt{3}i}(\sqrt{3}+i)$
$=(2+2\sqrt{3}i)(\sqrt{3}+i)$
$=2\sqrt{3}+2i+6i+2\sqrt{3}\underbrace{i^2}_{(-1)}$
$=8i$

・$(\sqrt{3}+i)^4=\underbrace{(\sqrt{3}+i)^3}_{8i}(\sqrt{3}+i)$
$=8\sqrt{3}i+8\underbrace{i^2}_{-1}$
$=-8+8\sqrt{3}i$

⇦有理数とは, 整数または分数のことだね。

⇦ $C+D\underbrace{\sqrt{3}}_{\text{無理数}}=0$ (C, D : 有理数)のとき, $C=0$ かつ $D=0$ となる。
・もし $D\neq 0$ と仮定すると, $\sqrt{3}=-\dfrac{C}{D}$ (有理数)となって矛盾する。(背理法)
$\therefore D=0$ これを $C+D\sqrt{3}=0$ に代入して, $C=0$ も導かれる。

複素数の相等 (II)

元気力アップ問題 7	難易度 ★★	CHECK 1	CHECK 2	CHECK 3

$2axy - xi + 2yi + 2a + 4i + 1 = 0$ ……① (i：虚数単位，$a \neq 0$) をみたす実数 x，y が存在するとき，実数 a の取り得る値の範囲を求めよ。

ヒント！ 与式を $A + Bi = 0$ (A，B：実数) の形にまとめて，複素数の相等を用いて，$A = 0$ かつ $B = 0$ として解いていけばいいんだね。

解答＆解説

①式を変形して，

$$(2axy + 2a + 1) + i(-x + 2y + 4) = 0$$

実部(実数) $= 0$　　虚部(実数) $= 0$

ここで，x，y，aは実数より，複素数の相等から

$$\begin{cases} 2axy + 2a + 1 = 0 \ \cdots\cdots② \text{ かつ} \\ -x + 2y + 4 = 0 \ \cdots\cdots③ \text{ となる。} \end{cases}$$

③より，$y = \dfrac{x-4}{2} = \dfrac{x}{2} - 2$ ……③′

③′を②に代入して，

$$2ax \cdot \left(\frac{x}{2} - 2\right) + 2a + 1 = 0$$

$$ax^2 - 4ax + 2a + 1 = 0 \ \cdots\cdots④$$

(a，$2b'$，c)

ここで$a \neq 0$より，④はxの2次方程式であるので，これが実数解をもつときのaの値の範囲を求めればよい。④の判別式をDとおくと，

$$\frac{D}{4} = (-2a)^2 - a(2a+1) = 4a^2 - 2a^2 - a$$

$$= 2a^2 - a = a(2a-1) \geqq 0 \text{ となる。}$$

$\therefore a \leqq 0$，$\dfrac{1}{2} \leqq a$

ここで，$a \neq 0$より，求めるaのとり得る値の範囲は，

$a < 0$，または$\dfrac{1}{2} \leqq a$である。……………………(答)

ココがポイント

⇦$A + Bi = 0$ (A，B：実数) より，$A = 0$ かつ $B = 0$ ともち込める。

⇦③より，$y = \dfrac{x}{2} - 2$ …③′

③′を②に代入して，x の2次方程式にもち込んで，これが実数解をもてばいいんだね。何故なら，xが実数のとき，③′よりyも実数となるから，実数x，yが存在することになるからなんだね。よって，④のxの2次方程式の判別式のDが$D \geqq 0$となるaの値の範囲を求めよう。

解と係数の関係 (I)

元気力アップ問題 8　難易度 ☆☆　CHECK 1　CHECK 2　CHECK 3

2 次方程式 $3x^2-6x+2=0$ の 2 つの解を α, β とする。

(1) $\dfrac{\beta^2}{\alpha}+\dfrac{\alpha^2}{\beta}$ の値を求めよ。

(2) $\dfrac{\beta^2}{\alpha}$ と $\dfrac{\alpha^2}{\beta}$ を解にもつ x の 2 次方程式で，x^2 の係数が 3 となるものを求めよ。

(山梨学院大＊)

ヒント！ (1) 解と係数の関係から $\alpha+\beta$ と $\alpha\beta$ の値が分かるので，これを利用しよう。(2) は，解と係数の関係を逆手に使うパターンの問題だね。

解答＆解説

$\underset{a}{3}x^2\underset{b}{-6}x+\underset{c}{2}=0$　の解を α，β とおくと，解と係数の関係より，

$$\alpha+\beta=-\frac{-6}{3}=2 \ \cdots①,\quad \alpha\beta=\frac{2}{3}\ \cdots②\ \text{である。}$$

(1) $$\frac{\beta^2}{\alpha}+\frac{\alpha^2}{\beta}=\frac{\alpha^3+\beta^3}{\alpha\beta}$$

(①，②を代入した)

$$=\frac{(\alpha+\beta)^3-3\alpha\beta(\alpha+\beta)}{\alpha\beta}=\frac{2^3-3\cdot\frac{2}{3}\cdot 2}{\frac{2}{3}}$$

$$=\frac{3}{2}\cdot(8-4)=\frac{3}{2}\times 4=6 \ \cdots\cdots③ \ \cdots\cdots\cdots\cdots\cdots(\text{答})$$

(2) $$\begin{cases}\dfrac{\beta^2}{\alpha}+\dfrac{\alpha^2}{\beta}=6 & \cdots\cdots\cdots\cdots③\\ \dfrac{\beta^2}{\alpha}\times\dfrac{\alpha^2}{\beta}=\alpha\beta=\dfrac{2}{3} & \cdots\cdots④\quad(②\text{より})\end{cases}$$

③，④より，$\dfrac{\beta^2}{\alpha}$ と $\dfrac{\alpha^2}{\beta}$ を解にもつ x の2次方程式は，

$$x^2-6\cdot x+\frac{2}{3}=0 \qquad \therefore 3x^2-18x+2=0 \ \cdots\cdots(\text{答})$$

ココがポイント

⇦ $ax^2+bx+c=0$ $(a\neq 0)$ の解が α，β のとき，解と係数の関係より，
$$\begin{cases}\alpha+\beta=-\dfrac{b}{a}\\ \alpha\beta=\dfrac{c}{a}\end{cases}$$ となる。

⇦ $\alpha^3+\beta^3=(\alpha+\beta)^3-3\alpha\beta(\alpha+\beta)$

$(\alpha+\beta)^3=\alpha^3+3\alpha^2\beta+3\alpha\beta^2+\beta^3$

(対称式 $\alpha^3+\beta^3$ は基本対称式 $\alpha+\beta$ と $\alpha\beta$ で表される。)

⇦ 解と係数の関係を逆に利用する。

$$x^2-\underbrace{\left(\frac{\beta^2}{\alpha}+\frac{\alpha^2}{\beta}\right)}_{6}x+\underbrace{\frac{\beta^2}{\alpha}\cdot\frac{\alpha^2}{\beta}}_{\frac{2}{3}}=0$$

解と係数の関係(Ⅱ)

元気力アップ問題 9	難易度 ☆☆	CHECK 1	CHECK 2	CHECK 3

x の 2 次方程式 $2x^2-4kx+1-k=0$ …①が相異なる 2 実数解 α，β をもち，α と β が共に負となるような実数 k の値の範囲を求めよ。

ヒント！ ①の 2 次方程式が，共に負の相異なる 2 実数解 α，β をもつための条件は，(ⅰ) 判別式 $D>0$，(ⅱ) $\alpha+\beta<0$，(ⅲ) $\alpha\beta>0$ の 3 つなんだね。

解答＆解説

2次方程式 $\underset{a}{2}x^2\underset{b=2b'}{-4k}x+\underset{c}{1-k}=0$ ……①

が相異なる2実数解α，βをもつので，解と係数の関係より，

$\alpha+\beta=2k$ ……②，$\alpha\beta=\dfrac{1-k}{2}$ ……③ となる。

また，①の判別式をDとおく。

このとき，αとβが共に負となる条件を調べる。

(ⅰ) $\dfrac{D}{4}=(-2k)^2-2\cdot(1-k)=4k^2+2k-2>0$

$2k^2+k-1>0$ ← 両辺を 2 で割った

$$\begin{matrix}2 & \times & -1\\ 1 & & 1\end{matrix}$$

$(2k-1)(k+1)>0$　　$\therefore k<-1,\ \dfrac{1}{2}<k$

(ⅱ) ②より，$\alpha+\beta=2k<0$　　$\therefore k<0$

(ⅲ) ③より，$\alpha\cdot\beta=\dfrac{1-k}{2}>0$

$1-k>0$　　$\therefore k<1$

以上(ⅰ)(ⅱ)(ⅲ)より，求めるkの値の範囲は，

$k<-1$である。……………………………(答)

ココがポイント

⇦ $ax^2+bx+c=0$ の解が α，β のとき，解と係数の関係より，
$\alpha+\beta=-\dfrac{b}{a}=-\dfrac{-4k}{2}=2k$
$\alpha\beta=\dfrac{c}{a}=\dfrac{1-k}{2}$ となる。

α と β ($\alpha\neq\beta$) が負となる 3 つの条件

⇦ (ⅰ) $\dfrac{D}{4}=b'^2-ac>0$

⇦ (ⅱ) $\alpha+\beta<0$

⇦ (ⅲ) $\alpha\beta>0$

⇦

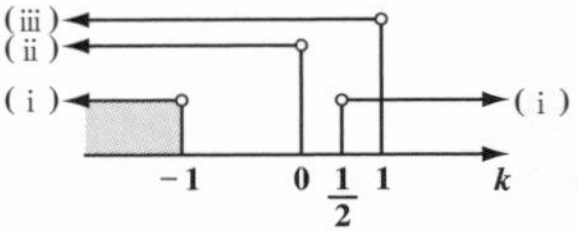

解と係数の関係 (Ⅲ)

元気力アップ問題 10	難易度 ☆☆☆	CHECK 1	CHECK 2	CHECK 3

実数 α，β，γ が，$\alpha+\beta+\gamma=2$，$\alpha\beta+\beta\gamma+\gamma\alpha=-7$ をみたす。
このとき，実数 α のとり得る値の範囲を求めよ。

ヒント！ $\beta+\gamma=p$，$\beta\gamma=q$ のとき，β と γ を解にもつ x の 2 次方程式は，$x^2-px+q=0$ となる。ここで，β と γ は実数より，この 2 次方程式は実数解をもつことになる。よって，判別式 $D=(-p)^2-4q\geqq 0$ となる。これが実数条件で，これから α の範囲が求まるんだね。

解答＆解説

$\alpha+\beta+\gamma=2$ …① $\alpha\beta+\beta\gamma+\gamma\alpha=-7$ …② とおく。

①より，$\beta+\gamma=2-\alpha$ …………①´

②より，$\beta\gamma=-7-\alpha(\beta+\gamma)=-7-\alpha(2-\alpha)$

（$2-\alpha$ (①´より)）

$=\alpha^2-2\alpha-7$ ……②´

①´と②´より，β と γ を解にもつ x の 2 次方程式は，

$x^2-(2-\alpha)x+\alpha^2-2\alpha-7=0$ ……③ である。

ここで，β と γ は実数より，③の 2 次方程式は実数解をもつ。よって，③の判別式を D とおくと，

$D=(2-\alpha)^2-4\cdot1\cdot(\alpha^2-2\alpha-7)$

$=-3\alpha^2+4\alpha+32\geqq 0$ となる。

$\therefore\ 3\alpha^2-4\alpha-32\leqq 0$ ←（両辺に -1 をかけた）

$$\begin{matrix}3 & & 8\\ 1 & & -4\end{matrix}$$

$(3\alpha+8)(\alpha-4)\leqq 0$

∴求める α のとり得る値の範囲は，

$-\dfrac{8}{3}\leqq\alpha\leqq 4$ である。……………………………(答)

ココがポイント

⇦ $\beta+\gamma=p$，$\beta\gamma=q$ のとき，β と γ を解にもつ x の 2 次方程式は，$x^2-px+q=0$ となる。これは，解と係数の関係を逆に利用したものだね。

⇦ $x^2-(\beta+\gamma)x+\beta\gamma=0$
（$\beta+\gamma$：$2-\alpha$ (①´より)，$\beta\gamma$：$\alpha^2-2\alpha-7$ (②´より)）

⇦ $D=4-4\alpha+\alpha^2-4\alpha^2+8\alpha+28$
$=-3\alpha^2+4\alpha+32$

整式の除法(Ⅰ)

元気力アップ問題 11　難易度 ☆☆　CHECK 1　CHECK 2　CHECK 3

整式 $f(x)$ を $x+1$ で割ったときの余りは 3 であり，$x-1$ で割ったときの余りは -7 である。このとき，$f(x)$ を $(x+1)(x-1)$ で割った余りを求めよ。　(関西学院大＊)

ヒント！ 一般に，整式(多項式) $f(x)$ を整式 $g(x)$ で割ったときの商を $Q(x)$，余りを $r(x)$ とおくと，$f(x)=g(x)\cdot Q(x)+r(x)$　($r(x)$ の次数は，$g(x)$ の次数より小さい) と表せるんだね。

解答＆解説

・$f(x)$ を $x+1$ で割ったときの余りが 3 より，

$f(x)=(x+1)\cdot Q_1(x)+3$ ……………………①

・$f(x)$ を $x-1$ で割ったときの余りが -7 より，

$f(x)=(x-1)\cdot Q_2(x)-7$ ……………………②

・$f(x)$ を $(x+1)(x-1)$ で割ったときの余りを $ax+b$ とおくと，

$f(x)=\underbrace{(x+1)(x-1)}_{2\text{次式}}Q_3(x)+\underbrace{ax+b}_{\text{余り}(1\text{次式})}$ ……③

①，②，③は恒等式より，

・①，③に $x=-1$ を代入して，

$f(-1)=\cancel{(-1+1)Q_1(-1)}+3$

$=\cancel{(-1+1)(-1-1)Q_3(-1)}+a\cdot(-1)+b$

$\therefore -a+b=3$ ……④

・②，③に $x=1$ を代入して，

$f(1)=\cancel{(1-1)\cdot Q_2(1)}-7$

$=\cancel{(1+1)(1-1)\cdot Q_3(1)}+a\cdot 1+b$

$\therefore a+b=-7$ ……⑤

④，⑤より，$a=-5$，$b=-2$

よって，$f(x)$を$(x+1)(x-1)$で割った余りは

$-5x-2$ である。……………………………(答)

ココがポイント

⇦商を $Q_1(x)$ とおいた。

⇦商を $Q_2(x)$ とおいた。

⇦2 次式 $(x+1)(x-1)$ で割った余りは 1 次式 (以下) となるので，$ax+b$ とおいた。

⇦恒等式とは，両辺がまったく同じ式のこと。よって，x にどんな値を代入しても成り立つ。

⇦④＋⑤ $2b=-4$ ∴ $b=-2$
⑤－④ $2a=-10$ ∴ $a=-5$

整式の除法（Ⅱ）

元気力アップ問題 12	難易度 ★★★	CHECK1	CHECK2	CHECK3

x の整式 $f(x)$ を $(x-1)^2$ および $(x+1)^2$ で割ったときの余りが，それぞれ $2x-1$，$3x-4$ であるとき，$f(x)$ を $x+1$ で割ったときの余りを求めよ。また，$f(x)$ を $(x-1)^2(x+1)$ で割ったときの余りを求めよ。 （慶応大）

ヒント！ 整式 $f(x)$ を $x-a$ で割った余り r は，$r = f(a)$ となる。これが剰余の定理だね。この問題は，剰余の定理の応用問題になっている。頑張ろう！

解答&解説

・$f(x)$ を $(x-1)^2$ で割ったときの余りが $2x-1$ より，

$$f(x) = \underbrace{(x-1)^2}_{2\text{次式}} \cdot Q_1(x) + \underbrace{2x-1}_{\text{余り（1次式）}} \cdots ①$$

> **2次式で割ると，余りは1次以下の式になる。**

・$f(x)$ を $(x+1)^2$ で割ったときの余りが $3x-4$ より，

$$f(x) = (x+1)^2 \cdot Q_2(x) + 3x-4 \cdots\cdots ②$$

（ⅰ）$f(x)$ を $x+1$ で割ったときの余りは，②に剰余の定理を用いることにより，

$$f(-1) = \underbrace{(-1+1)^2}_{0} \cdot Q_2(-1) + 3 \cdot (-1) - 4 = -7 \cdots ③ \cdots\text{(答)}$$

（ⅱ）$f(x)$ を $(x-1)^2(x+1)$ で割ったときの余りを $a(x-1)^2 + 2x - 1$ とおくと，

$$f(x) = \underbrace{(x-1)^2(x+1)}_{3\text{次式}} \cdot \underbrace{Q_4(x)}_{\text{商}} + \underbrace{a(x-1)^2 + 2x - 1}_{\text{余り（2次式）}} \cdots ④$$

> $(x-1)^2 Q_1(x)$ のこと（①より）

④に $x = -1$ を代入すると，

$$f(-1) = \underbrace{(-1-1)^2(-1+1)}_{0} Q_4(-1) + a\underbrace{(-1-1)^2}_{(-2)^2=4} + \underbrace{2 \cdot (-1) - 1}_{-3}$$

$$= 4a - 3 \cdots\cdots ⑤$$

③と⑤は同じ値なので，$f(-1) = \boxed{4a - 3 = -7}$

∴ $a = -1$ より，$f(x)$ を $(x-1)^2(x+1)$ で割った余りは，

$(-1) \cdot (x-1)^2 + 2x - 1 = -x^2 + 4x - 2$ となる。$\cdots$（答）

ココがポイント

⇐ 商を $Q_1(x)$ とおいた。

⇐ 商を $Q_2(x)$ とおいた。

⇐ $f(x) = \underbrace{(x+1)Q_3(x)}_{\text{商}} + \underbrace{r}_{\text{余り}}$

より，$r = f(-1)$ となるからね。（剰余の定理）

⇐ $f(x) = (x-1)^2(x+1)Q_4(x) + \underbrace{ax^2 + bx + c}_{\text{余り}}$

とおけるが，ここでは，この余りは $(x-1)^2$ で割って，$2x-1$ が余りとなる。（①より）よって，この余りを $a(x-1)^2 + 2x - 1$ とおいた。

⇐ $4a = -4$ ∴ $a = -1$

⇐ $-(x^2 - 2x + 1) + 2x - 1$
$= -x^2 + 4x - 2$

3次方程式

次の **3** 次方程式を解け。

$(1)\, x^3 - 2x^2 + 3x - 2 = 0$　……①　　　　（順天堂大）

$(2)\, 2x^3 - x^2 - 13x - 6 = 0$　……②

ヒント! **3** 次方程式 $f(x) = 0$ が与えられたならば，$f(a) = 0$ をみたす定数 a を求めると，因数定理により，$f(x) = (x-a)Q(x)$ と因数分解できるんだね。

解答 & 解説

ココがポイント

(1) ①について，$f(x) = x^3 - 2x^2 + 3x - 2$ とおくと，

$f(1) = 1 - 2 + 3 - 2 = 0$　となる。

よって，因数定理により $f(x)$ は $x-1$ で割り切れて，

$f(x) = (x-1)(x^2 - x + 2)$ となる。よって，①は

$(x-1)(x^2 - x + 2) = 0$ と変形できるので，

①の解は

$x = 1$，または $\dfrac{1 \pm \sqrt{7}\,i}{2}$ である。 …………(答)

⇦ 組立て除去

$$\begin{array}{r|rrrr} & 1, & -2, & 3, & -2 \\ 1) & \downarrow & 1 & -1 & 2 \\ \hline & 1 & -1 & 2 & (0) \end{array}$$

商 $Q(x) = x^2 - x + 2$

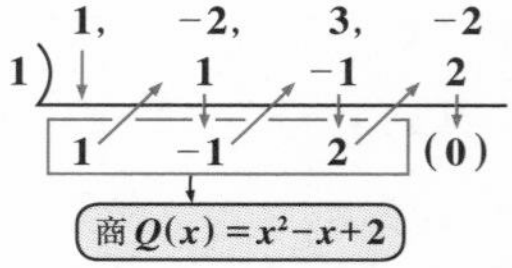

⇦ $1 \cdot x^2 - 1 \cdot x + 2 = 0$ の解は
$x = \dfrac{1 \pm \sqrt{1-8}}{2} = \dfrac{1 \pm \sqrt{7}\,i}{2}$

(2) ②について，$g(x) = 2x^3 - x^2 - 13x - 6$ とおくと，

$g(-2) = -16 - 4 + 26 - 6 = 0$　となる。

よって，因数定理により $g(x)$ は $x+2$ で割り切れて，

$g(x) = (x+2)(2x^2 - 5x - 3)$

$$\begin{array}{cc} 2 & 1 \\ 1 & -3 \end{array}$$

$= (x+2)(2x+1)(x-3)$ となる。

よって，②は

$(x+2)(2x+1)(x-3) = 0$ と変形できるので，

②の解は，

$x = -2$，$-\dfrac{1}{2}$，3 である。 …………………(答)

⇦ 組立て除去

$$\begin{array}{r|rrrr} & 2, & -1, & -13, & -6 \\ -2) & \downarrow & -4 & 10 & 6 \\ \hline & 2 & -5 & -3 & (0) \end{array}$$

商 $Q(x) = 2x^2 - 5x - 3$

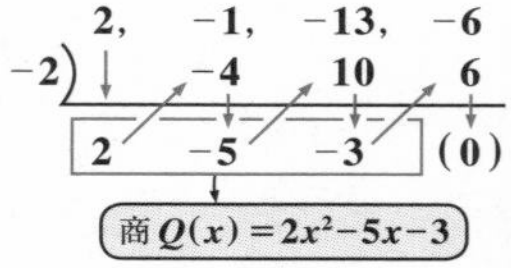

3次方程式とω計算

元気力アップ問題 14	難易度 ☆☆	CHECK 1	CHECK 2	CHECK 3

3 次方程式 $x^3-x^2-x+p=0$ ……① が，解 $x=2$ をもつ。

(1) p の値を求めよ。

(2) ①の虚数解の 1 つを ω とおくとき，$\omega^{100}+\omega^{200}$ の値を求めよ。

ヒント！ (1) では，①の左辺を $f(x)$ とおいて，$f(2)=0$ から p の値を求めよう。(2) では，$x^2+x+1=0$ の虚数解の 1 つを ω(オメガ) とおくと，公式：$\omega^3=1$ と $\omega^2+\omega+1=0$ を利用できるんだね。

解答＆解説

(1) ①の方程式の左辺を $f(x)=x^3-x^2-x+p$ とおくと，

①は解 $x=2$ をもつので，

$f(2)=8-4-2+p=2+p=0$

$\therefore p=-2$ ……………………………………(答)

(2) (1)の結果より，

$f(x)=x^3-x^2-x-2$

$=(x-2)(x^2+x+1)$

よって，方程式 $f(x)=(x-2)(x^2+x+1)=0$ の解 x は，

$x=2$，または $x^2+x+1=0$ …② をみたす。

②の虚数解の1つをωとおくと，

$\omega^3=1$ …③，$\omega^2+\omega+1=0$ …④ が成り立つ。

この③，④を用いて，$\omega^{100}+\omega^{200}$の値を求める。

$\omega^{100}+\omega^{200}=(\omega^3)^{33}\cdot\omega+(\omega^3)^{66}\cdot\omega^2$

（$\omega^{100}=\omega^{99}\cdot\omega$，$\omega^{200}=\omega^{198}\cdot\omega^2$，$(\omega^3)^{33}=1^{33}=1$，$(\omega^3)^{66}=1^{66}=1$(③より)）

$=\omega+\omega^2=-1$

（$\omega^2+\omega+1=0$ …④を使った！）

$\therefore \omega^{100}+\omega^{200}=-1$ である。 ………………(答)

ココがポイント

⇦ $f(x)=0$ が解 $x=2$ をもつとき，$f(2)=0$ だから，因数定理より，$f(x)$ は $f(x)=(x-2)Q(x)$ の形に因数分解できる。

⇦ 組立て除去

2)	1,	−1,	−1,	−2
		2	2	2
	1	1	1	(0)

商 $Q(x)=x^2+x+1$

⇦ $x^2+x+1=0$ …② の解は

$x=\dfrac{-1\pm\sqrt{1-4}}{2}=\dfrac{-1\pm\sqrt{3}i}{2}$

より，ω は，この 2 つの解のうちのいずれかのことなんだね。

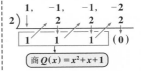

3次方程式の解と係数の関係

元気力アップ問題 15　難易度 ☆☆　CHECK 1　CHECK 2　CHECK 3

3次方程式 $x^3-x^2+px+q=0$ ……①（p, q：実数定数）が1つの虚数解 $x=1+3i$ をもつとき，p, q の値と①の実数解を求めよ。

ヒント！ 一般に，実数係数の3次方程式 $ax^3+bx^2+cx+d=0$ が1つの虚数解 x_1+y_1i (x_1, y_1：実数，i：虚数単位）をもつとき，この共役複素数 x_1-y_1i も解にもつ。後は，3次方程式の解と係数の関係を利用すればいいんだね。

解答＆解説

p, qは実数より，実数係数の3次方程式

$\underbrace{1}_{a}\cdot x^3\underbrace{-1}_{b}\cdot x^2+\underbrace{p}_{c}\cdot x+\underbrace{q}_{d}=0$ ……① は $\underbrace{1+3i}_{\alpha}$ を解にもつので，この共役複素数 $\underbrace{1-3i}_{\beta}$ も解である。よって，

この他のもう1つの解（実数解）をγとおくと，①の解と係数の関係より，

$$\begin{cases}(1+3i)+(1-3i)+\gamma=1 & \cdots\cdots② \\ (1+3i)\cdot(1-3i)+(1-3i)\cdot\gamma+\gamma\cdot(1+3i)=p & \cdots③ \\ (1+3i)(1-3i)\gamma=-q & \cdots\cdots④\end{cases}$$

②より，$2+\gamma=1$　$\therefore \gamma=-1$ ←①の実数解

③より，$1-9\underbrace{i^2}_{-1}+2\underbrace{\gamma}_{-1}=p$　$\therefore p=1+9-2=8$

④より，$(1-9\underbrace{i^2}_{-1})\cdot\underbrace{\gamma}_{-1}=-q$　$\therefore q=-(1+9)\cdot(-1)=10$

以上より，$p=8$, $q=10$ であり，

$x=1\pm3i$ 以外の①の実数解は，

$x=-1$ である。……………………………（答）

ココがポイント

⇦3次方程式
$ax^3+bx^2+cx+d=0$
($a=1$, $b=-1$, $c=p$, $d=q$)
が，3つの解α, β, γをもつとき，解と係数の関係より，次式が成り立つ。

$$\begin{cases}\alpha+\beta+\gamma=-\dfrac{b}{a}=-\dfrac{-1}{1}=1 \\ \alpha\beta+\beta\gamma+\gamma\alpha=\dfrac{c}{a}=\dfrac{p}{1}=p \\ \alpha\beta\gamma=-\dfrac{d}{a}=-\dfrac{q}{1}=-q\end{cases}$$

等式の証明

元気力アップ問題 16 難易度 ★★ CHECK 1 CHECK 2 CHECK 3

x, y, z について，次式が成り立つものとする。

$x+y+z=2$ ……①，$xy+yz+zx=1$ ……②，$xyz=-1$ ……③

このとき，次の等式が成り立つことを示せ。

(i) $x^2+y^2+z^2=2$ ……$(*1)$　(ii) $x^3+y^3+z^3=-1$ ……$(*2)$

(iii) $x^2(y+z)+y^2(z+x)+z^2(x+y)=5$ ……………………$(*3)$

ヒント！ 因数分解（乗法）公式 $(x+y+z)^2=x^2+y^2+z^2+2xy+2yz+2zx$，および $x^3+y^3+z^3-3xyz=(x+y+z)(x^2+y^2+z^2-xy-yz-zx)$ を利用しよう。

解答＆解説

$x+y+z=2$ ……①，$xy+yz+zx=1$ ……②，

$xyz=-1$ ………③ より，

(i) $\underbrace{(x+y+z)}_{2\,(①より)}{}^2=x^2+y^2+z^2+2\underbrace{(xy+yz+zx)}_{1\,(②より)}$

$\therefore x^2+y^2+z^2=2^2-2\cdot1=4-2=2$ となって，

$(*1)$ が成り立つ。……………………………(終)

(ii) $x^3+y^3+z^3-3\underbrace{xyz}_{(-1)\,(③より)}$

$=\underbrace{(x+y+z)}_{2\,(①より)}\{\underbrace{x^2+y^2+z^2}_{2\,((*1)より)}-\underbrace{(xy+yz+zx)}_{1\,(②より)}\}$

$\therefore x^3+y^3+z^3=2\cdot(2-1)+3\cdot(-1)=2-3=-1$

となって，$(*2)$ が成り立つ。 ………………(終)

(iii) $x^2\underbrace{(y+z)}_{2-x}+y^2\underbrace{(z+x)}_{2-y}+z^2\underbrace{(x+y)}_{2-z\,(①より)}$

$=x^2(2-x)+y^2(2-y)+z^2(2-z)$

$=2\underbrace{(x^2+y^2+z^2)}_{2\,((*1)より)}-\underbrace{(x^3+y^3+z^3)}_{-1\,((*2)より)}$

$=2\times2-(-1)=4+1=5$ となって，

$(*3)$ が成り立つ。……………………………(終)

ココがポイント

⇦公式：
$(x+y+z)^2=x^2+y^2+z^2+2xy+2yz+2zx$

⇦公式：
$x^3+y^3+z^3-3xyz=(x+y+z)(x^2+y^2+z^2-xy-yz-zx)$

不等式の証明(Ⅰ)

元気力アップ問題 17	難易度 ☆☆	CHECK 1	CHECK 2	CHECK 3

正の数 a, b が, $a+b=1$ ……① をみたすとき, 次の不等式が成り立つことを証明せよ。

$\sqrt{ab}<1<\sqrt{a}+\sqrt{b}$ ……(∗)　　(愛知教育大∗)

ヒント！ 相加・相乗平均の不等式 $x+y \geqq 2\sqrt{xy}$ $(x>0,\ y>0$ のとき$)$ や, $x>y \Leftrightarrow x^2>y^2$ $(x>0,\ y>0$ のとき$)$ を利用して, (∗)の不等式を証明しよう。

解答＆解説

$a+b=1$ ……① $(a>0,\ b>0)$ のとき,

(i) $\sqrt{ab}$ と 1 の大小関係を調べる。

$a>0$, $b>0$ より, 相加・相乗平均の不等式を用いると,

$\underbrace{a+b}_{1\,(①より)} \geqq 2\sqrt{ab}$　　この左辺に①を代入して,

$1 \geqq 2\sqrt{ab}$　　$\therefore \sqrt{ab} \leqq \dfrac{1}{2}$ (<1)

よって, $\sqrt{ab}<1$ ……(∗1) が成り立つ。

(ii) 1と$\sqrt{a}+\sqrt{b}$ の大小関係を調べる。

$$\left(\sqrt{a}+\sqrt{b}\right)^2=a+2\sqrt{ab}+b$$
$$=\underbrace{a+b}_{1(①より)}+2\sqrt{ab}$$
$$=1+2\underbrace{\sqrt{ab}}_{\oplus}>1$$

$\therefore \underbrace{\left(\sqrt{a}+\sqrt{b}\right)}_{\oplus}{}^2>1$ ……② であり,

$\sqrt{a}+\sqrt{b}>0$ より, ②の両辺の正の平方根をとっても, 大小関係は変化しない。

よって, $1<\sqrt{a}+\sqrt{b}$ ……(∗2) が成り立つ。

以上(i)(ii)の(∗1), (∗2) より,

$\sqrt{ab}<1<\sqrt{a}+\sqrt{b}$ ……(∗)が成り立つ。　………(終)

ココがポイント

⇦相加・相乗平均の不等式:
$x+y \geqq 2\sqrt{xy}$ $(x>0,\ y>0)$
(等号成立条件: $x=y$)
よって, $\sqrt{ab}=\dfrac{1}{2}$ となるのは, $a=b=\dfrac{1}{2}$ のときだね。

⇦$A>0$, $B>0$ のとき,
$A>B \Leftrightarrow A^2>B^2$
が成り立つんだね。

不等式の証明 (Ⅱ)

元気力アップ問題 18　難易度　CHECK 1　CHECK 2　CHECK 3

3 つの実数 x, y, z が，

$x + y + z = 0$ ……① と $x^2 + y^2 + z^2 = 3$ ……② を満たすとき，

$|x| + |y| + |z| \geqq \sqrt{6}$ ……(*) が成り立つことを示せ。 （甲南大*）

> **ヒント!** $|A|^2 = A^2$ や，$|A| + |B| \geqq |A + B|$ などの公式を利用して (*) を証明しよう。(*) の両辺は正なので，両辺を 2 乗しても大小関係は変わらないんだね。よって，$(|x| + |y| + |z|)^2 \geqq 6$ が成り立つことを示せば，(*) を示したことになる。

解答＆解説

$x + y + z = 0$ ……①，$x^2 + y^2 + z^2 = 3$ ……② より，

$\underbrace{(x + y + z)^2}_{\boxed{0 (①より)}} = \underbrace{x^2 + y^2 + z^2}_{\boxed{3 (②より)}} + 2(xy + yz + zx)$

$\therefore 2(xy + yz + zx) + 3 = 0$ より，

$xy + yz + zx = -\dfrac{3}{2}$ ……③

ここで，(*) の両辺は正より，両辺を 2 乗しても大小関係は変化しないので，(*) の両辺を 2 乗した

$(|x| + |y| + |z|)^2 \geqq 6$ ……(**) を示せばよい。

$((**)\text{の左辺}) = (|x| + |y| + |z|)^2$

$= \underbrace{|x|^2}_{\boxed{x^2}} + \underbrace{|y|^2}_{\boxed{y^2}} + \underbrace{|z|^2}_{\boxed{z^2}} + 2(\underbrace{|xy| + |yz| + |zx|}_{\boxed{|xy + yz + zx|}})$

$\geqq \underbrace{x^2 + y^2 + z^2}_{\boxed{3 (②より)}} + 2\underbrace{|xy + yz + zx|}_{\boxed{-\frac{3}{2} (③より)}}$

$= 3 + 2 \cdot \left| -\dfrac{3}{2} \right| = 3 + 2 \times \dfrac{3}{2}$

$= 3 + 3 = 6 = ((**)\text{の右辺})$

よって，(**) が成り立つので，(*) も成り立つ。

$\cdots\cdots\cdots$ (終)

ココがポイント

$\Leftarrow (x + y + z)^2 = x^2 + y^2 + z^2 + 2xy + 2yz + 2zx$

$\Leftarrow A > 0$, $B > 0$ のとき，$A > B \Leftrightarrow A^2 > B^2$ が成り立つ。

$\Leftarrow |A| + |B| \geqq |A + B|$ ……⑦ が成り立つ。なぜなら
・$(|A| + |B|)^2 = A^2 + 2|AB| + B^2$
・$|A + B|^2 = (A + B)^2 = A^2 + \underline{2AB} + B^2$
よって，$2|AB| \geqq \underline{2AB}$ より，⑦は成り立つ。
⑦をさらに応用すると，
$|xy| + |yz| + |zx|$
　$\geqq |xy + yz| + |zx|$
　$\geqq |xy + yz + zx|$
となる。

第1章 ● 方程式・式と証明の公式の復習

1. 二項定理

$(a+b)^n$ を展開した式の一般項は，${}_n\mathrm{C}_r a^{n-r} b^r$　$(r=0,\ 1,\ \cdots,\ n)$

2. 2次方程式の解の判別

2次方程式 $ax^2+bx+c=0$ は，

(ⅰ) $D>0$ のとき，相異なる2実数解をもつ。

(ⅱ) $D=0$ のとき，重解をもつ。

(ⅲ) $D<0$ のとき，相異なる2虚数解をもつ。

（ここで，判別式 $D=b^2-4ac$）

3. 2次方程式の解と係数の関係

2次方程式 $ax^2+bx+c=0$ の2解を α，β とおくと，

(ⅰ) $\alpha+\beta=-\frac{b}{a}$　　(ⅱ) $\alpha\beta=\frac{c}{a}$

4. 解と係数の関係の逆利用

$\alpha+\beta=p$，$\alpha\beta=q$ のとき，α と β を2解にもつ x の2次方程式は，

$x^2-px+q=0$

（p は $(\alpha+\beta)$，q は $\alpha\beta$）

さらに，α，β が実数のとき，実数条件として，判別式 $D=p^2-4q\geqq 0$ を利用できる。

5. 剰余の定理：整式 $f(x)$ について，

$f(a)=R \iff f(x)$ を $x-a$ で割った余りは R

6. 因数定理：整式 $f(x)$ について，

$f(a)=0 \iff f(x)$ は $x-a$ で割り切れる。（余り $R=0$ の場合）

7. 3次方程式の解と係数の関係

3次方程式 $ax^3+bx^2+cx+d=0$ の3解が α，β，γ のとき，

(ⅰ) $\alpha+\beta+\gamma=-\frac{b}{a}$，(ⅱ) $\alpha\beta+\beta\gamma+\gamma\alpha=\frac{c}{a}$，(ⅲ) $\alpha\beta\gamma=-\frac{d}{a}$

8. 不等式の証明に使う4つの公式

相加・相乗平均の不等式：

$a\geqq 0$，$b\geqq 0$ のとき，$a+b\geqq 2\sqrt{ab}$（等号成立条件：$a=b$）など。

第2章
CHAPTER

2 図形と方程式

テーマ

▶ 直線の方程式，点と直線の距離

$\left(ax+by+c=0,\quad h=\dfrac{|ax_1+by_1+c|}{\sqrt{a^2+b^2}}\right)$

▶ 円の方程式，円の接線

$\left((x-a)^2+(y-b)^2=r^2\right)$

▶ 軌跡，領域，領域と最大・最小

（動点 $\mathrm{P}(x,\ y)$ の軌跡 $\equiv$（x と y の関係式））

第2章 図形と方程式 ●公式＆解法パターン

1. 2点間の距離

(1) 2点 A, B 間の距離

xy 座標平面上の 2 点 $A(x_1,\ y_1)$, $B(x_2,\ y_2)$ 間の距離 AB は,

$AB=\sqrt{(x_1-x_2)^2+(y_1-y_2)^2}$ となる。

直角三角形の三平方の定理から導ける。

(2) 2点 O, A 間の距離

xy 座標平面上の 2 点 $A(x_1,\ y_1)$, $O(0,\ 0)$ 間の距離 OA は,

$OA=\sqrt{{x_1}^2+{y_1}^2}$ となる。

(ex) $A(-3,\ 2)$, $B(1,\ -4)$ のとき, A, B 間の距離 (線分 AB の長さ) は,

$AB=\sqrt{(-3-1)^2+\{2-(-4)\}^2}=\sqrt{16+36}=\sqrt{52}=2\sqrt{13}$ である。

2. 内分点（ないぶんてん）・外分点（がいぶんてん）の公式

(1) 内分点の公式

2 点 $A(x_1,\ y_1)$, $B(x_2,\ y_2)$ を結ぶ線分 AB を $m:n$ に内分する点を P とおくと, 点 P の座標は,

$$P\left(\frac{nx_1+mx_2}{m+n},\ \frac{ny_1+my_2}{m+n}\right)$$

となる。

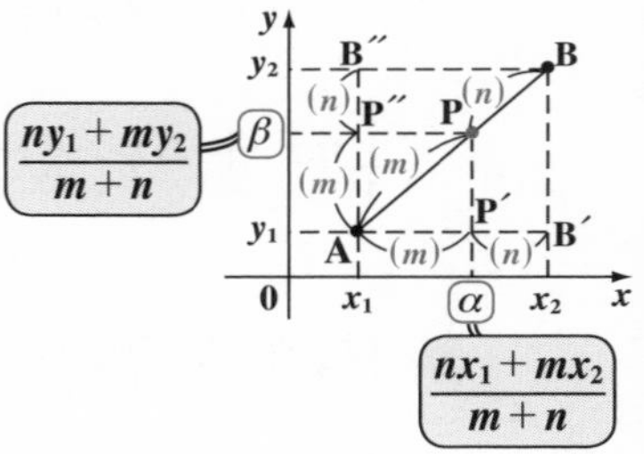

(2) 外分点の公式

2 点 $A(x_1,\ y_1)$, $B(x_2,\ y_2)$ を結ぶ線分 AB を $m:n$ に外分する点を P とおくと, 点 P の座標は,

$$P\left(\frac{-nx_1+mx_2}{m-n},\ \frac{-ny_1+my_2}{m-n}\right)$$

となる。

これは, 内分点の公式の n の代わりに, $-n$ が代入されたものだ！

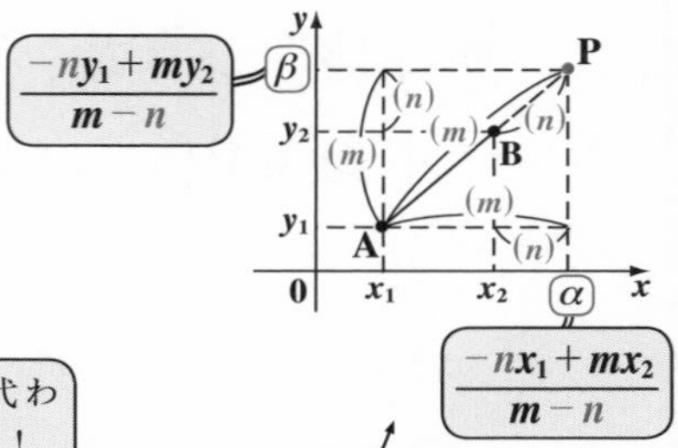

この図は, $m>n$ の場合だ！

(ex) $\mathrm{A}(x_1,\ y_1)$，$\mathrm{B}(x_2,\ y_2)$，$\mathrm{C}(x_3,\ y_3)$ を頂点とする△ABCの重心Gは，

内分点の公式を使うと，$\mathrm{G}\left(\dfrac{x_1+x_2+x_3}{3},\ \dfrac{y_1+y_2+y_3}{3}\right)$ と求められる。

3. 直線の方程式

(1) $y=mx+n$ の形の直線の方程式の求め方は，次の **3** 通りだ。

(ⅰ) 傾き m と y 切片 n の値が与えられる場合，

$y=mx+n$

(ⅱ) 傾き m と，直線の通る点 $\mathrm{A}(x_1,\ y_1)$ が与えられる場合，

$y=m(x-x_1)+y_1$

(ⅲ) 直線の通る **2** 点 $\mathrm{A}(x_1,\ y_1)$，$\mathrm{B}(x_2,\ y_2)$ が与えられる場合，

$y=\dfrac{y_2-y_1}{x_2-x_1}(x-x_1)+y_1$ （ただし，$x_1 \neq x_2$ とする。）

(2) 直線を $ax+by+c=0$ の形で表して，点と直線の距離を求めよう。

点 $\mathrm{A}(x_1,\ y_1)$ と直線 $ax+by+c=0$

との間の距離 h は，

$h=\dfrac{|ax_1+by_1+c|}{\sqrt{a^2+b^2}}$ で計算できる。

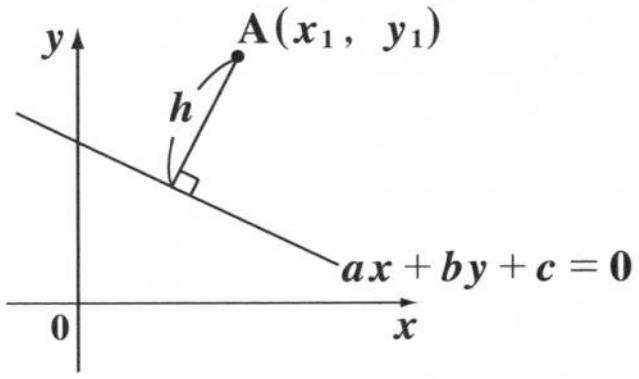

4. 円の方程式

点 $\mathrm{A}(a,\ b)$ を中心とする，半径 $r\ (>0)$

の円の方程式は，

$(x-a)^2+(y-b)^2=r^2\quad (r>0)$ である。

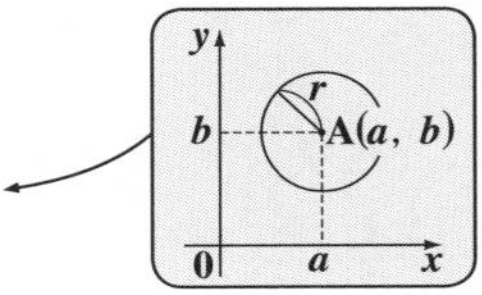

5. 円と直線の位置関係

中心A，半径 r の円と，直線 l との位置関係は，次の **3** つだ。

（h：l とAの間の距離）

(ⅰ) $h<r$ のとき，
2 点で交わる。

(ⅱ) $h=r$ のとき，
接する。

(ⅲ) $h>r$ のとき，
共有点をもたない。

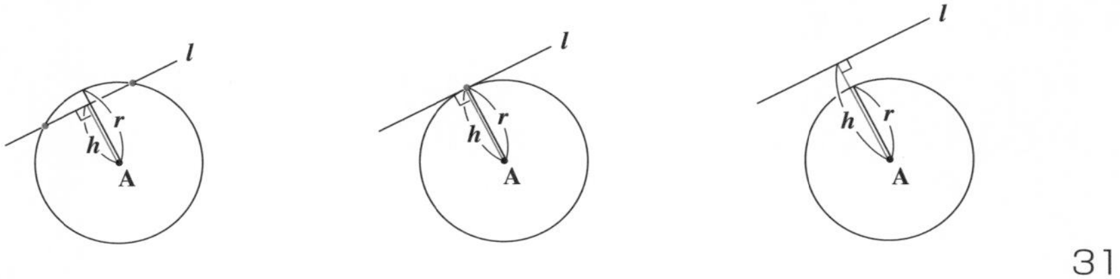

6. 円の接線の方程式

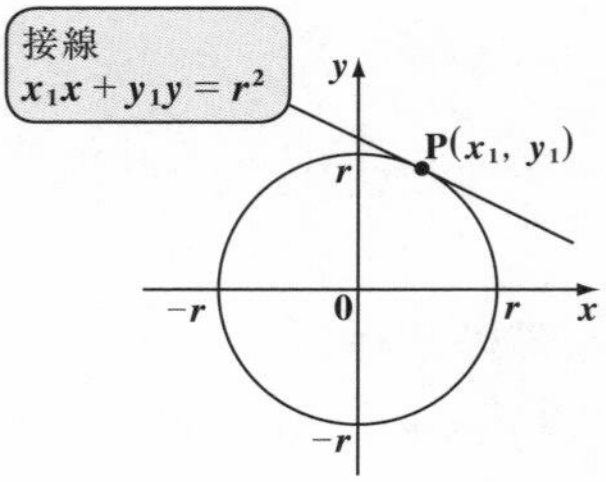

原点を中心とする半径 $r(>0)$ の円 $x^2+y^2=r^2$ 上の点 $P(x_1,\ y_1)$ における接線の方程式は，次式で表される。

$x_1x+y_1y=r^2$

(ex) 円 $x^2+y^2=6$ の周上の点 $(2,\ -\sqrt{2})$ における接線の方程式は，

$2^2+(-\sqrt{2})^2=4+2=6$ をみたすので，この点は円 $x^2+y^2=6$ の周上の点だね。

$2x-\sqrt{2}\,y=6$ になる。

7. 2 つの円の位置関係

中心 A_1，半径 r_1 の円 C_1 と，中心 A_2，半径 r_2 の円 $C_2\,(r_1>r_2)$ の位置関係は，次の 5 通りなんだね。(d：中心 A_1，A_2 間の距離)

(i) $d>r_1+r_2$ のとき，
共有点をもたない。

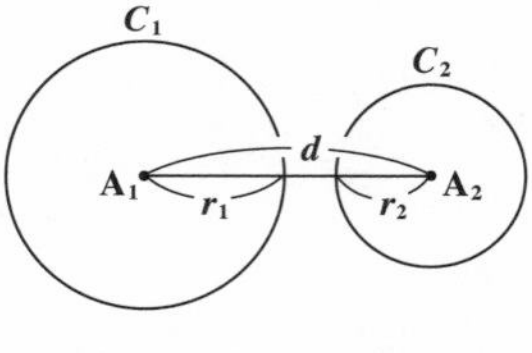

(ii) $d=r_1+r_2$ のとき，
外接する。

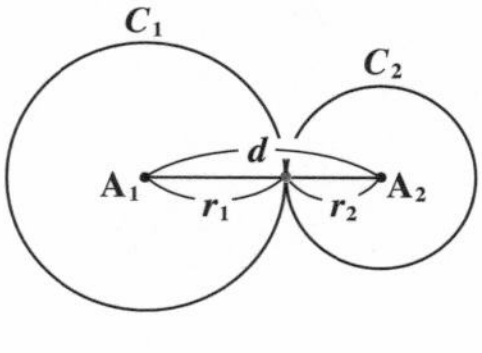

(iii) $r_1-r_2<d<r_1+r_2$ のとき，2 点で交わる。

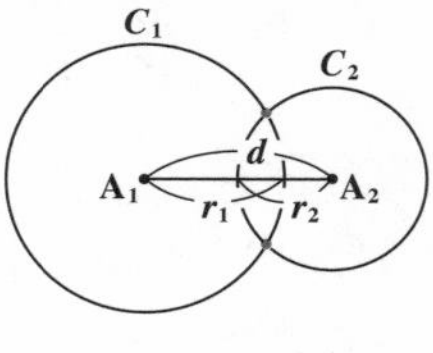

(iv) $d=r_1-r_2$ のとき，
内接する。

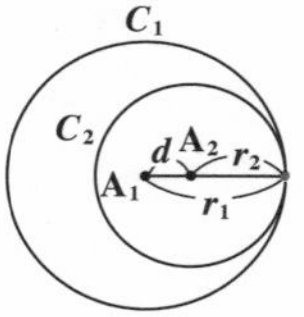

(v) $d<r_1-r_2$ のとき，
共有点をもたない。

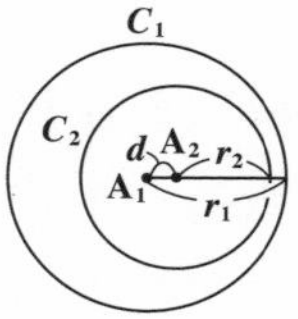

8. 動点 $P(x,\ y)$ の軌跡(きせき)

xy 座標平面上を，ある与えられた条件の下で動く動点 $P(x,\ y)$ の軌跡の方程式は，その条件から x と y の関係式を導いて求めるんだね。

9. 不等式と領域

(1) xy 座標平面を上・下に分ける不等式

(i) $y > f(x)$ は,
　$y = f(x)$ の上側の領域を表す。
(ii) $y < f(x)$ は,
　$y = f(x)$ の下側の領域を表す。

(i) $y > f(x)$　(ii) $y < f(x)$

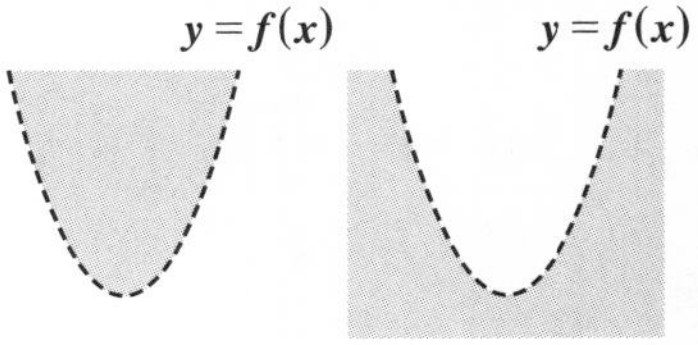

(2) xy 座標平面を左・右に分ける不等式

(i) $x > k$ は,
　$x = k$ の右側の領域を表す。
(ii) $x < k$ は,
　$x = k$ の左側の領域を表す。

(i) $x > k$　(ii) $x < k$

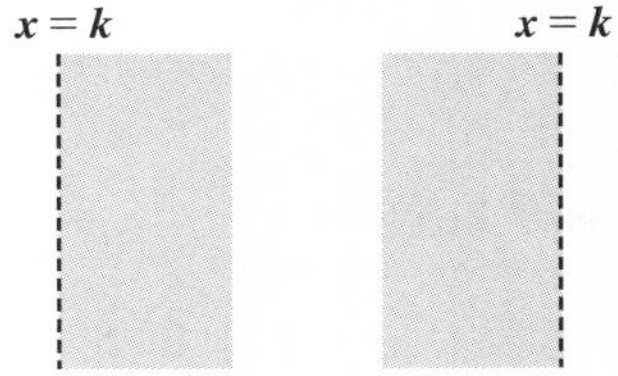

(3) xy 座標平面を内・外に分ける不等式

(i) $(x-a)^2 + (y-b)^2 < r^2$ は,
　円 $(x-a)^2 + (y-b)^2 = r^2$ の
　内側の領域を表す。
(ii) $(x-a)^2 + (y-b)^2 > r^2$ は,
　円 $(x-a)^2 + (y-b)^2 = r^2$ の
　外側の領域を表す。

(i) $(x-a)^2+(y-b)^2<r^2$　(ii) $(x-a)^2+(y-b)^2>r^2$

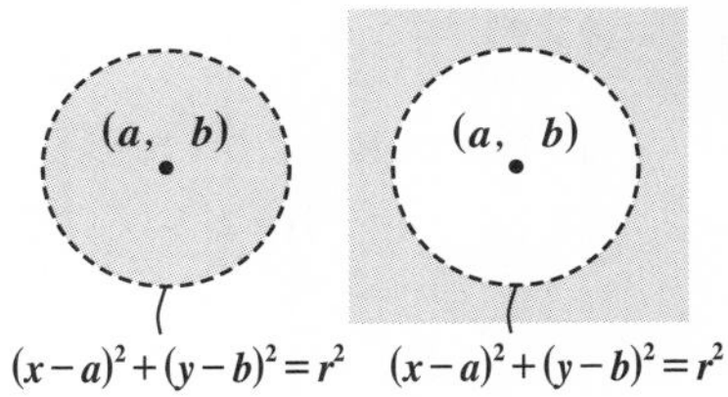

10. 領域と最大・最小問題

たとえば, 右図のような領域 D 内の点 (x, y) に対して, $y-x$ の最大値・最小値を求めたかったら, $y-x=k$ とおいて見かけ上の直線 $y=x+k$ を作り, これが領域 D と共有点をもつギリギリの条件から, k の最大値 (k_{Max}) と最小値 (k_{min}) を求めればいいんだね。大丈夫?

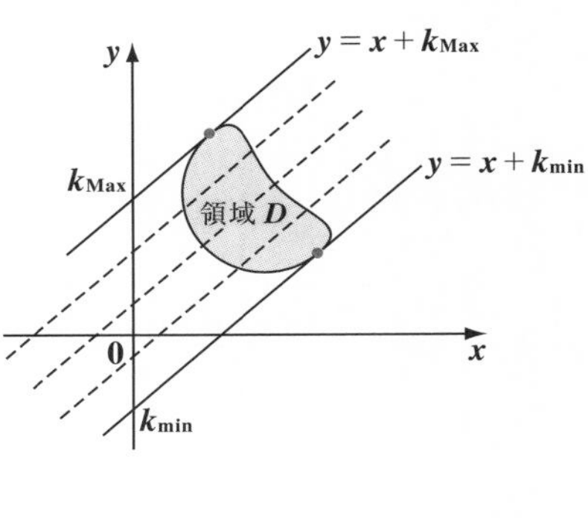

内分点、外分点

元気力アップ問題 19　難易度 ☆　CHECK 1　CHECK 2　CHECK 3

xy 平面上に 2 点 A$(-1,\ 5)$, B$(2,\ 2)$ がある。線分 AB を 2：1 に内分する点を P とおき，線分 AB を 2：1 に外分する点を Q とおく。

(1) 点 P と点 Q の座標を求めよ。

(2) 三角形 OPQ の重心を G とおく。線分 OG の長さを求めよ。
ただし，O$(0,\ 0)$ とする。

ヒント！ **(1)** では，内分点と外分点の公式を使って，P と Q の座標を求めよう。**(2)** は，三角形の重心 G の座標を公式通り求めて，OG の長さを求めればいい。

解答&解説

(1) 2点A$(-1,\ 5)$，B$(2,\ 2)$ について，

(ⅰ) 線分ABを2：1に内分する点Pは，

$$P\left(\frac{1\cdot(-1)+2\cdot2}{2+1},\ \frac{1\cdot5+2\cdot2}{2+1}\right)=(1,\ 3)\text{となる。}$$

(ⅱ) 線分ABを2：1に外分する点Qは，

$$Q\left(\frac{-1\cdot(-1)+2\cdot2}{2-1},\ \frac{-1\cdot5+2\cdot2}{2-1}\right)=(5,\ -1)\text{となる。}$$

∴ P$(1,\ 3)$，Q$(5,\ -1)$である。………………(答)

(2) 3点O$(0,\ 0)$，P$(1,\ 3)$，Q$(5,\ -1)$でできる△OPQの重心をGとおくと，

$$G\left(\frac{0+1+5}{3},\ \frac{0+3-1}{3}\right)=\left(2,\ \frac{2}{3}\right)\text{である。}$$

よって，重心G$\left(2,\ \frac{2}{3}\right)$より，線分OGの長さは，

$$OG=\sqrt{(2-0)^2+\left(\frac{2}{3}-0\right)^2}=\sqrt{4+\frac{4}{9}}$$

$$=\sqrt{\frac{36+4}{9}}=\sqrt{\frac{40}{9}}=\frac{2\sqrt{10}}{3}\text{である。}$$ ……(答)

ココがポイント

⇦ A$(x_1,\ y_1)$, B$(x_2,\ y_2)$のとき

・AB を $m：n$ に内分する点 $P\left(\frac{nx_1+mx_2}{m+n},\ \frac{ny_1+my_2}{m+n}\right)$

・AB を $m：n$ に外分する点 $Q\left(\frac{-nx_1+mx_2}{m-n},\ \frac{-ny_1+my_2}{m-n}\right)$

となる。

⇦ A$(x_1,\ y_1)$, B$(x_2,\ y_2)$, C$(x_3,\ y_3)$のとき，△ABCの重心Gは $G\left(\frac{x_1+x_2+x_3}{3},\ \frac{y_1+y_2+y_3}{3}\right)$ だね。

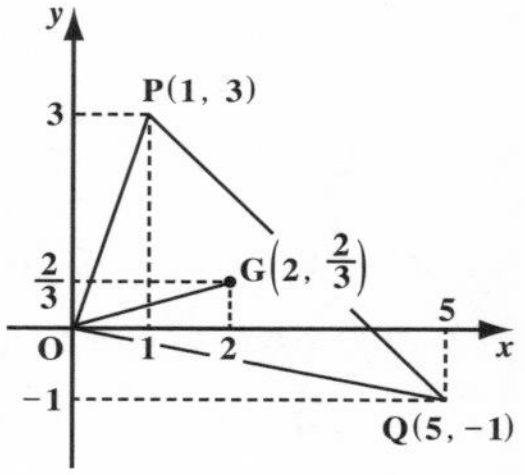

三角形の面積の2等分線

元気力アップ問題 20　難易度 ☆☆　CHECK 1　CHECK 2　CHECK 3

3点 A(0, 4), B(2, 0), C(4, 0) を頂点とする三角形 ABC の面積を直線 $y=ax$ $(a>0)$ が 2 等分するとき，傾き a の値を求めよ。

ヒント！ 直線 $y=ax$ と，辺 AC との交点を P とおき，辺 AB との交点を Q とおいて，$\triangle APQ=\frac{1}{2}\cdot\triangle ABC$ となるような，正の定数 a の値を求めればいいんだね。

解答＆解説

A(0, 4), B(2, 0), C(4, 0)を頂点とする三角形ABCの面積を△ABCなどと表すことにすると，

$\triangle ABC=\frac{1}{2}\cdot\underbrace{2}_{底辺}\cdot\underbrace{4}_{高さ}=4$ ……① である。

・直線AC：$y=-x+4$ ……② と直線$y=ax$ ……③

からyを消去して，②と③の交点Pのx座標を求めると，$-x+4=ax$ より，$x=\frac{4}{a+1}$ ………④

・直線AB：$y=-2x+4$ ……⑤ と直線$y=ax$ ……③

からyを消去して，⑤と③の交点Qのx座標を求めると，$-2x+4=ax$ より，$x=\frac{4}{a+2}$ ……⑥

$\therefore \triangle APQ=\underbrace{\frac{1}{2}\cdot4\cdot\frac{4}{a+1}}_{\triangle AOP}-\underbrace{\frac{1}{2}\cdot4\cdot\frac{4}{a+2}}_{\triangle AOQ}$　(④, ⑥より)

$=\frac{8}{a+1}-\frac{8}{a+2}$ ……⑦

ここで，$\triangle APQ=\frac{1}{2}\cdot\triangle ABC$ より，①, ⑦を代入して，

$\frac{8}{a+1}-\frac{8}{a+2}=\frac{1}{2}\times4$　　$\frac{4}{a+1}=1+\frac{4}{a+2}$　$(a>0)$

これを解いて，$a=\frac{\sqrt{17}-3}{2}$ となる。…………(答)

ココがポイント

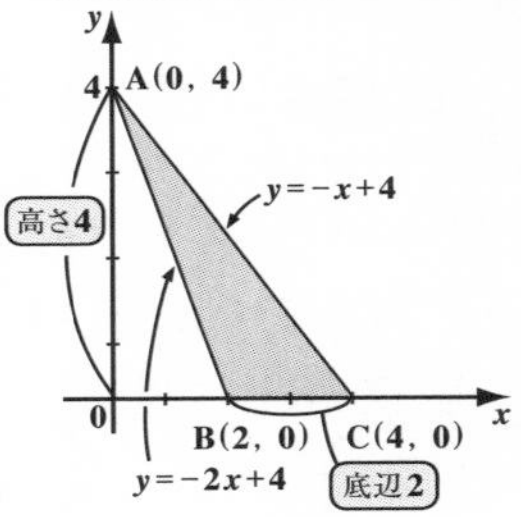

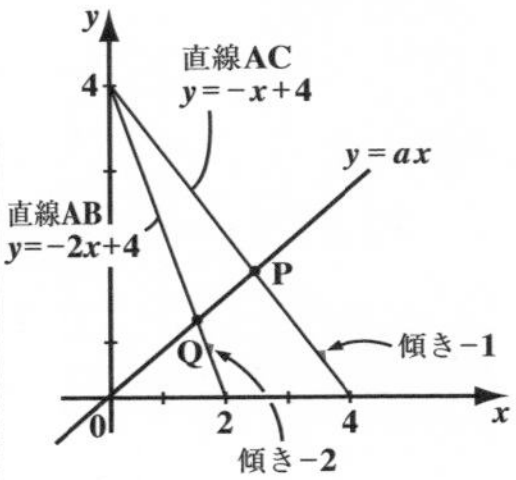

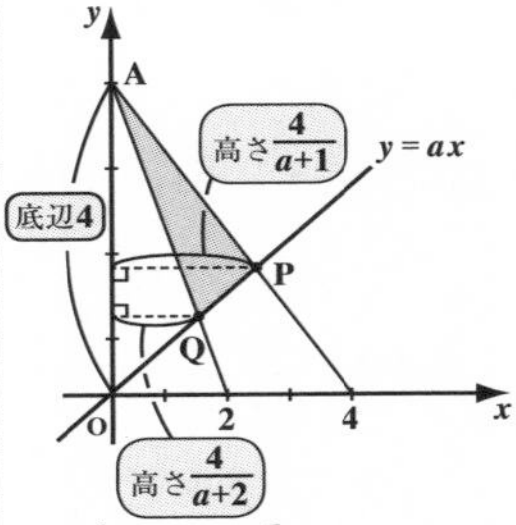

⇦ $\frac{4}{a+1}=\frac{a+6}{a+2}$

$4(a+2)=(a+1)(a+6)$

$a^2+3a-2=0$

$a=\frac{-3\pm\sqrt{3^2+4\cdot2}}{2}$

$a>0$ より，$a=\frac{-3+\sqrt{17}}{2}$

文字定数の入った直線

元気力アップ問題 21　難易度 ☆☆　CHECK 1　CHECK 2　CHECK 3

定点 P(1, 7) と直線 l：$kx+y+k-3=0$ がある。(ただし，k は定数)

(1) k の値に関わらず，直線 l の通る点 Q の座標を求めよ。

(2) 2 点 P，Q を通る直線の方程式を求めよ。

(3) 定点 P と直線 l との距離が $\sqrt{2}$ となるとき，k の値を求めよ。

ヒント！ (1) では，直線 l の式を k でまとめるといい。(2) では，l は必ず Q を通るので，この l が P も通るように k の値を定める。(3) は，点と直線の距離の公式を使おう。

解答＆解説

(1) 直線 l：$kx+y+k-3=0$ ……① を k でまとめて，

$\underset{\text{任意}}{k}(\underset{0}{\underline{x+1}})+(\underset{0}{\underline{y-3}})=0$　これは，k が任意に変化しても，

$x+1=0$ かつ $y-3=0$ のとき成り立つ。よって，

直線 l の通る定点 Q の座標は，Q$(-1,\ 3)$ …(答)

(2) 直線 l は必ず点 Q$(-1,\ 3)$ を通るので，l が点 P(1, 7) を通るようにすればよい。

よって，①に点 P の座標を代入して，

$k\cdot1+7+k-3=0$　$\therefore k=-2$

これを①に代入して，直線 PQ の方程式は，

$-2x+y-5=0$　$\therefore 2x-y+5=0$ ………(答)

(3) 点 P(1, 7) と，直線 l：$kx+1\cdot y+k-3=0$ との間の距離が $\sqrt{2}$ より，

$\dfrac{|k\cdot1+7+k-3|}{\sqrt{k^2+1^2}}=\sqrt{2}$　　$|2k+4|=\sqrt{2}\cdot\sqrt{k^2+1}$

両辺を2乗して，$4k^2+16k+16=2(k^2+1)$

$2k^2+8k+8=k^2+1$　　$k^2+8k+7=0$

$(k+1)(k+7)=0$　$\therefore k=-1,\ -7$ ………(答)

ココがポイント

⇦ k がどんな値をとっても，$x+1=0$，$y-3=0$ のとき①は成り立つ。よって，$x=-1$，$y=3$ から，l は定点 Q$(-1,\ 3)$ を通ることが分かるんだね。

⇦ $2k+4=0$ より，$k=-2$

⇦ 点 P$(x_1,\ y_1)$ と直線 $ax+by+c=0$ との間の距離 h は，
$h=\dfrac{|ax_1+by_1+c|}{\sqrt{a^2+b^2}}$
である。

2直線の交点を通る直線

元気力アップ問題 22　難易度 ☆☆　CHECK 1　CHECK 2　CHECK 3

2 直線 l_1：$2x+y-1=0$ と l_2：$x+y-2=0$ の交点を通る直線 l について，次の問いに答えよ。

(1) l が点 $(1,\ 2)$ を通るとき，l の方程式を求めよ。

(2) 原点 O からの距離が 1 となる l の方程式を求めよ。

ヒント！ 2 直線 l_1 と l_2 の交点を通る任意の直線 l は定数 k を用いて，$2x+y-1+k(x+y-2)=0$ （および，$x+y-2=0$）となることを利用しよう。

解答＆解説

2直線 l_1：$2x+y-1=0$ と l_2：$x+y-2=0$ の交点を通る直線 l の方程式は，定数 k を用いて，

$2x+y-1+k(x+y-2)=0$ ……①

（および，$x+y-2=0$ ……②）　と表される。

(1) l が点 $(1,\ 2)$ を通るとき，これらの座標を①に代入して成り立つ。よって，

$2+2-1+k(1+2-2)=0$　　$k=-3$

これを①に代入して，求める l の方程式は

$x+2y-5=0$ である。 ……………………(答)

(2) ①を変形して，

$(\underbrace{k+2}_{a})x+(\underbrace{k+1}_{b})y\underbrace{-2k-1}_{c}=0$ ……①′

①′で表される直線 l と原点 $O(0,\ 0)$ との間の距離が 1 のとき，

$\dfrac{|-2k-1|}{\sqrt{(k+2)^2+(k+1)^2}}=1$，$|2k+1|=\sqrt{2k^2+6k+5}$

両辺を2乗して，$(2k+1)^2=2k^2+6k+5$

これをまとめて，$(k-2)(k+1)=0$　$\therefore k=2,\ -1$

これらを①′に代入して，求める l の方程式は

$4x+3y-5=0$ および $x+1=0$ …………(答)

ココがポイント

⇦①は，$k=0$ のとき，$2x+y-1=0$ となって，l_1 は表せるが，k にどんな値を代入しても l_2（②）は表せないので，これだけは別に考える。（ただし，問題を解く場合，不要なことが多い。）

⇦$2x+y-1-3(x+y-2)=0$
$-x-2y+5=0$
$\therefore x+2y-5=0$

⇦点 $(x_1,\ y_1)$ と直線 $ax+by+c=0$ との間の距離 h は，
$h=\dfrac{|ax_1+by_1+c|}{\sqrt{a^2+b^2}}$

⇦$4k^2+4k+1=2k^2+6k+5$
$2k^2-2k-4=0$
$k^2-k-2=0$
$(k-2)(k+1)=0$
$\therefore k=2,\ -1$

直線に関する対称点

元気力アップ問題 23　難易度 ☆　CHECK 1　CHECK 2　CHECK 3

2 直線 $l_1 : 2x+y-3=0$ と $l_2 : x-2y+1=0$ について，次の各問いに答えよ。

(1) 直線 l_1 に関して，原点 O と対称な点 P の座標を求めよ。

(2) 直線 l_2 に関して，原点 O と対称な点 Q の座標を求めよ。

ヒント！ (1) 対称点 $P(\alpha, \beta)$ とおいて，OP の中点が l_1 上にあり，$l_1 \perp OP$ の条件から，P の座標を求めよう。(2) も同様だね。

解答＆解説

(1) 直線 $l_1 : y=-2x+3$ ……①に関して，O(0, 0) と対称な点を $P(\alpha, \beta)$ とおくと，線分 OP の中点 $M\left(\dfrac{\alpha}{2}, \dfrac{\beta}{2}\right)$ は①上の点より，

$\dfrac{\beta}{2}=-2\cdot\dfrac{\alpha}{2}+3 \quad \therefore \beta=-2\alpha+6$ ……②

また，l_1 と OP は直交するので，

$-2\cdot\dfrac{\beta}{\alpha}=-1 \quad \therefore \alpha=2\beta$ ……③

（-2：l_1 の傾き，$\dfrac{\beta}{\alpha}$：OP の傾き）

③を②に代入して，（③より）

$\beta=-4\beta+6 \quad \therefore \beta=\dfrac{6}{5}$ より，$\alpha=\dfrac{12}{5}$

以上より，$P\left(\dfrac{12}{5}, \dfrac{6}{5}\right)$ である。……(答)

(2) 直線 $l_2 : y=\dfrac{1}{2}x+\dfrac{1}{2}$ ……④に関して，O(0, 0) と対称な点を $Q(\gamma, \delta)$ とおくと，OQ の中点 $N\left(\dfrac{\gamma}{2}, \dfrac{\delta}{2}\right)$ は④上の点であり，かつ $l_2 \perp OQ$ より，

$\dfrac{\delta}{2}=\dfrac{1}{2}\cdot\dfrac{\gamma}{2}+\dfrac{1}{2}$ ……⑤，$\dfrac{1}{2}\cdot\dfrac{\delta}{\gamma}=-1$ ……⑥より，

これを解いて，$Q\left(-\dfrac{2}{5}, \dfrac{4}{5}\right)$ である。……(答)

ココがポイント

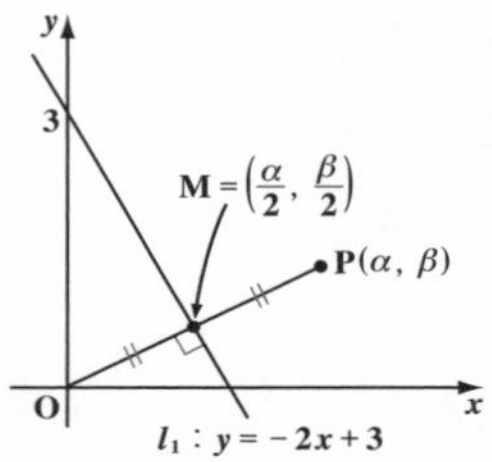

⇦2 直線の直交条件は，2 直線の傾きをそれぞれ m_1，m_2 とおくと，$m_1 \cdot m_2=-1$

⇦$2\delta=\gamma+2$ ……⑤′
$\delta=-2\gamma$ ………⑥′
⑥′を⑤′に代入して，
$-4\gamma=\gamma+2$
$\therefore \gamma=-\dfrac{2}{5}$，$\delta=\dfrac{4}{5}$

直線について対称な直線

元気力アップ問題 24　難易度 ☆☆　CHECK 1　CHECK 2　CHECK 3

直線 $y = 2x + 3$ に関して，直線 $3x + y - 1 = 0$ と対称な直線 l の方程式を求めよ。　(桃山学院大)

ヒント! $3x + y - 1 = 0$ 上の点 $P(\alpha, \beta)$ に対して，求める直線 l 上の点を $Q(X, Y)$ とおき，P と Q が直線 $y = 2x + 3$ に関して対称な点であるとして，X と Y の関係式を求めれば，それが求める l の方程式になるんだね。

解答＆解説

直線l_1：$y = 2x + 3$ …①，直線l_2：$y = -3x + 1$ …② とおき，l_1に関して，l_2と対称な直線lの方程式を求める。

まず，直線l_2上の点を$P(\alpha, \beta)$とおき，直線l_1に関してPと対称な点を$Q(X, Y)$とおくと，XとYの関係式が求めるlの方程式になる。

・線分PQの中点$M\left(\dfrac{\alpha + X}{2}, \dfrac{\beta + Y}{2}\right)$は$l_1$上の点より，

$$\frac{\beta + Y}{2} = 2\cdot\frac{\alpha + X}{2} + 3 \quad \therefore \beta + Y = 2\alpha + 2X + 6 \ \cdots ③$$

・直線$PQ \perp l_1$より，

$$\frac{Y - \beta}{X - \alpha}\cdot 2 = -1 \quad \therefore 2Y - 2\beta = -X + \alpha \ \cdots\cdots ④$$

・点$P(\alpha, \beta)$はl_2上の点より，$\beta = -3\alpha + 1$ ………⑤

・③，⑤より βを消去して，$-3\alpha + 1 + Y = 2\alpha + 2X + 6$

$\therefore 5\alpha = -2X + Y - 5$ ……………… ⑥

・④，⑤より βを消去して，$2Y + 6\alpha - 2 = -X + \alpha$

$\therefore 5\alpha = -X - 2Y + 2$ ……………… ⑦

・⑥，⑦より αを消去して，$-2X + Y - 5 = -X - 2Y + 2$

$X - 3Y + 7 = 0$

よって，求める直線 l の方程式は

$x - 3y + 7 = 0$である。………………………………(答)

ココがポイント

⇦イメージ

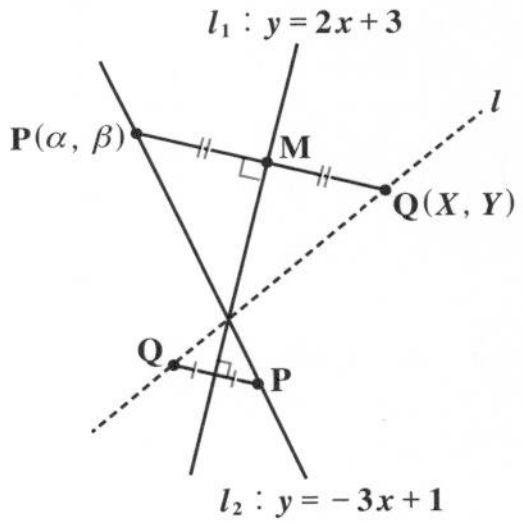

⇦①にMの座標を代入した。

⇦2 直線の傾きを m_1，m_2 とおくと，2 直線が直交するとき，$m_1 \cdot m_2 = -1$ となる。

⇦②にPの座標を代入した。

⇦$2Y - 2(-3\alpha + 1) = -X + \alpha$

⇦最後は，X と Y の式を x と y の式に書き換えて l の方程式にした。

放物線と直線の位置関係

元気力アップ問題 25	難易度 ☆☆	CHECK 1	CHECK 2	CHECK 3

放物線 C：$y = x^2 - 4x + 7$ と直線 l：$y = 2x - 7$ がある。

(1) 放物線 C 上の点 $P(t,\ t^2 - 4t + 7)$ と直線 l との間の距離 h を t の式で表せ。

(2) この h が最小となるときの t の値と h の最小値，および P の座標を求めよ。

(北海道薬大＊)

ヒント！ **(1)** 点 P と直線 l との間の距離 h は公式通りに求めよう。**(2)** では，**(1)** の結果を利用して，h が最小となる t の値を求めよう。

解答＆解説

$$\begin{cases} \text{放物線}C：y = x^2 - 4x + 7 & \cdots\cdots① \\ \text{直線}l：2x - y - 7 = 0 & \cdots\cdots② \end{cases}$$ とおく。

(1) C 上の点 $P(t,\ t^2 - 4t + 7)$ と，直線 l：

$2 \cdot x - 1 \cdot y - 7 = 0$ との間の距離 h は，

$$h = \frac{|2t - 1\cdot(t^2 - 4t + 7) - 7|}{\sqrt{2^2 + (-1)^2}} = \frac{|-t^2 + 6t - 14|}{\sqrt{5}}$$

$$= \frac{|t^2 - 6t + 14|}{\sqrt{5}} = \frac{1}{\sqrt{5}}(t^2 - 6t + 14) \quad \cdots\cdots③$$

となる。 ……………………………………………(答)

(2) ③を変形すると，

$$h = \frac{1}{\sqrt{5}}\{\underbrace{(t-3)^2}_{0\text{以上}} + \underbrace{5}_{\text{最小値}}\}$$ より，

$t = 3$ のとき，h は最小値 $h = \dfrac{5}{\sqrt{5}} = \sqrt{5}$ をとる。

…………(答)

$t = 3$ を点 P の座標に代入すると，

$P(3,\ 3^2 - 4\cdot 3 + 7) = (3,\ 4)$ である。 ……(答)

ココがポイント

⇦イメージ

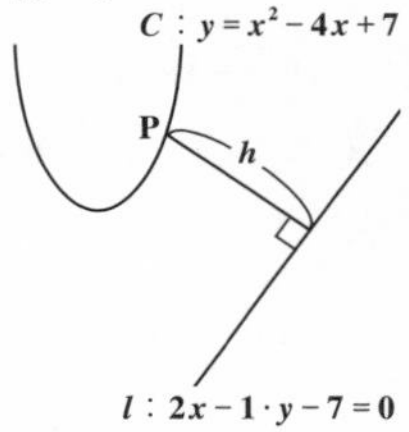

⇦ $t^2 - 6t + 14$
$= (t-3)^2 + 5 > 0$
より，
$|\underbrace{t^2 - 6t + 14}_{\oplus}| = t^2 - 6t + 14$

絶対値の入った方程式のグラフ

元気力アップ問題 26	難易度	CHECK 1	CHECK 2	CHECK 3

方程式 $2|x|+|y|=4$ …①で表される図形 D がある。図形 D を xy 座標平面上に図示し，y の最大値と最小値を求めよ。

ヒント！ ①の方程式には，$|x|$ と $|y|$ の 2 つの絶対値の式があるので，(i) $x\geqq 0$，$y\geqq 0$，(ii) $x\geqq 0$，$y\leqq 0$，(iii) $x\leqq 0$，$y\geqq 0$，(iv) $x\leqq 0$，$y\leqq 0$ の 4 通りの場合分けが必要になるんだね。

解答＆解説

$2|x|+|y|=4$ ……①について，

(i) $x\geqq 0$，$y\geqq 0$ のとき，①は，

$2x+y=4$　$\therefore$ $\underline{y=-2x+4}$

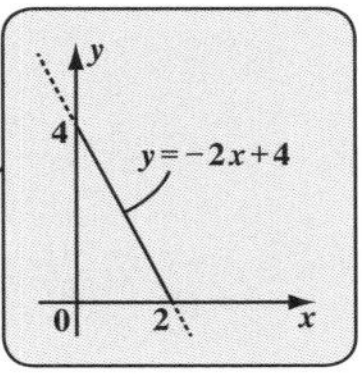

(ii) $x\geqq 0$，$y\leqq 0$ のとき，①は，

$2x-y=4$　$\therefore$ $\underline{y=2x-4}$

(iii) $x\leqq 0$，$y\geqq 0$ のとき，①は，

$2\cdot(-x)+y=4$　$\therefore$ $\underline{y=2x+4}$

(iv) $x\leqq 0$，$y\leqq 0$ のとき，①は，

$2\cdot(-x)-y=4$　$\therefore$ $\underline{y=-2x-4}$

以上(i)～(iv)より，①の方程式で表される図形 D を xy 座標平面上に描くと，右図のようになる。

………(答)

図形 D より，

・$x=0$ のとき，y は最大値 4 をとる。
・$x=0$ のとき，y は最小値 -4 をとる。 …………(答)

ココがポイント

⇦ $|x|=\begin{cases} x & (x\geqq 0) \\ -x & (x\leqq 0) \end{cases}$

$|y|=\begin{cases} y & (y\geqq 0) \\ -y & (y\leqq 0) \end{cases}$

よって，①は，4 通りの場合分けが必要となる。

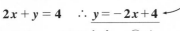

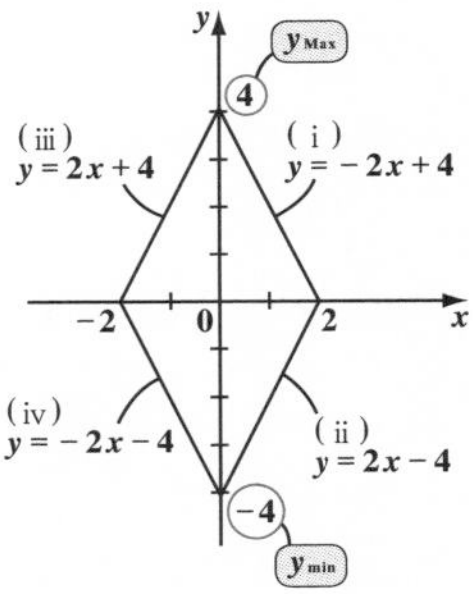

絶対値の入った関数のグラフ

元気力アップ問題 27	難易度 ☆☆	CHECK 1	CHECK 2	CHECK 3

2 つの関数 $f(x)=2|x+1|+2\ (-2\leqq x\leqq 1)$ と，$y=g(x)=m(x-3)+4$ （m：実数）がある。

(1) $y=f(x)$ のグラフを描け。

(2) $y=f(x)$ と $y=g(x)$ が 2 つの共有点をもつような m の値の範囲を求めよ。

ヒント！ (1) では，(ⅰ) $-2\leqq x<-1$ と (ⅱ) $-1\leqq x\leqq 1$ の 2 通りに場合分けしよう。(2) では，$y=g(x)$ は，点 $(3,\ 4)$ を通る傾き m の直線であることに注意しよう。

解答＆解説

(1) $y=f(x)=2|x+1|+2$ のグラフについて，

(ⅰ) $-2\leqq x<-1$ のとき，

$$y=f(x)=-2(x+\cancel{1})+\cancel{2}=-2x$$

(ⅱ) $-1\leqq x\leqq 1$ のとき，

$$y=f(x)=2(x+1)+2=2x+4$$

以上(ⅰ)(ⅱ)より，$y=f(x)$ のグラフは右図のようになる。 ……………………………………(答)

(2) $y=g(x)=\underset{\text{傾き}}{m}(x-3)+4$ は，定点 $(3,\ 4)$ を通る傾き m の直線であるから，$y=f(x)$ と $y=g(x)$ のグラフが 2 つの共有点をもつための条件は，直線 $y=g(x)$ の傾き m に着目して，右図より明らかに，

$0\leqq m<\dfrac{1}{2}$ である。 ……………………………(答)

ココがポイント

⇦ $|x+1|=\begin{cases}-(x+1) & (x<-1)\\ x+1 & (-1\leqq x)\end{cases}$

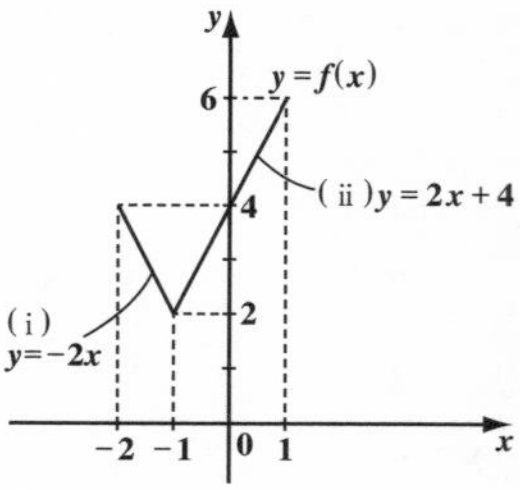

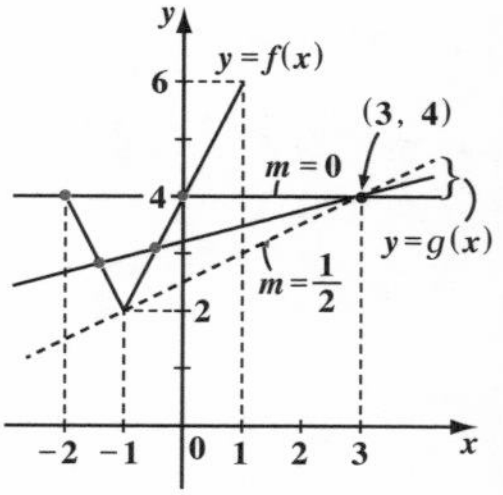

円の方程式

元気力アップ問題 28　難易度 ★★　CHECK 1　CHECK 2　CHECK 3

方程式 $x^2+y^2+2px-2y+2=0$ ……①　(p：実数定数) がある。

(1) ①が円の方程式となるための p の値の範囲を求めよ。

(2) $p=2$ のとき，①で表される円が x 軸を切り取ってできる線分の長さを求めよ。

ヒント！ (1) 円の方程式：$(x-a)^2+(y-b)^2=r^2$ より，$r^2>0$ となることが円の方程式の成立条件になる。(2)は，$p=2$，$y=0$ を①に代入して，x の 2 次方程式を解けば，円と x 軸との 2 交点の x 座標が求まるんだね。

解答＆解説

(1) 方程式 $x^2+2px+y^2-2y+2=0$ ……① を変形して，

$(x^2+2px+p^2)+(y^2-2y+1)=-2+p^2+1$

(2 で割って 2 乗)　(2 で割って 2 乗)

$(x+p)^2+(y-1)^2=p^2-1$ ……①′

(これが⊕となれば，円になる)

よって，①が円となるための p の値の範囲は，

$p^2-1>0$　　$(p+1)(p-1)>0$

∴ $p<-1$ または $1<p$ である。………………(答)

(2) $p=2$ のとき，これを①′に代入して，

$(x+2)^2+(y-1)^2=3$ ……② となる。

$y=0$ を②に代入して，②の円と x 軸との交点の x 座標を求めると，

$(x+2)^2+1=3$　　$(x+2)^2=2$

$x+2=\pm\sqrt{2}$　∴ $x=-2+\sqrt{2}$，$-2-\sqrt{2}$ である。

よって，②の円が x 軸から切り取る線分の長さは，

$-2+\sqrt{2}-(-2-\sqrt{2})=\sqrt{2}+\sqrt{2}=2\sqrt{2}$ である。

………(答)

ココがポイント

⇦ $p^2-1>0$ のとき，これは中心 $(-p,\ 1)$，半径 $r=\sqrt{p^2-1}$ の円になる。

⇦ 中心 $(-2,\ 1)$，半径 $r=\sqrt{3}$ の円

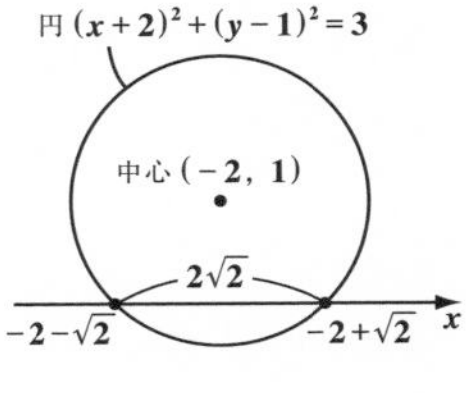

円の接線（I）

点 $P(-3, 1)$ を通り，円 $x^2 + y^2 = 9$ に接する直線の方程式を求めよ。

ヒント！ 円 $x^2 + y^2 = 9$ 上の点 (x_1, y_1) における接線の方程式は，$x_1 x + y_1 y = 9$ であり，これが点 $P(-3, 1)$ を通ることから，x_1 と y_1 の値を求めよう。

解答&解説

円 $x^2 + y^2 = 9$ ……① の周上の点 $A(x_1, y_1)$ をとると，
点 A の座標を①に代入しても成り立つ。

∴ $x_1^2 + y_1^2 = 9$ ……②

次に，点 $A(x_1, y_1)$ における接線の方程式は

$x_1 x + y_1 y = 9$ ……③である。　←—公式通り

③が点 $P(-3, 1)$ を通るとき，これを③に代入して，

$-3x_1 + 1 \cdot y_1 = 9$ より，$y_1 = 3x_1 + 9$ ……③´ となる。

③´を②に代入して，

$x_1^2 + \underbrace{(3x_1 + 9)^2}_{9x_1^2 + 54x_1 + 81} = 9$　　　$10x_1^2 + 54x_1 + 72 = 0$

$5x_1^2 + 27x_1 + 36 = 0$　　　$(x_1 + 3)(5x_1 + 12) = 0$

$$\begin{matrix} 1 & & 3 \\ 5 & & 12 \end{matrix}$$

∴ $x_1 = -3,\ -\dfrac{12}{5}$

(i) $x_1 = -3$ のとき，③´より，$y_1 = -9 + 9 = 0$

　　$x_1 = -3,\ y_1 = 0$ を③に代入して，接線の式は

　　$-3x + \cancel{0 \cdot y} = 9$　∴ $x = -3$

(ii) $x = -\dfrac{12}{5}$ のとき，③´より，$y_1 = -\dfrac{36}{5} + 9 = \dfrac{9}{5}$

　　$x_1 = -\dfrac{12}{5},\ y_1 = \dfrac{9}{5}$ を③に代入して，接線の式は

　　$-\dfrac{12}{5}x + \dfrac{9}{5}y = 9$　∴ $4x - 3y = -15$

以上 (i)(ii) より，求める接線の方程式は，

$x = -3,\ \ 4x - 3y + 15 = 0$ である。……………(答)

ココがポイント

⇦ イメージ

$\begin{pmatrix} 図より，接点 (x_1, y_1) は \\ 2 つ存在するはずだね \end{pmatrix}$

⇦②と③´から y_1 を消去して，x_1 の 2 次方程式が導ける。

⇦ (x_1, y_1) は 2 組求まるので，イメージ通り，2 本の接線が存在するんだね。

⇦ $y_1 = 3 \cdot \left(-\dfrac{12}{5}\right) + 9$
　　$= \dfrac{-36 + 45}{5} = \dfrac{9}{5}$

⇦ $-12x + 9y = 45$
両辺を -3 で割って
$4x - 3y = -15$

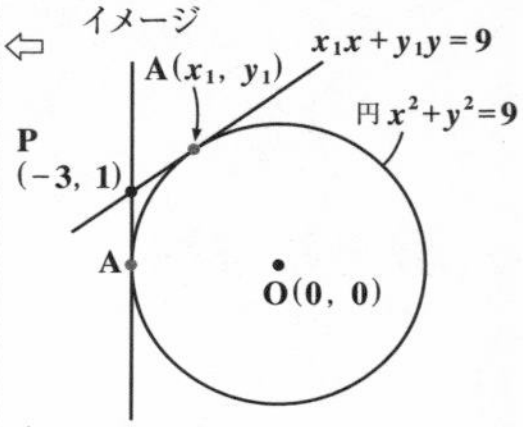

円の接線(Ⅱ)

元気力アップ問題 30　難易度 ★★　CHECK 1　CHECK 2　CHECK 3

円 $x^2-2x+y^2+6y=0$ ……① に接し，点 $P(3,\ 1)$ を通る直線の方程式を求めよ。　(東海大)

ヒント！ 円 $(x-1)^2+(y+3)^2=10$ …① より，これは中心 $(1,\ -3)$，半径 $\sqrt{10}$ の円となる。よって，今回は，元気力アップ問題 29 とは異なる解き方をしよう。まず，点 $P(3,\ 1)$ を通る直線を $y=m(x-3)+1$ とする。そして，この直線と①の中心 $(1,\ -3)$ との間の距離が半径 $\sqrt{10}$ と等しくなるように m の値を決めれば，それが求める円の接線の傾きになるんだね。

解答＆解説

①の円の方程式を変形して，

$(x^2-2x+\underline{\underline{1}})+(y^2+6y+\underline{\underline{9}})=0+\underline{\underline{1}}+\underline{\underline{9}}$

(2で割って2乗)　(2で割って2乗)

$(x-1)^2+(y+3)^2=10$ となる。

よって，これは，中心 $A(1,\ -3)$，半径 $\sqrt{10}$ の円である。

次に，点 $P(3,\ 1)$ を通る直線の方程式は，

$y=m(x-3)+1$ より，$mx-1\cdot y-3m+1=0$ ……②
(m：傾き)

である。よって，円の中心 $A(1,\ -3)$ と②の直線との間の距離が半径 $\sqrt{10}$ に等しいとき，②は点 P を通る①の円の接線になる。

$$\frac{|m\cdot 1-1\cdot(-3)-3m+1|}{\sqrt{m^2+(-1)^2}}=\sqrt{10}$$ これをまとめて，

$3m^2+8m-3=0$　$(3m-1)(m+3)=0$

$\begin{matrix}3 & & -1\\ 1 & & 3\end{matrix}$

$\therefore m=\frac{1}{3}$，または -3 となる。これを②に代入して，求める接線の方程式は，

$x-3y=0$，$3x+y-10=0$　である。…………(答)

ココがポイント

⇦イメージ

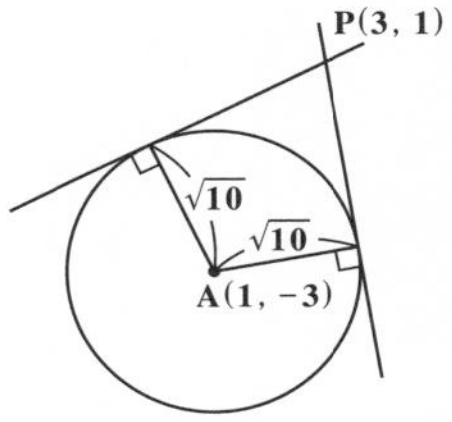

⇦ $\frac{|-2m+4|}{\sqrt{m^2+1}}=\sqrt{10}$

$2|m-2|=\sqrt{10}\sqrt{m^2+1}$

両辺を2乗して，

$4(m-2)^2=10(m^2+1)$

$2(m^2-4m+4)=5m^2+5$

$3m^2+8m-3=0$

⇦ $\cdot\frac{1}{3}x-y-\cancel{1}+\cancel{1}=0$

$\cdot -3x-y+9+1=0$

円と直線

元気力アップ問題 31	難易度 ☆☆	CHECK 1	CHECK 2	CHECK 3

円 $(x-2)^2+(y-2)^2=4$ ……① が，直線 $y=mx+1$ ……② を切り取ってできる線分の長さが $2\sqrt{2}$ であるとき，m の値を求めよ。

ヒント！ ①の円は，中心 $(2,\ 2)$，半径 2 の円だね。よって，この円が②の直線を切り取ってできる線分の長さが $2\sqrt{2}$ となるための条件は，中心 $(2,\ 2)$ と②の直線との間の距離で考えるとうまく解けるんだね。

解答＆解説

円 $(x-2)^2+(y-2)^2=4$ ……①より，この円の中心は $A(2,\ 2)$ であり，半径 $r=2$ である。次に，

直線 $y=mx+1$ ……② を変形して，（m：傾き，1：y 切片）

$mx-1\cdot y+1=0$ ……②´ とおく。

①の円が②の直線を切り取ってできる線分の長さが $2\sqrt{2}$ となるための条件は，右図より明らかに，中心 $A(2,\ 2)$ と②´の直線との間の距離が $\sqrt{2}$ になることである。よって，

$$\frac{|2m-2+1|}{\sqrt{m^2+(-1)^2}}=\sqrt{2} \qquad |2m-1|=\sqrt{2}\cdot\sqrt{m^2+1}$$

この両辺を2乗して，

$(2m-1)^2=2(m^2+1)$ 　これをまとめて，

$2m^2-4m-1=0$ ←（m の 2 次方程式となる）

これを解いて，

$$m=\frac{2\pm\sqrt{4+2\cdot 1}}{2}=\frac{2\pm\sqrt{6}}{2} \quad \cdots\cdots\cdots\cdots(\text{答})$$

ココがポイント

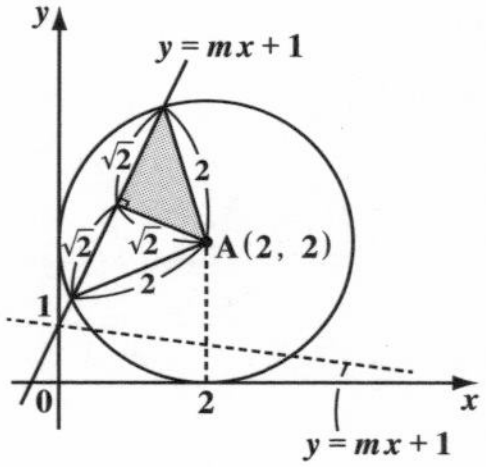

⇦ $4m^2-4m+1=2m^2+2$
$2m^2-4m-1=0$

⇦上図に示すように，条件をみたす直線は 2 本存在するので，m の値も 2 つ算出されたんだね。

2つの円の交点を通る直線

元気力アップ問題 32 難易度 ☆☆ CHECK 1 CHECK 2 CHECK 3

2つの円 $C_1: x^2+y^2=4$ と，$C_2: x^2+y^2-2x-4y+3=0$ がある。

(1) 円 C_1 と C_2 が相異なる2点で交わることを示せ。

(2) 円 C_1 と C_2 の2つの交点を通る直線の方程式を求めよ。

ヒント！ (1) 円 C_1 の中心と半径を O と r_1 とおき，円 C_2 の中心と半径を A と r_2 とおくとき，2つの円 C_1 と C_2 が2交点をもつ条件は $|r_1-r_2|<\mathrm{OA}<r_1+r_2$ なんだね。(2) は，円 C_1 の方程式から，円 C_2 の方程式を引けばすぐに求められる。

解答＆解説

(1)・円 $C_1: x^2+y^2=4$ ……① の中心は O(0, 0) であり，半径 $r_1=\sqrt{4}=2$ である。

・円 $C_2: (x-1)^2+(y-2)^2=2$ ………②の中心は A(1, 2) であり，半径 $r_2=\sqrt{2}$ である。

ここで，$\mathrm{OA}=\sqrt{1^2+2^2}=\sqrt{5}$ より，

$|2-\underbrace{\sqrt{2}}_{1.4\cdots}|<\underbrace{\sqrt{5}}_{2.2\cdots}<2+\underbrace{\sqrt{2}}_{1.4\cdots}$，すなわち

$|r_1-r_2|<\mathrm{OA}<r_1+r_2$ が成り立つので，2つの円 C_1 と C_2 は，相異なる2点で交わる。………(終)

(2) $\begin{cases} 円C_1: x^2+y^2-4=0 & \cdots\cdots ①' \\ 円C_2: x^2+y^2-2x-4y+3=0 & \cdots\cdots ②' \end{cases}$

とおくと，①′－②′から，2つの円 C_1 と C_2 の2交点を通る直線の方程式になる。（$k=-1$ のとき）

$\therefore\ 2x+4y-4-3=0$ より，

$2x+4y-7=0$ ………………………………(答)

ココがポイント

⇦ $(x^2-2x+\underline{\underline{1}})+(y^2-4y+\underline{\underline{4}})=-3+\underline{\underline{5}}$

$(x-1)^2+(y-2)^2=2$

⇦異なる2点で交わる2つの円の方程式を

$\begin{cases} f(x,\ y)=0 \\ g(x,\ y)=0 \end{cases}$ とおくと，

$f(x,\ y)+k\cdot g(x,\ y)=0$ (k：定数) は，

(i) $k=-1$ のとき，2つの円の2交点を通る直線の方程式になり，

(ii) $k\neq-1$ のとき，2つの円の2交点を通る円の方程式になる。

2つの円の交点を通る直線と円

元気力アップ問題 33	難易度 ★★	CHECK 1	CHECK 2	CHECK 3

2 つの円 $C_1 : x^2+y^2=25$，$C_2 : (x-4)^2+(y-3)^2=2$ について，

(1) C_1 と C_2 の 2 交点を通る直線の方程式を求めよ。

(2) C_1 と C_2 の 2 交点を通り，点 $(3,\ 1)$ を通る円の方程式を求めよ。

(西南学院大＊)

ヒント！ $C_1 : f(x,\ y)=x^2+y^2-25=0$，$C_2 : g(x,\ y)=(x-4)^2+(y-3)^2-2=0$ とおいて，$kf(x,\ y)+g(x,\ y)=0$ とおくと，(i) $k=-1$ のとき，C_1 と C_2 の 2 交点を通る直線となり，(ii) $k \neq -1$ のとき，C_1 と C_2 の 2 交点を通る円になるんだね。

解答＆解説

・円 $C_1 : x^2+y^2=25$ ……① は，中心 $\mathrm{O}(0,\ 0)$，
半径 $r_1=5$ の円であり，

・円 $C_2 : (x-4)^2+(y-3)^2=2$ ……② は，中心 $\mathrm{A}(4,\ 3)$，
半径 $r_2=\sqrt{2}$ の円である。

ここで，$\mathrm{OA}=\sqrt{4^2+3^2}=\sqrt{25}=5$ より，

$|5-\underbrace{\sqrt{2}}_{1.4\cdots}|<5<5+\underbrace{\sqrt{2}}_{1.4\cdots}$，すなわち

$|r_1-r_2|<\mathrm{OA}<r_1+r_2$ が成り立つ。よって，2つの円 C_1 と C_2 は異なる 2 点で交わる。次に，

$$\begin{cases} \text{円}C_1 : f(x,\ y)=x^2+y^2-25=0 & \cdots\cdots①' \\ \text{円}C_2 : g(x,\ y)=(x-4)^2+(y-3)^2-2=0 & \cdots\cdots②' \end{cases}$$

とおき，さらに文字定数 k を用いて，

$kf(x,\ y)+g(x,\ y)=0$ ……③

(および，$f(x,\ y)=0$)

とおくと，

(i) $k=-1$ のときは，円 C_1 と C_2 の 2 交点を通る直線の方程式となる。

(ii) $k \neq -1$ のときは，円 C_1 と C_2 の 2 交点を通る円の方程式となる。

ココがポイント

⇦ $k=0$ のとき，③は $g(x,\ y)=0$ となって，2 交点を通る円として，C_2 を表せるが，k がどんな値をとっても $C_1 : f(x,\ y)=0$ は表せない。よって，これは別に表す。

(1) よって，$k=-1$ を③に代入して，円 C_1 と C_2 の 2 交点を通る直線の方程式を求めると，

$$-1\cdot(x^2+y^2-25)+\underbrace{(x-4)^2}_{x^2-8x+16}+\underbrace{(y-3)^2}_{y^2-6y+9}-2=0$$

⇦ $-1\cdot f(x,\ y)+g(x,\ y)=0$

$$25-8x+16-6y+9-2=0$$

$$-8x-6y+48=0$$

$$\therefore\ 4x+3y-24=0$$ ……………………………(答)

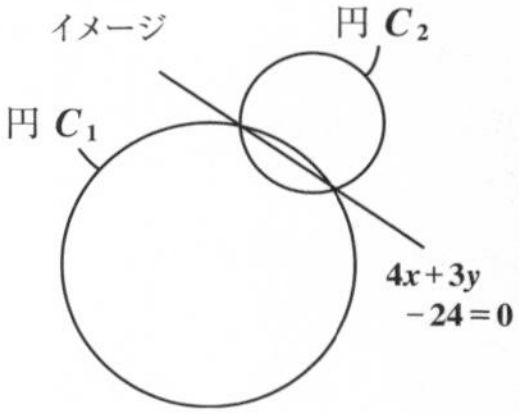

(2) 円 C_1 と C_2 の 2 交点を通る円の方程式は，③より，

$$k(x^2+y^2-25)+(x-4)^2+(y-3)^2-2=0 \quad \cdots\cdots ④$$
$$(k\neq-1)$$

④は点$(3,\ 1)$を通るので，この座標を④に代入してkの値を求めると，

$$k(9+1-25)+1+4-2=0$$

⇦ $k(3^2+1^2-25)+(-1)^2+(-2)^2-2=0$

$$15k=3 \quad \therefore\ k=\frac{1}{5}$$ （これは，$k\neq-1$ をみたす）

これを④に代入して，

$$\frac{1}{5}(x^2+y^2-25)+(x-4)^2+(y-3)^2-2=0$$

$$x^2+y^2-25+5\underbrace{(x-4)^2}_{(x^2-8x+16)}+5\underbrace{(y-3)^2}_{(y^2-6y+9)}-10=0$$

$$6x^2+6y^2-40x-30y\underbrace{-25+80+45-10}_{90}=0$$

⇦イメージ

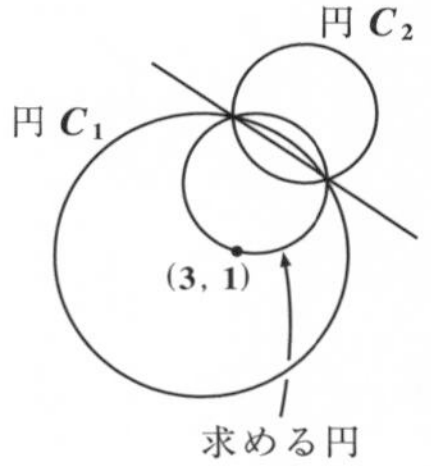

∴求める円の方程式は，

$$x^2+y^2-\frac{20}{3}x-5y+15=0$$ である。………(答)

$$\left[\begin{array}{l}\left(x-\dfrac{10}{3}\right)^2+\left(y-\dfrac{5}{2}\right)^2=-15+\dfrac{100}{9}+\dfrac{25}{4}\\[2mm] \left(x-\dfrac{10}{3}\right)^2+\left(y-\dfrac{5}{2}\right)^2=\underbrace{\dfrac{85}{36}}_{\frac{-540+400+225}{36}}\ \cdots(\text{答})\ \text{としてもよい。}\end{array}\right]$$

2つの円の共通接線

元気力アップ問題 34	難易度 ☆☆	CHECK 1	CHECK 2	CHECK 3

次の 2 つの円 C_1, C_2 の共通接線の方程式を求めよ。

$C_1 : x^2 + y^2 = 4$, $C_2 : (x-5)^2 + y^2 = 25$　　(日本女子大)

ヒント! 図を描いて，相似な2つの直角三角形を利用すると，楽に解けるはずだ。

解答＆解説

ココがポイント

右図に，円C_1(中心O(0, 0)，半径2)と，円C_2(中心A(5, 0)，半径5)と，これらの共通接線 l を示す。l と C_1, C_2との接点を順にP, Q, また l と x 軸との交点を B$(-\underset{\oplus}{\alpha}, 0)$とおく。$(\alpha > 0)$

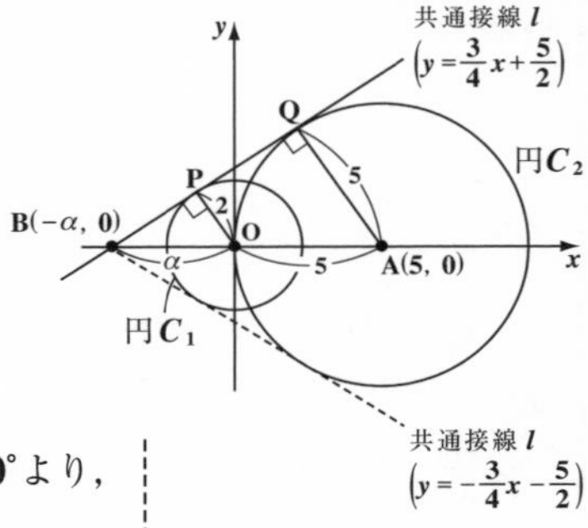

△BOPと△BAQについて，

(i) ∠PBO = ∠QBA(共通)，(ii) ∠BPO = ∠BQA = 90°より，

△BOP ∽ BAQ (相似)である。よって，

$\underset{\alpha}{\underline{BO}} : \underset{2}{\underline{OP}} = \underset{(\alpha+5)}{\underline{BA}} : \underset{5}{\underline{AQ}}$ より，$\alpha : 2 = (\alpha+5) : 5$

⇦ $2(\alpha+5) = 5\alpha$
$2\alpha + 10 = 5\alpha$
$3\alpha = 10$　$\therefore \alpha = \frac{10}{3}$

これから，$\alpha = \frac{10}{3}$ より，$B\left(-\frac{10}{3}, 0\right)$である。← l の通る点

次に，△BPOについて，∠PBO = θ とおくと，右図より

$\tan\theta = \frac{OP}{BP} = \frac{2}{\frac{8}{3}} = \frac{6}{8} = \frac{3}{4}$ ← 2 本ある l の内の 1 本の l の傾き

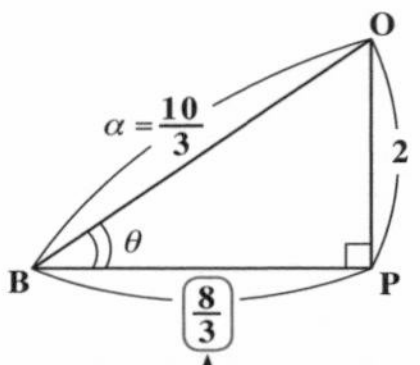

三平方の定理より，

$BP^2 = \left(\frac{10}{3}\right)^2 - 2^2$
$= \frac{100-36}{9}$
$= \frac{64}{9}$
$\therefore BP = \sqrt{\frac{64}{9}} = \frac{8}{3}$

ここで，C_1, C_2 の共通接線 l は 2 本存在し，それらは図より明らかに，x軸に関して対称である。

以上より，C_1, C_2 の共通接線 l は，点 $B\left(-\frac{10}{3}, 0\right)$ を通り，傾き $\pm\frac{3}{4}$の直線なので，その方程式は，

$y = \pm\frac{3}{4}\left(x + \frac{10}{3}\right)$，すなわち

$y = \frac{3}{4}x + \frac{5}{2}$,　$y = -\frac{3}{4}x - \frac{5}{2}$ ……………………(答)

アポロニウスの円

元気力アップ問題 35	難易度 ☆☆	CHECK 1	CHECK 2	CHECK 3

点 $\mathbf{A(1,\ 1)}$ と点 $\mathbf{B(5,\ 4)}$ からの距離の比が $\mathbf{3 : 2}$ となる点 $\mathbf{P}(x,\ y)$ の描く軌跡の方程式を求めよ。 (自治医大)

ヒント! $\mathbf{AP : BP = 3 : 2}$ をみたす動点 $\mathbf{P}$ はアポロニウスの円を描くんだね。

解答&解説

3点 $\mathbf{A(1,\ 1)}$，$\mathbf{B(5,\ 4)}$，$\mathbf{P}(x,\ y)$ について，

$\mathbf{AP : BP = 3 : 2}$ となるので，

$\mathbf{2AP = 3BP}$ この両辺を2乗して，

$\mathbf{4AP^2 = 9BP^2}$ ……① となる。

ここで，$\begin{cases} \mathbf{AP}^2 = (x-1)^2+(y-1)^2 & \cdots\cdots ② \\ \mathbf{BP}^2 = (x-5)^2+(y-4)^2 & \cdots\cdots ③ \end{cases}$

②，③を①に代入して，まとめると，

$4\{(x-1)^2+(y-1)^2\} = 9\{(x-5)^2+(y-4)^2\}$

$(x^2+y^2-2x-2y+2)$　$(x^2+y^2-10x-8y+41)$

$4x^2+4y^2-8x-8y+8 = 9x^2+9y^2-90x-72y+369$

$5x^2+5y^2-82x-64y+361 = 0$

$5x^2-82x+5y^2-64y = -361$

$\left(x^2-\dfrac{82}{5}x+\dfrac{41^2}{5^2}\right)+\left(y^2-\dfrac{64}{5}y+\dfrac{32^2}{5^2}\right) = -\dfrac{361}{5}+\dfrac{41^2+32^2}{5^2}$

2で割って2乗　2で割って2乗

よって，求める点 $\mathbf{P}$ の描く軌跡の方程式は，

$\left(x-\dfrac{41}{5}\right)^2+\left(y-\dfrac{32}{5}\right)^2 = 36$ である。……………(答)

これは，中心 $\left(\dfrac{41}{5},\ \dfrac{32}{5}\right)$，半径 $\mathbf{6}$ のアポロニウスの円だね。

ココがポイント

⇦ $\mathbf{AP : BP = 1 : 1}$ のときは $\mathbf{P}$ の軌跡は線分 $\mathbf{AB}$ の垂直二等分線になるが，これ以外の比をとるとき，$\mathbf{P}$ の軌跡はアポロニウスの円となる。

⇦このようなメンドウな計算も，自力で解けるように練習しよう！

⇦右辺 $= \dfrac{41^2+32^2-5\times361}{5^2}$
$= \dfrac{1681+1024-1805}{25}$
$= \dfrac{900}{25} = 36$

軌跡の方程式

元気力アップ問題 36　難易度 ☆☆☆　CHECK 1　CHECK 2　CHECK 3

直線 l：$y=ax+2$ と円 C：$x^2+y^2=2$ がある。
直線 l と円 C が異なる 2 点 A，B で交わるとき，a^2 の値の範囲を求めよ。
このとき，線分 AB の中点 P の軌跡の方程式を求めよ。

(昭和薬大)

ヒント！ l と C の方程式から y を消去して，x の 2 次方程式を作る。そして，この 2 次方程式が相異なる 2 実数解 α，β をもつような a^2 の値の範囲を求めればいいんだ。この解 α，β は 2 点 A，B の x 座標のことなので，線分 AB の中点 P を P$(X,\ Y)$ とおくと，$X=\dfrac{\alpha+\beta}{2}$ となることに気を付けよう。また，動点 P の軌跡の方程式とは，X と Y の関係式であることも念頭において解いていこう。

解答＆解説

直線 l：$y=ax+2$ ……① とおくと，
これは，傾き a，y 切片 2 の直線である。
円 C：$x^2+y^2=2$ ……② とおくと，
これは，中心 O(0, 0)，半径 $\sqrt{2}$ の円である。

①，②から y を消去してまとめると，

$x^2+(ax+2)^2=2$　［$(ax+2)^2=a^2x^2+4ax+4$］

$(a^2+1)x^2+4ax+2=0$ ……③ となる。［x の 2 次方程式］［$a=a^2+1$，$b=2b'=4a$，$c=2$］

x の 2 次方程式③が相異なる 2 実数解 α，β をもつとき，l と C は相異なる 2 点 A，B で交わり，これら 2 点の x 座標が③の解 α，β である。

③の判別式を D とおくと，

$\dfrac{D}{4}=(2a)^2-2\cdot(a^2+1)=2a^2-2>0$ となる。

$\therefore 2a^2>2$ より，求める a^2 の値の範囲は

$a^2>1$ ……④ である。 ……………………………(答)

ココがポイント

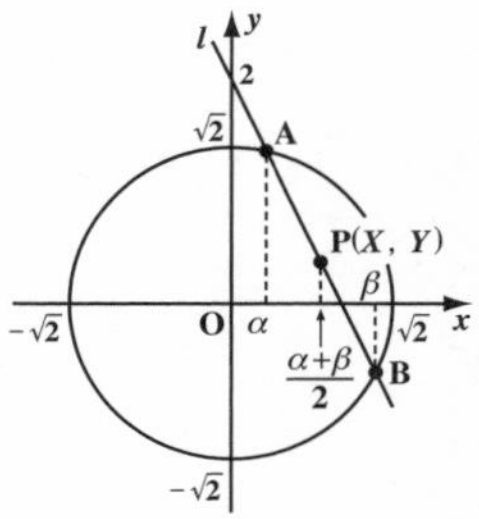

⇦ $\dfrac{D}{4}=b'^2-ac$ のこと。

③の 2 次方程式の解と係数の関係より，

$\alpha+\beta=-\dfrac{4a}{a^2+1}$ ……⑤ となる。 ← $\alpha+\beta=-\dfrac{b}{a}$

⇦$\alpha\beta=\dfrac{2}{a^2+1}$は，今回の問題では不要なので略した。

ここで，線分 AB の中点 P を $P(X,\ Y)$ とおくと，

$X=\dfrac{\alpha+\beta}{2}$ より，これに⑤を代入して，

$X=-\dfrac{2a}{a^2+1}$ ……⑥ となる。

⇦動点 $P(X,\ Y)$ の軌跡の方程式とは X と Y の関係式のことなので，これを求めよう！

また，点 $P(X,\ Y)$ は直線 l 上の点より，①から，

$Y=aX+2$ となる。これに⑥を代入して，

$Y=-\dfrac{2a^2}{a^2+1}+2=\dfrac{2}{a^2+1}$ ……⑦ となる。

⇦$-\dfrac{2a^2}{a^2+1}+2=\dfrac{-2a^2+2a^2+2}{a^2+1}=\dfrac{2}{a^2+1}$

ここで，$a^2>1$ ……④より，$a^2+1>2$ $\therefore \dfrac{1}{a^2+1}<\dfrac{1}{2}$

両辺に 2 をかけて，$0<\underbrace{\dfrac{2}{a^2+1}}_{Y}<1$ $\therefore 0<Y<1$ …⑧

次に，⑥ ÷ ⑦より，$\dfrac{X}{Y}=-a$ $\therefore a=-\dfrac{X}{Y}$ ……⑨

⇦$\dfrac{X}{Y}=\dfrac{-\dfrac{2a}{a^2+1}}{\dfrac{2}{a^2+1}}=-a$

⑦より，$Y(a^2+1)=2$ ……⑦´ （両辺に Y をかけて）

⑨を⑦´に代入して，$Y\left(\dfrac{X^2}{Y^2}+1\right)=2$

⇦⑦´に⑨を代入すると，X と Y の関係式ができる！

$X^2+Y^2=2Y$ $X^2+(Y^2-2Y+1)=1$

$\therefore X^2+(Y-1)^2=1$ $(0<Y<1$ (⑧より))

よって，求める動点 $P(X,\ Y)$ の軌跡の方程式は，

$x^2+(y-1)^2=1$ $(0<y<1)$ である。…………(答)

⇦最後は，X と Y の式を，x と y の式に書き換えた。

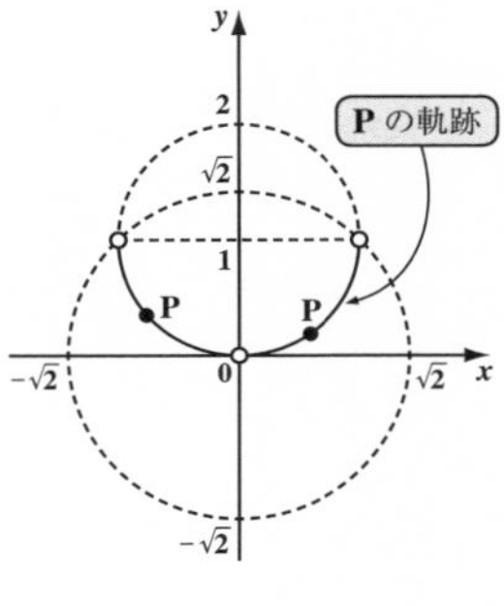

元気力アップ問題 37　難易度 ★★　CHECK 1　CHECK 2　CHECK 3

次の不等式で表される領域を xy 座標平面上に描け。

(1) $y > x$ ……① かつ $x^2+y^2-2x-4y+3 \leqq 0$ ……②

(2) $(x-y)(x^2+y^2-2x-4y+3) \geqq 0$ ……………………③

ヒント！ (1), (2) 共にまず，境界線 $y=x$ と，$x^2+y^2-2x-4y+3=0$ を求めて，それぞれの不等式の表す領域を調べればいいんだね。(2) では，海，陸，海，…の考え方を利用すると，簡単に解けるはずだ。頑張ろう！

解答＆解説

(1) $y>x$ ……① かつ $x^2+y^2-2x-4y+3 \leqq 0$ ……②

が表す領域を求めるために，まず①，②の境界線である

$$\begin{cases} y = x \text{ ……①}' \text{ (直線) と} \\ x^2+y^2-2x-4y+3=0 \text{ ……②}' \text{ (円) について} \end{cases}$$

調べる。②´を変形して，

$(x-1)^2+(y-2)^2=2$ ……②´´ より，これは

中心 $(1, 2)$，半径 $\sqrt{2}$ の円である。

①´を②´に代入して y を消去すると，

$x^2+x^2-2x-4x+3=0$

$2x^2-6x+3=0$　　これを解いて，

$$x=\frac{3\pm\sqrt{9-6}}{2}=\frac{3\pm\sqrt{3}}{2}$$

これは，①´の直線と②´の円との2交点の x 座標である。よって，この直線と円との位置関係を図示すると右図のようになる。

ココがポイント

⇦ $(x^2-2x+1)+(y^2-4y+4)=-3+5$

$(x-1)^2+(y-2)^2=2$

⇦ $ax^2+2b'x+c=0$ の

解 $x=\dfrac{-b'\pm\sqrt{b'^2-ac}}{a}$

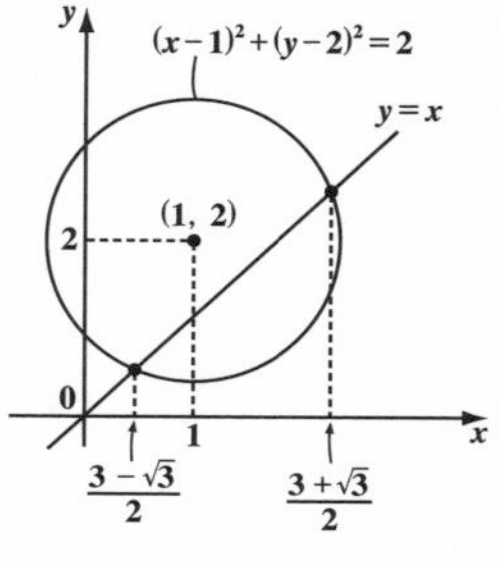

$y > x$ ……① は直線 $y = x$ ……①′ の上側であり，

$x^2 + y^2 - 2x - 4y + 3 \leqq 0$，すなわち

$(x-1)^2 + (y-2)^2 \leqq 2$ ………② は，

円 $(x-1)^2 + (y-2)^2 = 2$ ……②″

の周およびその内部を表す。

よって，①かつ②の表す領域を右図に網目部で示す。

(ただし，境界は実線を含み，破線は含まない。)

………(答)

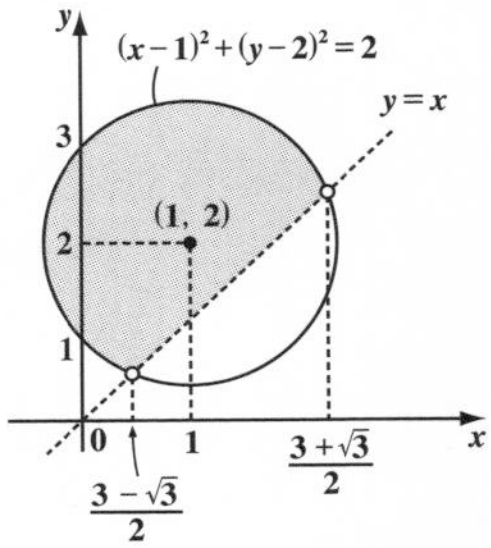

(2) $(x-y)(x^2+y^2-2x-4y+3) \geqq 0$ ……③ の境界線は，(1) と同様に，

$y = x$ …①′と $(x-1)^2 + (y-2)^2 = 2$ …②″である。

⇦③は，$AB \geqq 0$ の形なので，
(ⅰ) $A \geqq 0$ かつ $B \geqq 0$
または，
(ⅱ) $A \leqq 0$ かつ $B \leqq 0$ となる。

③は，

(ⅰ) $y \leqq x$ かつ $(x-1)^2 + (y-2)^2 \geqq 2$ ← $A \geqq 0$ かつ $B \geqq 0$

（直線の下側）（円の外側）

または，

(ⅱ) $y \geqq x$ かつ $(x-1)^2 + (y-2)^2 \leqq 2$ ← $A \leqq 0$ かつ $B \leqq 0$

（直線の上側）（円の内側）

以上 (ⅰ)(ⅱ) より，③の表す領域を右図に網目部で表す。(境界線はすべて含む。) ………(答)

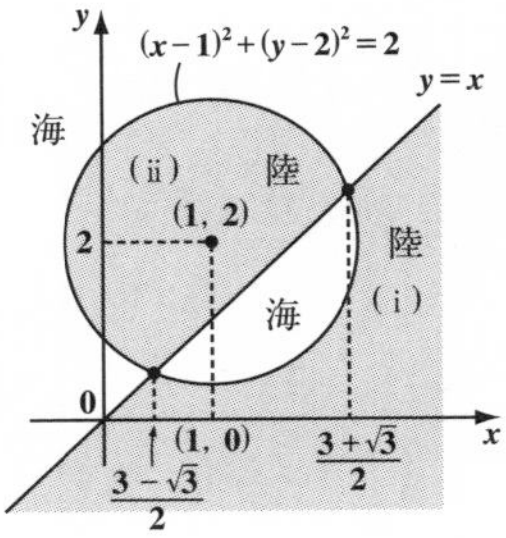

③の左辺に，ある点 $(x,\ y)$ の座標を代入して得られる値が，正のときは海抜，負のときは水深の値と考えると分かりやすい。
まず，③の左辺 $= 0$ とおいて，海岸線である境界線を描き，次に，この境界線上にないある点，たとえば $(1,\ 0)$ をとって，③の左辺に代入すると，
$(1-0)(1^2+0^2-2\cdot1-4\cdot0+3) = 1\cdot(1-2+3) = 2\ (>0)$
となって，ここは，海抜 2m の陸地であることが分かる。ここで，③は，左辺 $\geqq 0$ だから，陸の部分を求めたい。よって，まず，$(1,\ 0)$ を含む領域が陸で，後は海岸線 (境界線) を境に海，陸，海と塗り分けて，陸の部分を求めればいいんだね。納得いった？

領域と最大・最小

元気力アップ問題 38　難易度 ★★　CHECK 1　CHECK 2　CHECK 3

$2|x|+|y| \leqq 4$ ……① が表す領域を D とおく。

(1) xy 平面上に，領域 D を図示せよ。

(2) 点 $\mathrm{P}(x,\ y)$ がこの領域 D 上の点であるとき，

(i) $x+y$ の最大値と最小値を求めよ。

(ii) x^2+y^2 の最大値と最小値を求めよ。

ヒント！ **(1)** ①の不等式には $|x|$ と $|y|$ の 2 つの絶対値の式があるので，(i) $x \geqq 0$，$y \geqq 0$，(ii) $x \geqq 0$，$y \leqq 0$，(iii) $x \leqq 0$，$y \geqq 0$，(iv) $x \leqq 0$，$y \leqq 0$ の 4 通りの場合分けが必要になるんだね。**(2)** の (i) では，$x+y=k$ とおき，見かけ上の直線 $y=-x+k$ が領域 D と共有点をもつような k の値の範囲を調べる。(ii) では，$x^2+y^2=r^2$ とおいて，見かけ上の円で考えると，うまくいくんだね。

解答＆解説

(1) 領域 D：$2|x|+|y| \leqq 4$ ……① について，

(i) $x \geqq 0$，$y \geqq 0$ のとき，①は

$2x+y \leqq 4$　$\therefore y \leqq -2x+4$

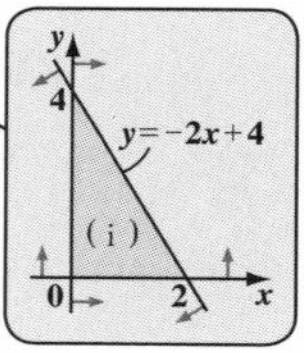

(ii) $x \geqq 0$，$y \leqq 0$ のとき，①は

$2x-y \leqq 4$　$\therefore y \geqq 2x-4$

(iii) $x \leqq 0$，$y \geqq 0$ のとき，①は

$2\cdot(-x)+y \leqq 4$　$\therefore y \leqq 2x+4$

(iv) $x \leqq 0$，$y \leqq 0$ のとき，①は

$2\cdot(-x)-y \leqq 4$　$\therefore y \geqq -2x-4$

以上 (i)〜(iv) より，求める領域 D を網目部で示すと，右図のようになる。(境界線を含む。) ……(答)

(2) 領域 D 上の点 $\mathrm{P}(x,\ y)$ について，

(i) $x+y=k$ とおくと，

$y=-x+k$ ← これは，見かけ上の直線

これが領域 D と共通点をもつとき，

ココがポイント

⇦ 元気力アップ問題 26 参照

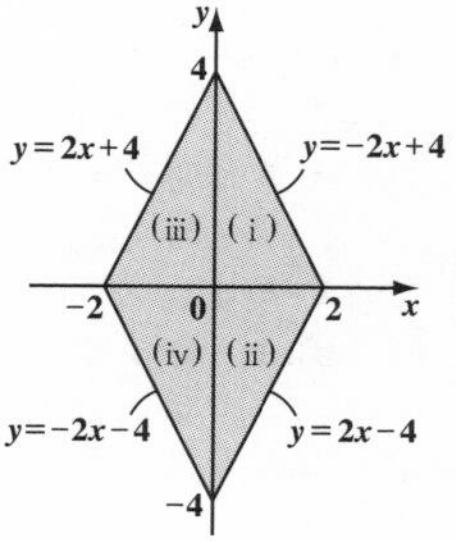

⇦ これは，傾き -1，y 切片が k の見かけ上の直線なんだね。

右図より明らかに，kの取り得る値の範囲は

$-4 \leqq k \leqq 4$　である。

以上より，

(ア) $(x, y) = (0, 4)$のとき，k，すなわち $x+y$は最大値4をとる。

(イ) $(x, y) = (0, -4)$のとき，k，すなわち $x+y$は最小値-4をとる。 …………(答)

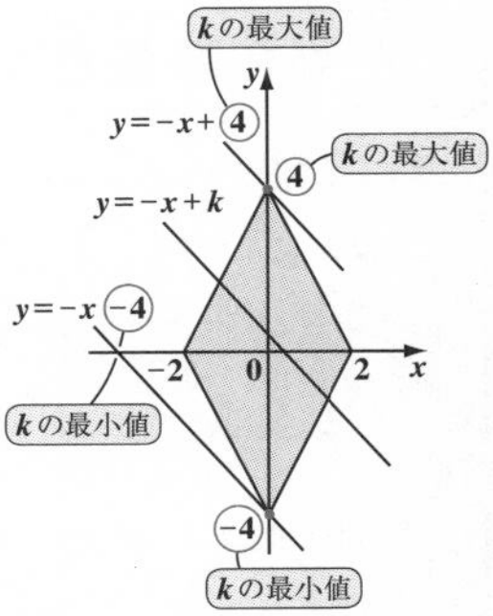

(ii) $x^2+y^2=r^2 (r \geqq 0)$ とおく。←見かけ上の円または点

この原点を中心とする半径rの円(または点)が領域Dと共有点をもつとき，

⇦$r=0$ のとき，$x^2+y^2=0$，すなわち $x=0$，$y=0$ となって，これは原点を表す。

右図より明らかに，r^2 の取り得る値の範囲は

$0 \leqq r^2 \leqq 16$　である。

以上より，

(ア) $(x, y) = (0, \pm 4)$のとき，r^2，すなわち x^2+y^2 は最大値 $16(=4^2)$ をとる。

(イ) $(x, y) = (0, 0)$のとき，r^2，すなわち x^2+y^2 は最小値 $0(=0^2)$ をとる。……(答)

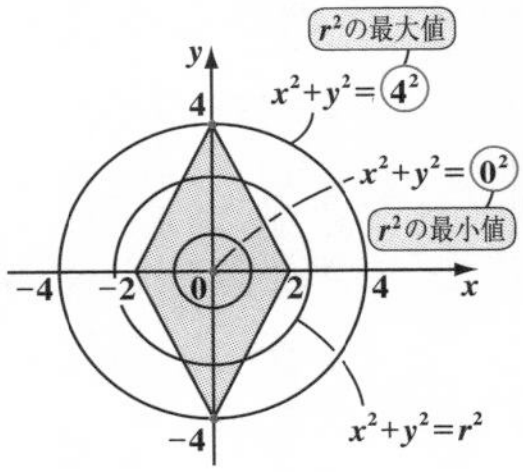

第2章●図形と方程式の公式の復習

1. 2点 $A(x_1,\ y_1)$, $B(x_2,\ y_2)$ 間の距離

$$AB=\sqrt{(x_1-x_2)^2+(y_1-y_2)^2}$$

2. 内分点・外分点の公式

2点 $A(x_1,\ y_1)$, $B(x_2,\ y_2)$ を結ぶ線分 AB を

(i) 点 P が $m:n$ に内分するとき, $P\left(\dfrac{nx_1+mx_2}{m+n},\ \dfrac{ny_1+my_2}{m+n}\right)$

(ii) 点 Q が $m:n$ に外分するとき, $Q\left(\dfrac{-nx_1+mx_2}{m-n},\ \dfrac{-ny_1+my_2}{m-n}\right)$

3. 点 $A(x_1,\ y_1)$ を通る傾き m の直線の方程式

$y=m(x-x_1)+y_1$

2点 $A(x_1,\ y_1)$, $B(x_2,\ y_2)$ を通る場合は, 傾き $m=\dfrac{y_1-y_2}{x_1-x_2}$ だ。(ただし, $x_1\neq x_2$)

4. 2直線の平行条件と直交条件

(1) $m_1=m_2$ のとき, 平行　　(2) $m_1\cdot m_2=-1$ のとき, 直交

(m_1, m_2 は2直線の傾き)

5. 点と直線の距離

点 $P(x_1,\ y_1)$ と直線 $ax+by+c=0$ との間の距離 h は,

$$h=\frac{|ax_1+by_1+c|}{\sqrt{a^2+b^2}}$$

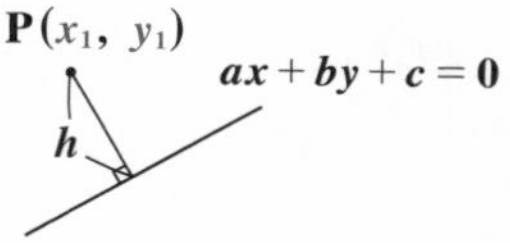

6. 円の方程式

$(x-a)^2+(y-b)^2=r^2\ \ (r>0)$

(中心 $C(a,\ b)$, 半径 r)

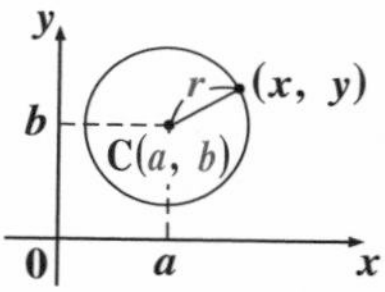

7. 円と接線

円 $x^2+y^2+r^2$ 上の点 $(x_1,\ y_1)$ における円の接線の方程式は

$x_1x+y_1y=r^2$

8. 動点 $P(x,\ y)$ の軌跡の方程式

動点 $P(x,\ y)$ の軌跡の方程式 $\equiv$ x と y の関係式

9. 領域と最大・最小

見かけ上の直線 (または曲線) を利用して解く。

第３章
CHAPTER

3 三角関数

テーマ

▶ 三角関数の基本

$$\left(1+\tan^2\theta=\frac{1}{\cos^2\theta},\ \ \sin\left(\frac{3}{2}\pi+\theta\right)=-\cos\theta\right)$$

▶ 加法定理とその応用公式

$$\left(\sin^2\theta=\frac{1-\cos 2\theta}{2},\ \ \cos^2\theta=\frac{1+\cos 2\theta}{2}\right)$$

▶ 3倍角の公式，積 ⇄ 和の公式

$$\left(\cos\alpha\cos\beta=\frac{1}{2}\{\cos(\alpha+\beta)+\cos(\alpha-\beta)\}\right)$$

第3章 三角関数 ●公式＆解法パターン

1. 一般角（いっぱんかく）

一般角は $\theta_1 + 360°n$ (n：整数) で表す。

右図に示すように，ある角度 θ_1 は，n 周回って動径 OP が同じ位置に来てもいいので，一般角として，$\theta_1 + 360°n$ と表せる。

(右図は，$n = 2$ のときのイメージだね。)

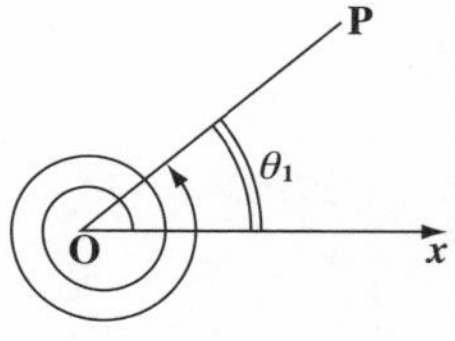

2. 三角関数の定義

(1) 半径 r の円による三角関数の定義

原点を中心とする半径 r の円周上の点 P の座標 x，y と r により，三角関数は次のように定義される。

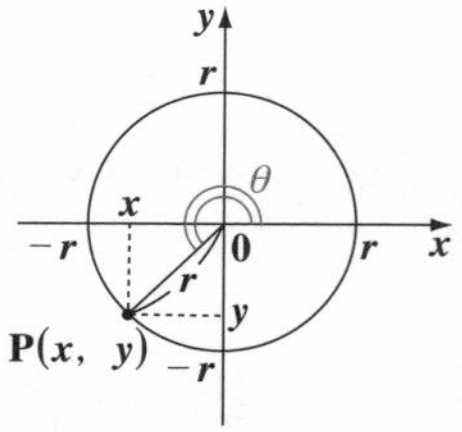

$$\sin\theta = \frac{y}{r},\quad \cos\theta = \frac{x}{r},\quad \tan\theta = \frac{y}{x}\quad (x \neq 0)$$

半円が円に変わっただけで，三角比のときの定義と同じだ！

(2) 半径 1 の円による三角関数の定義

原点を中心とする半径 1 の円周上の点 P の座標 x，y により，三角関数は次のように定義される。

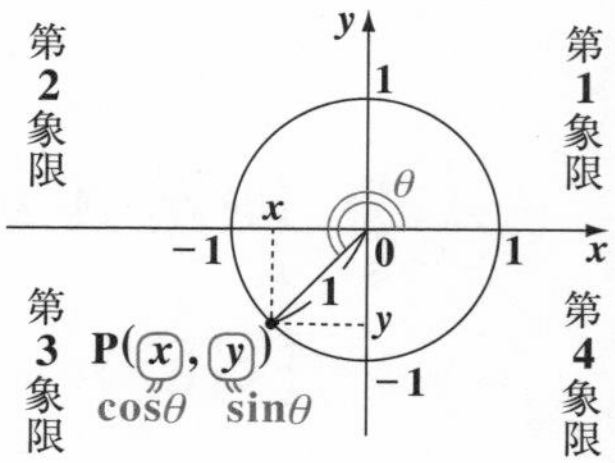

$$\sin\theta = y,\quad \cos\theta = x,\quad \tan\theta = \frac{y}{x}\quad (x \neq 0)$$

これから，角度 θ が，(i) 第1象限（しょうげん）のとき　$\sin\theta > 0$　$\cos\theta > 0$　$\tan\theta > 0$

(ii) 第2象限のとき　$\sin\theta > 0$　$\cos\theta < 0$　$\tan\theta < 0$

(iii) 第3象限のとき　$\sin\theta < 0$　$\cos\theta < 0$　$\tan\theta > 0$

(iv) 第4象限のとき　$\sin\theta < 0$　$\cos\theta > 0$　$\tan\theta < 0$

(3) 三角関数の主な値

θ	0°	30°	45°	60°	90°	120°	135°	150°	180°
		第1象限の角				第2象限の角			
sin	0	$\frac{1}{2}$	$\frac{1}{\sqrt{2}}$	$\frac{\sqrt{3}}{2}$	1	$\frac{\sqrt{3}}{2}$	$\frac{1}{\sqrt{2}}$	$\frac{1}{2}$	0
cos	1	$\frac{\sqrt{3}}{2}$	$\frac{1}{\sqrt{2}}$	$\frac{1}{2}$	0	$-\frac{1}{2}$	$-\frac{1}{\sqrt{2}}$	$-\frac{\sqrt{3}}{2}$	-1
tan	0	$\frac{1}{\sqrt{3}}$	1	$\sqrt{3}$	／	$-\sqrt{3}$	-1	$-\frac{1}{\sqrt{3}}$	0

θ	210°	225°	240°	270°	300°	315°	330°	360° ($=0°+1\times360°$)
	第3象限の角				第4象限の角			
sin	$-\frac{1}{2}$	$-\frac{1}{\sqrt{2}}$	$-\frac{\sqrt{3}}{2}$	-1	$-\frac{\sqrt{3}}{2}$	$-\frac{1}{\sqrt{2}}$	$-\frac{1}{2}$	0
cos	$-\frac{\sqrt{3}}{2}$	$-\frac{1}{\sqrt{2}}$	$-\frac{1}{2}$	0	$\frac{1}{2}$	$\frac{1}{\sqrt{2}}$	$\frac{\sqrt{3}}{2}$	1
tan	$\frac{1}{\sqrt{3}}$	1	$\sqrt{3}$	／	$-\sqrt{3}$	-1	$-\frac{1}{\sqrt{3}}$	0

(ex) $\sin 855° = \sin(135° + \cancel{2 \times 360°}) = \sin 135° = \frac{1}{\sqrt{2}}$

$\tan 1290° = \tan(210° + \cancel{3 \times 360°}) = \tan 210° = \frac{1}{\sqrt{3}}$

3. 三角関数の基本公式

(1) (i) $\cos^2\theta + \sin^2\theta = 1$　(ii) $\tan\theta = \frac{\sin\theta}{\cos\theta}$　(iii) $1 + \tan^2\theta = \frac{1}{\cos^2\theta}$

(2) (i) $\sin(-\theta) = -\sin\theta$　(ii) $\cos(-\theta) = \cos\theta$　(iii) $\tan(-\theta) = -\tan\theta$

4. 弧度法(こどほう)(ラジアン)

$180° = \pi$(ラジアン)

(ex) $30° = \frac{\pi}{6}$, $135° = \frac{3}{4}\pi$, $210° = \frac{7}{6}\pi$, $300° = \frac{5}{3}\pi$, …など。

5. 扇形と弧長

半径 r，中心角 θ（ラジアン）の扇形の弧の長さ l と面積 S は，次式で表せる。

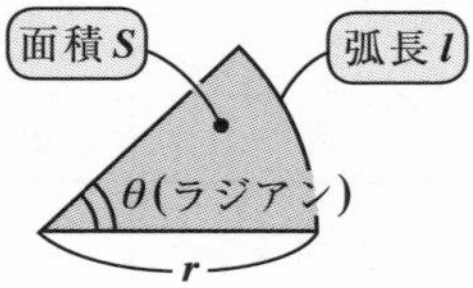

（ i ）$l = r\theta$　　（ii）$S = \frac{1}{2}r^2\theta$

6. $\sin(\theta+\pi)$ などの変形

(1) π の関係したもの

（ i ）記号の決定

- $\sin \rightarrow \sin$
- $\cos \rightarrow \cos$
- $\tan \rightarrow \tan$

（ii）符号（⊕，⊖）の決定

θ を第 **1** 象限の角，例えば $\theta = \frac{\pi}{6}$ とおいて左辺の符号を調べ，右辺の符号を決定する。

(2) $\frac{\pi}{2}$ や $\frac{3}{2}\pi$ の関係したもの

（ i ）記号の決定

- $\sin \rightarrow \cos$
- $\cos \rightarrow \sin$
- $\tan \rightarrow \frac{1}{\tan}$

（ii）符号（⊕，⊖）の決定

θ を第 **1** 象限の角，例えば $\theta = \frac{\pi}{6}$ とおいて左辺の符号を調べ，右辺の符号を決定する。

(ex) $\cos(\pi+\theta) = -\cos\theta$ ← π なので，$\cos \rightarrow \cos$，$\theta = \frac{\pi}{6}$ として，$\cos\frac{7}{6}\pi < 0$ より⊖

7. 三角関数の加法定理（かほうていり）

(1)

$$\sin(\alpha+\beta) = \sin\alpha\cos\beta + \cos\alpha\sin\beta \quad \cdots\cdots ①$$
$$\sin(\alpha-\beta) = \sin\alpha\cos\beta - \cos\alpha\sin\beta \quad \cdots\cdots ②$$

← サイタ・コスモス・コスモス・サイタ（sin cos cos sin）

(2)

$$\cos(\alpha+\beta) = \cos\alpha\cos\beta - \sin\alpha\sin\beta \quad \cdots\cdots ③$$
$$\cos(\alpha-\beta) = \cos\alpha\cos\beta + \sin\alpha\sin\beta \quad \cdots\cdots ④$$

← コスモス・コスモス・サイタ・サイタ（cos cos sin sin）

(3)

$$\tan(\alpha+\beta) = \frac{\tan\alpha+\tan\beta}{1-\tan\alpha\tan\beta} \quad \cdots\cdots ⑤$$

← 1・マイナス・タン・タン分のタン・プラス・タン

$$\tan(\alpha-\beta) = \frac{\tan\alpha-\tan\beta}{1+\tan\alpha\tan\beta} \quad \cdots\cdots ⑥$$

← 1・プラス・タン・タン分のタン・マイナス・タン

8. 2倍角の公式と半角の公式

(1) 2倍角の公式，特に $\cos 2\alpha$ は3通りあるので気を付けよう。

(i) $\sin 2\alpha = 2\sin\alpha\cos\alpha$ (ii) $\cos 2\alpha = \cos^2\alpha - \sin^2\alpha$

$$= 1 - 2\sin^2\alpha$$
$$= 2\cos^2\alpha - 1$$

(2) 半角の公式も重要公式だ。

(i) $\sin^2\alpha = \dfrac{1-\cos 2\alpha}{2}$ (ii) $\cos^2\alpha = \dfrac{1+\cos 2\alpha}{2}$

9. 三角関数の合成

$$a\sin\theta + b\cos\theta = \sqrt{a^2+b^2}\left(\underbrace{\frac{a}{\sqrt{a^2+b^2}}}_{\cos\alpha}\sin\theta + \underbrace{\frac{b}{\sqrt{a^2+b^2}}}_{\sin\alpha}\cos\theta\right)\ (a>0,\ b>0)$$

$$= \sqrt{a^2+b^2}\,(\sin\theta\cos\alpha + \cos\theta\sin\alpha)$$
$$= \sqrt{a^2+b^2}\,\sin(\theta+\alpha)$$

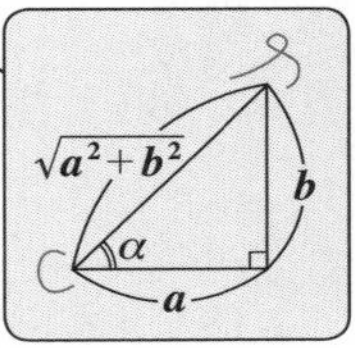

2辺長 a，b の直角三角形を利用して，合成しよう！

10. 3倍角の公式と，積⇄和の公式

(1) 3倍角の公式

(i) $\sin 3\theta = 3\sin\theta - 4\sin^3\theta$ (ii) $\cos 3\theta = 4\cos^3\theta - 3\cos\theta$

(2) 積→和の公式（積→差の公式）

(i) $\sin\alpha\cos\beta = \dfrac{1}{2}\{\sin(\alpha+\beta) + \sin(\alpha-\beta)\}$

(ii) $\cos\alpha\cos\beta = \dfrac{1}{2}\{\cos(\alpha+\beta) + \cos(\alpha-\beta)\}$ など。

(3) 和→積の公式（差→積の公式）

(i) $\sin A + \sin B = 2\sin\dfrac{A+B}{2}\cdot\cos\dfrac{A-B}{2}$

(ii) $\cos A + \cos B = 2\cos\dfrac{A+B}{2}\cdot\cos\dfrac{A-B}{2}$ など。

三角関数の公式は確かに多いけれど，問題を解きながら実践的に利用することによって，覚えていけばいいんだね。頑張ろう！

三角関数の計算(I)

元気力アップ問題 39　難易度 ★★　CHECK 1　CHECK 2　CHECK 3

$\sin\alpha = \frac{2}{3}$, $\cos\alpha = \frac{\sqrt{5}}{3}$, $\sin\beta = -\frac{1}{3}$, $\cos\beta = \frac{2\sqrt{2}}{3}$ である。

(1) α と β が第何象限の角であるか答えよ。

(2) $\sin(\alpha+\beta)$ と $\cos(\alpha+\beta)$ の値を求め，$\alpha+\beta$ が第何象限の角であるか答えよ。

(北見工大)

ヒント！ (1) sin と cos の正・負により，α と β が第何象限の角かが分かるんだね。(2) では，加法定理を用いて $\sin(\alpha+\beta)$ と $\cos(\alpha+\beta)$ の値を求めよう。

解答＆解説

(1) ・$\sin\alpha = \frac{2}{3} > 0$, $\cos\alpha = \frac{\sqrt{5}}{3} > 0$ より，

α は第1象限の角である。……………………(答)

・$\sin\beta = -\frac{1}{3} < 0$, $\cos\beta = \frac{2\sqrt{2}}{3} > 0$ より，

β は第4象限の角である。……………………(答)

(2) ・$\sin(\alpha+\beta) = \sin\alpha\ \cos\beta + \cos\alpha\ \sin\beta$

$$= \frac{2}{3}\cdot\frac{2\sqrt{2}}{3} + \frac{\sqrt{5}}{3}\cdot\left(-\frac{1}{3}\right) = \frac{4\sqrt{2}-\sqrt{5}}{9}\ (>0)$$

………(答)

・$\cos(\alpha+\beta) = \cos\alpha\ \cos\beta - \sin\alpha\ \sin\beta$

$$= \frac{\sqrt{5}}{3}\cdot\frac{2\sqrt{2}}{3} - \frac{2}{3}\cdot\left(-\frac{1}{3}\right) = \frac{2\sqrt{10}+2}{9}\ (>0)$$

………(答)

以上より，$\sin(\alpha+\beta) > 0$ かつ $\cos(\alpha+\beta) > 0$ より，

$\alpha+\beta$ は第1象限の角である。…………………(答)

ココがポイント

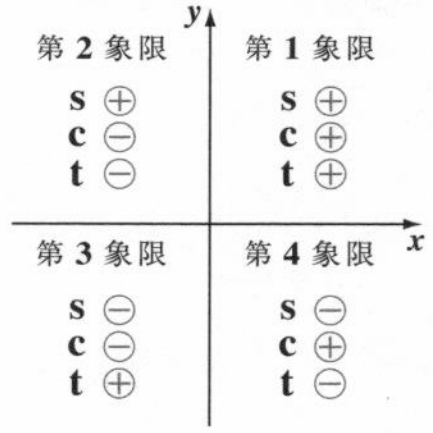

⇦$\sin(\alpha+\beta)$ の加法定理の公式通り。

⇦$\sqrt{2} \fallingdotseq 1.4$, $\sqrt{5} \fallingdotseq 2.2$

⇦$\cos(\alpha+\beta)$ の加法定理の公式通り。

三角関数の計算(Ⅱ)

元気力アップ問題 40　難易度 ☆☆　CHECK 1　CHECK 2　CHECK 3

$0<\alpha<\frac{\pi}{2}$，$\frac{\pi}{2}<\beta<\pi$，$\cos\alpha=\frac{3}{5}$，$\sin\beta=\frac{12}{13}$ をみたす 2 つの角 α，β がある。このとき，$\sin2\alpha$，$\tan(\alpha-\beta)$ の値を求めよ。　(北里大*)

ヒント！ α は第 1 象限の角より $\sin\alpha>0$，β は第 2 象限の角より $\cos\beta<0$ となることに気を付けよう。後は，2 倍角の公式や加法定理をうまく使って計算していこう。

解答&解説

・$0<\alpha<\frac{\pi}{2}$ より，$\sin\alpha>0$　よって $\cos\alpha=\frac{3}{5}$ より，

$$\sin\alpha=\sqrt{1-\cos^2\alpha}=\sqrt{1-\left(\frac{3}{5}\right)^2}=\sqrt{\frac{25-9}{25}}=\sqrt{\frac{16}{25}}=\frac{4}{5}$$

・$\frac{\pi}{2}<\beta<\pi$ より，$\cos\beta<0$　よって $\sin\beta=\frac{12}{13}$ より，

$$\cos\beta=-\sqrt{1-\sin^2\beta}=-\sqrt{1-\left(\frac{12}{13}\right)^2}=-\sqrt{\frac{169-144}{169}}=-\sqrt{\frac{25}{169}}=-\frac{5}{13}$$

(ⅰ) $\sin2\alpha=2\sin\alpha\cos\alpha$

$$=2\cdot\frac{4}{5}\cdot\frac{3}{5}=\frac{24}{25}\quad\cdots\cdots(答)$$

(ⅱ) $\tan\alpha=\frac{\sin\alpha}{\cos\alpha}=\frac{4}{3}$，　$\tan\beta=\frac{\sin\beta}{\cos\beta}=-\frac{12}{5}$ より，

$\tan(\alpha-\beta)$ を求めると，

分子・分母に 15 をかけて

$$\tan(\alpha-\beta)=\frac{\tan\alpha-\tan\beta}{1+\tan\alpha\tan\beta}=\frac{\frac{4}{3}-\left(-\frac{12}{5}\right)}{1+\frac{4}{3}\cdot\left(-\frac{12}{5}\right)}$$

$\tan(\alpha-\beta)$ の加法定理の公式通りだね

$$=\frac{20+36}{15-48}=\frac{56}{-33}=-\frac{56}{33}\quad\cdots\cdots(答)$$

ココがポイント

⇦ $\sin^2\alpha+\cos^2\alpha=1$
$\sin\alpha=\pm\sqrt{1-\cos^2\alpha}$
ここで，$\sin\alpha>0$ より，
$\sin\alpha=\sqrt{1-\cos^2\alpha}$
となる。

⇦ 2 倍角の公式
$\sin2\alpha=2\sin\alpha\cos\alpha$

⇦ $\tan\alpha=\frac{\sin\alpha}{\cos\alpha}=\frac{\frac{4}{5}}{\frac{3}{5}}=\frac{4}{3}$

$\tan\beta=\frac{\sin\beta}{\cos\beta}=\frac{\frac{12}{13}}{-\frac{5}{13}}=-\frac{12}{5}$

⇦ $\tan(\alpha-\beta)$ の加法定理は，「1＋タン・タン分の，タン－タン」と覚えよう！

三角関数の図形への応用

元気力アップ問題 41　難易度 ☆☆　CHECK 1　CHECK 2　CHECK 3

三角形 ABC について，$\sin A = 2\sin B\cos C$ ……① が成り立つ。
このとき，三角形ABCはどのような三角形であるか。（名古屋女子大）

ヒント！ $A+B+C=180°$ より，①の左辺を，$\sin A=\sin(180°-B-C)=\sin(B+C)$ と変形することが，解法の糸口となる。これは，$\sin(180°-\theta)=\sin\theta$ の変形と同じなんだね。

解答&解説

△ABC の 3 つの頂角の和 $A+B+C=180°$ より，

$A = 180° - (B + C)$ ……②

②を，$\sin A = 2\sin B\cos C$ ……① に代入して，

$\sin\{180° - (B + C)\} = 2\sin B\cos C$

（$\sin\{180° - (B + C)\} = \sin(B+C)$）

$\sin(B + C) = 2\sin B\cos C$

（$\sin(B+C) = \sin B\cos C + \cos B\sin C$）

加法定理
$\sin(\alpha+\beta)$
$=\sin\alpha\cos\beta+\cos\alpha\sin\beta$

$\sin B\cos C + \cos B\sin C = 2\sin B\cos C$　よって，

$\sin B\cos C - \cos B\sin C = 0$

（$\sin B\cos C - \cos B\sin C = \sin(B-C)$）

加法定理
$\sin(\alpha-\beta)$
$=\sin\alpha\cos\beta-\cos\alpha\sin\beta$

$\therefore \sin(B - C) = 0$ ……③ となる。

ここで，$0° < B < 180°$，$0° < C < 180°$ より，

$-180° < B - C < 180°$ ……④

③，④より，

$B - C = 0$

$\therefore B = C$

③から，
$B - C = 180° \times n$
（n：整数）となるが
④から，$n = 0$ のときの $B - C = 0$ のみが③の解となる。

よって，△ABCについて①が成り立つとき，

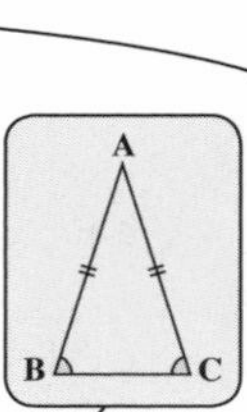

△ABCは

AB = ACの二等辺三角形である。………………（答）

ココがポイント

⇦$\sin(180°-\theta)$ の変形
・180°が関係しているので，
sin → sin
・$\theta=30°$ と考えると，
$\sin(180°-\theta)$
$=\sin 150°>0$
$\therefore \sin(180°-\theta)=\sin\theta$
（$\theta=B+C$ とおけばいい）

⇦$0°<B<180°$，$0°<C<180°$ のとき，$B-C$ の取り得る角度の範囲は
$0°-180°<B-C<180°-0°$
（Bの最小，Cの最大，Bの最大，Cの最小）

直線の傾きとtan

元気力アップ問題 42　難易度 ☆☆　CHECK 1　CHECK 2　CHECK 3

xy 平面上の直線 $y=2x+1$ と点 $(0,\ 1)$ において $45°$ の角度で交わる直線は 2 つある。これらの直線の方程式を求めよ。（京都薬大）

ヒント！ 求める直線は，$y=mx+1$ とおける。ここで，$2=\tan\alpha$，$m=\tan\beta$ とおくと，$\alpha-\beta=\pm45°$ となることがポイントで，tan の加法定理を利用しよう。

解答＆解説

$y=2x+1$ ……① と点$(0,\ 1)$で $\pm45°$ の角度で交わる直線の方程式を $y=mx+1$ ……② とおく。

（この傾き m を求める）

さらに，①と②の傾き2とmについて，

$\tan\alpha=2$ ……③，$\tan\beta=m$ ……④ とおくと，

$\alpha-\beta=\pm45°$ ……⑤ となる。

よって，⑤の両辺の正接(tan)をとると，

$\tan(\alpha-\beta)=\tan(\pm45°)$

（$\pm\tan45°=\pm1$）

$$\frac{\tan\alpha-\tan\beta}{1+\tan\alpha\tan\beta}=\pm1 \quad \cdots\cdots ⑥$$

（⑥の左辺は，「1＋タン・タン分の，タンータン」だね。）

⑥に③，④を代入して，m の値を求めると，

$$\frac{2-m}{1+2\cdot m}=\pm1 \qquad 2-m=\pm(1+2m)$$

(i) $2-m=1+2m$ から，$3m=1$　$\therefore m=\frac{1}{3}$

(ii) $2-m=-1-2m$ から，　$\therefore m=-3$

以上(i)，(ii)の各mの値を②に代入して，求める2本の直線の方程式は，

$y=\frac{1}{3}x+1$，$y=-3x+1$　である。……………(答)

ココがポイント

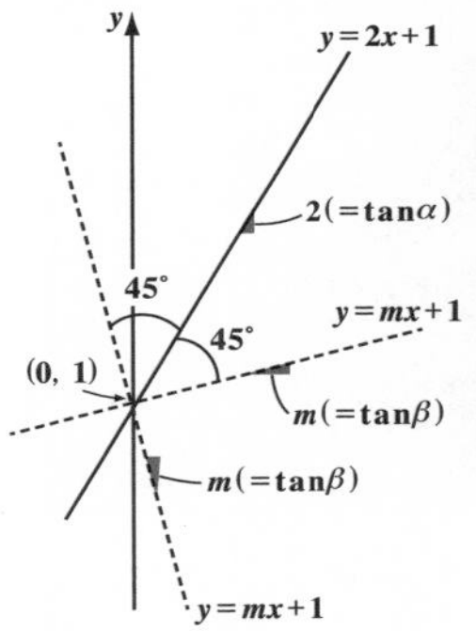

⇦⑥に，$\tan\alpha=2$，$\tan\beta=m$ を代入して，m の方程式にもち込む。

三角方程式(Ⅰ)

元気力アップ問題 43	難易度 ★★	CHECK 1	CHECK 2	CHECK 3

次の三角方程式を解け。

$\sin 2x - \sqrt{3}\cos 2x = \sqrt{3}$ ……① $(0° \leqq x < 360°)$ (日大＊)

ヒント！ ①の三角方程式の左辺は，三角関数の合成を使ってまとめることができるんだね。後は，未知数 x の取り得る値の範囲に気を付けよう。

解答＆解説

$1 \cdot \sin 2x - \sqrt{3} \cdot \cos 2x = \sqrt{3}$ ……① $(0° \leqq x < 360°)$

について，①の左辺に三角関数の合成を行うと，

$2 \cdot \left(\frac{1}{2}\sin 2x - \frac{\sqrt{3}}{2} \cdot \cos 2x\right) = \sqrt{3}$

($\frac{1}{2}$ = cos60°, $\frac{\sqrt{3}}{2}$ = sin60°)

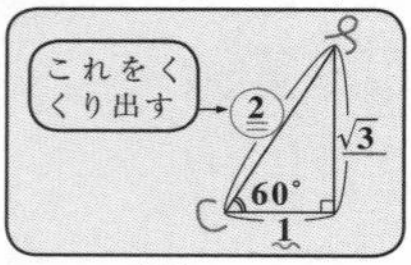

$2 \cdot (\sin 2x \cdot \cos 60° - \cos 2x \cdot \sin 60°) = \sqrt{3}$

(= sin(2x − 60°))

両辺を 2 で割って，

$\sin(2x - 60°) = \frac{\sqrt{3}}{2}$ ……② となる。

ここで，$0° \leqq x < 360°$ より，

$-60° \leqq 2x - 60° < 660°$ となる。よって，右図より

$2x - 60° = 60°,\ 120°,\ 420°,\ 480°$ ← 4つの解

$2x = 120°,\ 180°,\ 480°,\ 540°$ ← 各値に 60° をたした

以上より，①の三角方程式の解は，← 各値を 2 で割った

$x = 60°,\ 90°,\ 240°,\ 270°$ ……………………(答)

ココがポイント

⇦三角関数の合成

$a\sin\theta - b\cos\theta$
$= \sqrt{a^2+b^2}\sin(\theta - \alpha)$

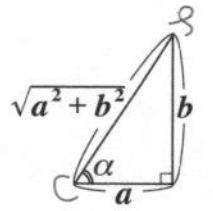

⇦加法定理

$\sin\alpha\cos\beta - \cos\alpha\sin\beta$
$= \sin(\alpha - \beta)$

⇦ $0° \leqq x < 360°$ より，
$0° \leqq 2x < 720°$
$-60° \leqq 2x - 60° < 660°$

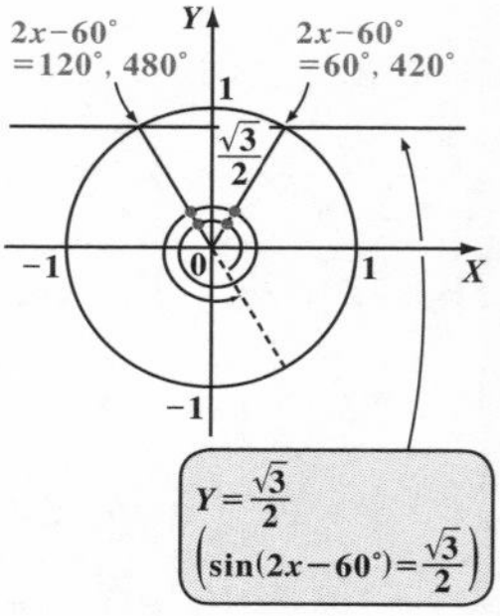

(②の sin の角度が $2x - 60°$ より，$-60°$ から 2 周まわることに要注意だ。)

三角方程式（Ⅱ）

元気力アップ問題 44　難易度 ★★　CHECK 1　CHECK 2　CHECK 3

$0^\circ \leqq x < 360^\circ$ とするとき，次の三角方程式を解け。

(1) $\sin 2x = \sin x$　　　(2) $\cos 2x = \cos x$　　　（関西大＊）

ヒント！ (1), (2) それぞれに 2 倍角の公式：$\sin 2x = 2\sin x\cos x$，$\cos 2x = 2\cos^2 x - 1$ を利用すると，うまく解けるはずだ。

解答＆解説

ココがポイント

(1) $\sin 2x = \sin x$ ……① $(0^\circ \leqq x < 360^\circ)$ とおく。

①を変形して，

$2\sin x\cos x = \sin x$ ← 2 倍角の公式 $\sin 2x = 2\sin x\cos x$

$\sin x(2\cos x - 1) = 0$

$\therefore \sin x = 0$，または $\cos x = \dfrac{1}{2}$

(i) $\sin x = 0$ より，$x = 0^\circ$，180°

(ii) $\cos x = \dfrac{1}{2}$ より，$x = 60^\circ$，300°

以上(i)(ii)より，$x = 0^\circ, 60^\circ, 180^\circ, 300^\circ$ ……(答)

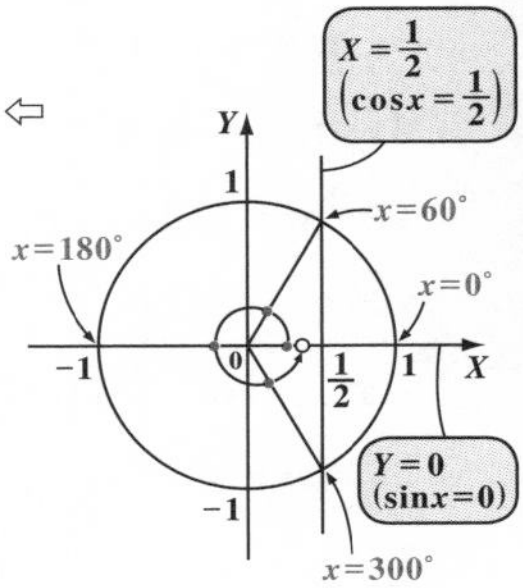

(2) $\cos 2x = \cos x$ ……② $(0^\circ \leqq x < 360^\circ)$ とおく。

②を変形して，

$2\cos^2 x - 1 = \cos x$ ← 2 倍角の公式 $\cos 2x = 2\cos^2 x - 1$

$2\cos^2 x - \cos x - 1 = 0$

$$\begin{matrix} 2 & \diagdown\!\!\!\!\diagup & 1 \\ 1 & & -1 \end{matrix}$$

$(2\cos x + 1)(\cos x - 1) = 0$

$\therefore \cos x = -\dfrac{1}{2}$，または1

(i) $\cos x = -\dfrac{1}{2}$ より，$x = 120^\circ$，240°

(ii) $\cos x = 1$ より，$x = 0^\circ$

以上(i)(ii)より，$x = 0^\circ$，120°，240° ………(答)

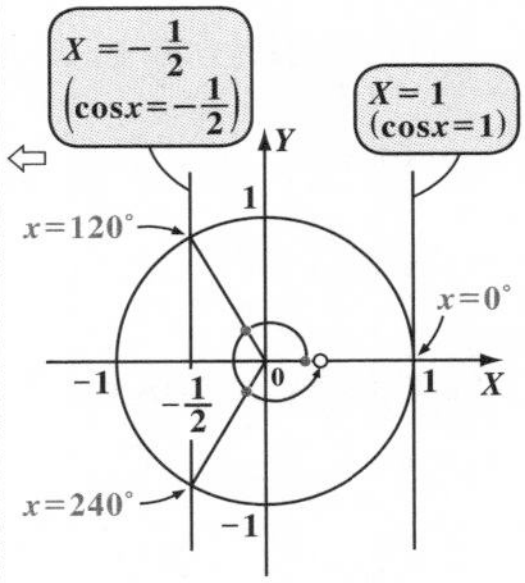

三角方程式(Ⅲ)

元気力アップ問題 45	難易度	CHECK 1	CHECK 2	CHECK 3

$0 \leqq x < 2\pi$ のとき，次の三角方程式を解け。

(1) $\sin 3x + \sin x = 0$　　　(2) $\cos 3x + \cos x = 0$

ヒント！ (1), (2) 共に，3 倍角の公式：$\sin 3x = 3\sin x - 4\sin^3 x$，$\cos 3x = 4\cos^3 x - 3\cos x$ を利用して解いていけばいいんだね。

解答＆解説

ココがポイント

(1) $\sin 3x + \sin x = 0$ ……① $(0 \leqq x < 2\pi)$ とおく。

①を変形して，

$3\sin x - 4\sin^3 x + \sin x = 0$　　⇦3 倍角の公式 $\sin 3x = 3\sin x - 4\sin^3 x$

$4\sin x - 4\sin^3 x = 0$　　両辺を -4 で割って，

$\sin^3 x - \sin x = 0$

$\sin x(\sin^2 x - 1) = 0$

$\sin x(\sin x + 1)(\sin x - 1) = 0$

$\therefore \sin x = -1$，または 0，または 1

(ⅰ) $\sin x = -1$ より，$x = \frac{3}{2}\pi$

(ⅱ) $\sin x = 0$ より，$x = 0,\ \pi$

(ⅲ) $\sin x = 1$ より，$x = \frac{\pi}{2}$

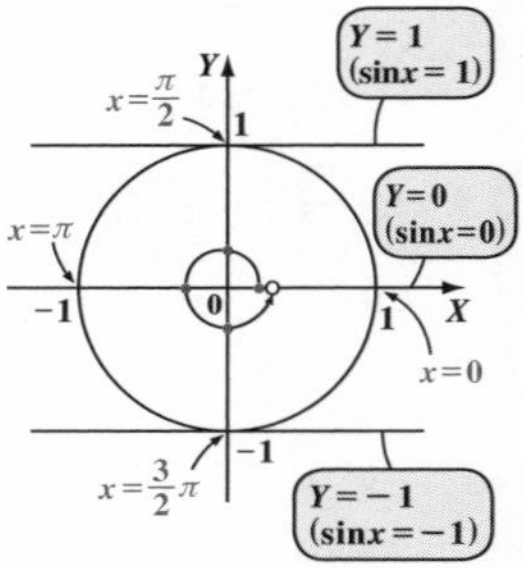

以上(ⅰ)(ⅱ)(ⅲ)より，①の方程式の解は，

$x = 0,\ \frac{\pi}{2},\ \pi,\ \frac{3}{2}\pi$ ……………………………(答)

(2) $\cos 3x + \cos x = 0$ ……② $(0 \leqq x < 2\pi)$ とおく。

②を変形して，

$4\cos^3 x - 3\cos x + \cos x = 0$　　⇦3 倍角の公式 $\cos 3x = 4\cos^3 x - 3\cos x$

$4\cos^3 x - 2\cos x = 0$　　両辺を 2 で割って，

$2\cos^3 x - \cos x = 0$

$\cos x(2\cos^2 x - 1) = 0$

$\cos x(\sqrt{2}\cos x + 1)(\sqrt{2}\cos x - 1) = 0$

$\therefore \cos x = -\dfrac{1}{\sqrt{2}}$，または$0$，または $\dfrac{1}{\sqrt{2}}$

$$\begin{cases} (\text{i})\cos x = -\dfrac{1}{\sqrt{2}} \text{ より，} x = \dfrac{3}{4}\pi,\ \dfrac{5}{4}\pi \\ (\text{ii})\cos x = 0 \text{ より，} x = \dfrac{\pi}{2},\ \dfrac{3}{2}\pi \\ (\text{iii})\cos x = \dfrac{1}{\sqrt{2}} \text{ より，} x = \dfrac{\pi}{4},\ \dfrac{7}{4}\pi \end{cases}$$

以上(i)(ii)(iii)より，②の方程式の解は，

$x = \dfrac{\pi}{4},\ \dfrac{\pi}{2},\ \dfrac{3}{4}\pi,\ \dfrac{5}{4}\pi,\ \dfrac{3}{2}\pi,\ \dfrac{7}{4}\pi$ ……………(答)

⇦ $2\cos^2 x - 1$
$= (\sqrt{2}\cos x)^2 - 1^2$
$= (\sqrt{2}\cos x + 1)(\sqrt{2}\cos x - 1)$

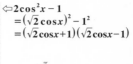

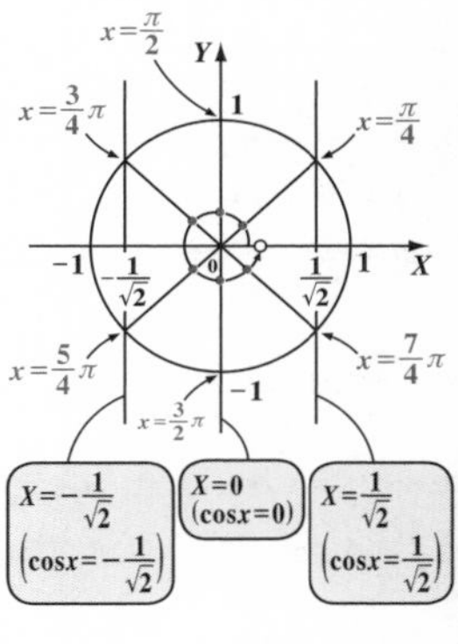

三角方程式(Ⅳ)

元気力アップ問題 46　難易度 ★★★　CHECK 1　CHECK 2　CHECK 3

次の三角方程式を解け。

$\cos x + \cos 3x + \cos 5x = 0$ ……①　$(0 \leqq x < 2\pi)$

ヒント！ この問題では，和→積の公式を利用して，$\cos 5x + \cos x = 2\cos 3x \cdot \cos 2x$ と変形して解くとうまくいく。しかし，角度が $3x$ や $2x$ となるため，解が沢山存在するので，落ち着いて結果を出していこう。

解答＆解説

$\cos x + \cos 3x + \cos 5x = 0$ ……①　$(0 \leqq x < 2\pi)$

について，①を変形すると，

$\cos 5x + \cos x + \cos 3x = 0$

$2\cos\dfrac{5x+x}{2}\cdot\cos\dfrac{5x-x}{2} = 2\cos 3x\cos 2x$

$2\cos 3x\cos 2x + \cos 3x = 0$

$\cos 3x(2\cos 2x + 1) = 0$ ……② となる。

よって，②より，

(ⅰ)$\cos 2x = -\dfrac{1}{2}$，または (ⅱ)$\cos 3x = 0$ となる。

(ⅰ)$\cos 2x = -\dfrac{1}{2}$ のとき，$0 \leqq 2x < 4\pi$ より，

右図から明らかに

$2x = \dfrac{2}{3}\pi,\ \dfrac{4}{3}\pi,\ \dfrac{8}{3}\pi,\ \dfrac{10}{3}\pi$

$\therefore x = \dfrac{\pi}{3},\ \dfrac{2}{3}\pi,\ \dfrac{4}{3}\pi,\ \dfrac{5}{3}\pi$ となる。

ココがポイント

⇦和→積の公式
$\cos A + \cos B = 2\cos\dfrac{A+B}{2}\cos\dfrac{A-B}{2}$

⇦$0 \leqq x < 2\pi$ より，各辺を 2 倍して，$0 \leqq 2x < 4\pi$

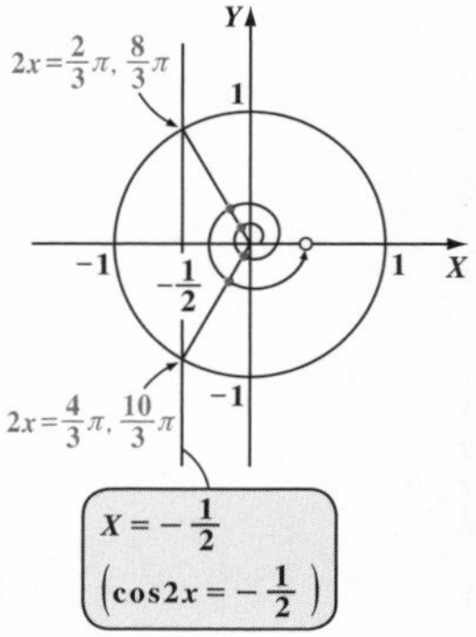

(ⅱ) $\cos 3x = 0$ のとき，$0 \leqq 3x < 6\pi$ より，

右図から明らかに，

$$3x = \frac{\pi}{2},\ \frac{3}{2}\pi,\ \frac{5}{2}\pi,\ \frac{7}{2}\pi,\ \frac{9}{2}\pi,\ \frac{11}{2}\pi$$

$$\therefore\ x = \frac{\pi}{6},\ \frac{\pi}{2},\ \frac{5}{6}\pi,\ \frac{7}{6}\pi,\ \frac{3}{2}\pi,\ \frac{11}{6}\pi$$

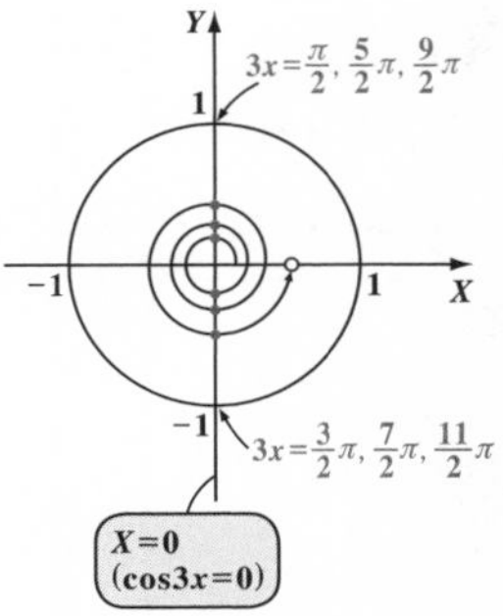

以上(ⅰ)(ⅱ)より，①の方程式の解は，

$$x = \frac{\pi}{6},\ \frac{\pi}{3},\ \frac{\pi}{2},\ \frac{2}{3}\pi,\ \frac{5}{6}\pi,$$

$$\frac{7}{6}\pi,\ \frac{4}{3}\pi,\ \frac{3}{2}\pi,\ \frac{5}{3}\pi,\ \frac{11}{6}\pi$$ ……………………(答)

⇦10 個も解が出てきた！

和→積の公式の導き方

加法定理より，
$$\begin{cases}\cos(\alpha+\beta) = \cos\alpha\cos\beta - \sin\alpha\sin\beta & \cdots\cdots ㋐\\ \cos(\alpha-\beta) = \cos\alpha\cos\beta + \sin\alpha\sin\beta & \cdots\cdots ㋑\end{cases}$$

㋐＋㋑より，$\underbrace{\cos(\alpha+\beta)}_{A} + \cos\underbrace{(\alpha-\beta)}_{B} = 2\cos\underbrace{\alpha}_{\frac{A+B}{2}}\ \cos\underbrace{\beta}_{\frac{A-B}{2}}$ ……㋒ となる。

ここで，$\alpha+\beta = A$，$\alpha-\beta = B$ とおくと，$\alpha = \frac{A+B}{2}$，$\beta = \frac{A-B}{2}$ となる。

これらを㋒に代入して，和→積の公式：

$\cos A + \cos B = 2\cos\frac{A+B}{2}\ \cos\frac{A-B}{2}$ が導かれるんだね。大丈夫？

同様に，次の和→積の公式も導ける。自力で確認しておこう。

$\sin A + \sin B = 2\sin\frac{A+B}{2}\ \cos\frac{A-B}{2}$

元気力アップ問題 47　難易度 ☆☆　CHECK 1　CHECK 2　CHECK 3

次の三角不等式を解け。

$\sqrt{2}\sin 2x+\sqrt{2}\cos 2x \geqq \sqrt{3}$ ……①　$(0 \leqq x \leqq \pi)$

ヒント！ ①の左辺を，三角関数の合成を用いて $2\sin\left(2x+\frac{\pi}{4}\right)$ と変形すれば，話が見えてくるはずだ。角度の範囲に注意して解いていこう。

解答＆解説

$\sqrt{2}\sin 2x+\sqrt{2}\cos 2x \geqq \sqrt{3}$ ……①　$(0 \leqq x \leqq \pi)$

について，①の左辺に三角関数の合成を行うと，

$$2\cdot\left(\frac{1}{\sqrt{2}}\sin 2x+\frac{1}{\sqrt{2}}\cos 2x\right) \geqq \sqrt{3}$$

$\frac{1}{\sqrt{2}} = \cos\frac{\pi}{4}$，$\frac{1}{\sqrt{2}} = \sin\frac{\pi}{4}$

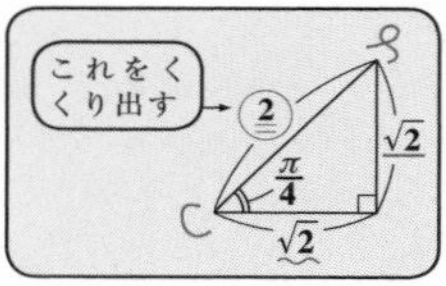

$$2\cdot\left(\sin 2x\cdot\cos\frac{\pi}{4}+\cos 2x\cdot\sin\frac{\pi}{4}\right) \geqq \sqrt{3}$$

$= \sin\left(2x+\frac{\pi}{4}\right)$

両辺を 2 で割って，

$\sin\left(2x+\frac{\pi}{4}\right) \geqq \frac{\sqrt{3}}{2}$ ……② となる。

$0 \leqq x \leqq \pi$ より，$\frac{\pi}{4} \leqq 2x+\frac{\pi}{4} \leqq \frac{9}{4}\pi$ となる。

②と右図より明らかに，

$$\frac{\pi}{3} \leqq 2x+\frac{\pi}{4} \leqq \frac{2}{3}\pi$$

$\frac{\pi}{3}-\frac{\pi}{4} \leqq 2x \leqq \frac{2}{3}\pi-\frac{\pi}{4}$

$\left(\frac{4-3}{12}\pi\right)$　$\left(\frac{8-3}{12}\pi\right)$

$$\frac{\pi}{12} \leqq 2x \leqq \frac{5}{12}\pi$$

$\therefore \frac{\pi}{24} \leqq x \leqq \frac{5}{24}\pi$ ……………………………… (答)

ココがポイント

⇦三角関数の合成

$a\sin\theta+b\cos\theta$
$=\sqrt{a^2+b^2}\sin(\theta+\alpha)$

⇦加法定理

$\sin\alpha\cos\beta+\cos\alpha\sin\beta$
$=\sin(\alpha+\beta)$

⇦ $0 \leqq x \leqq \pi$ より，

$\cancel{2\cdot 0}+\frac{\pi}{4} \leqq 2x+\frac{\pi}{4} \leqq 2\pi+\frac{\pi}{4}$

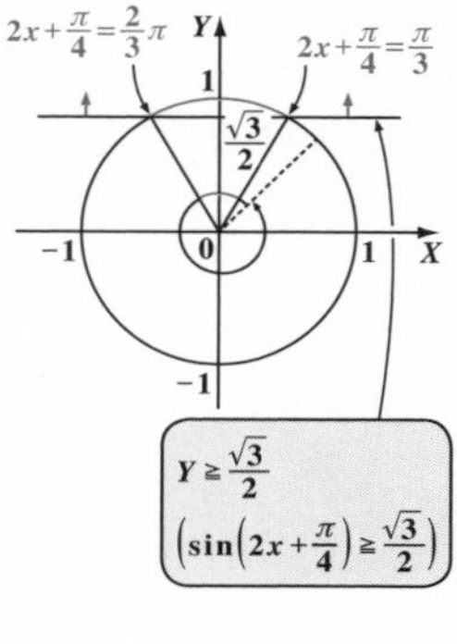

三角不等式(Ⅱ)

元気力アップ問題 48　難易度 ☆☆　CHECK 1　CHECK 2　CHECK 3

次の三角不等式を解け。

$\sin 2x \geqq \cos x$ ……① $(0 \leqq x < 2\pi)$

ヒント！ ①の左辺に2倍角の公式を使って，$\sin 2x = 2\sin x\cos x$ として，①を $A \cdot B \geqq 0$ の形にもち込むといいんだね。この後，2通りの場合分けが必要となるんだね。

解答＆解説

$\sin 2x \geqq \cos x$ ……① $(0 \leqq x < 2\pi)$ を変形して，

$2\sin x\cos x - \cos x \geqq 0$

$\cos x \cdot (2\sin x - 1) \geqq 0$ となる。よって，

(ⅰ) $\cos x \geqq 0$ かつ $\sin x \geqq \dfrac{1}{2}$

または，

(ⅱ) $\cos x \leqq 0$ かつ $\sin x \leqq \dfrac{1}{2}$ となる。

(ⅰ) $\cos x \geqq 0$ かつ $\sin x \geqq \dfrac{1}{2}$ $(0 \leqq x < 2\pi)$ のとき，

右図より明らかに，

$\dfrac{\pi}{6} \leqq x \leqq \dfrac{\pi}{2}$ となる。

(ⅱ) $\cos x \leqq 0$ かつ $\sin x \leqq \dfrac{1}{2}$ $(0 \leqq x < 2\pi)$ のとき，

右図より明らかに，

$\dfrac{5}{6}\pi \leqq x \leqq \dfrac{3}{2}\pi$ となる。

以上(ⅰ)(ⅱ)より，①の三角不等式の解は，

$\dfrac{\pi}{6} \leqq x \leqq \dfrac{\pi}{2}$，または $\dfrac{5}{6}\pi \leqq x \leqq \dfrac{3}{2}\pi$ ……………(答)

ココがポイント

⇦2倍角の公式
$\sin 2x = 2\sin x\cos x$

⇦ $A \cdot B \geqq 0$ の場合
(ⅰ) $A \geqq 0$ かつ $B \geqq 0$
または，
(ⅱ) $A \leqq 0$ かつ $B \leqq 0$
の2通りになる。

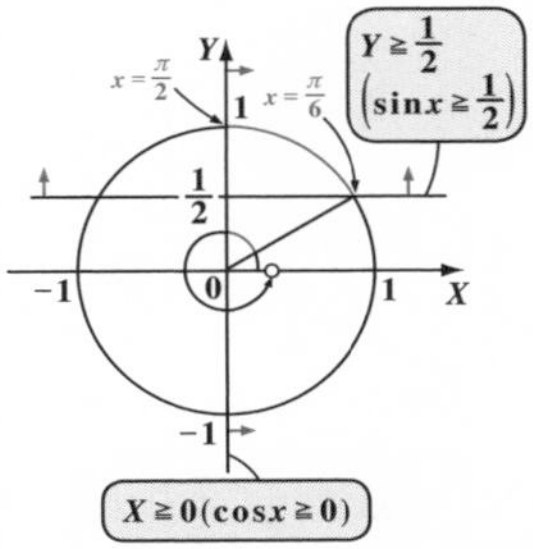

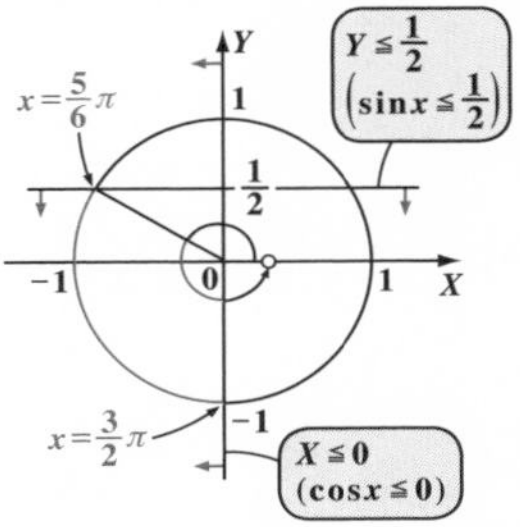

三角不等式(Ⅲ)

元気力アップ問題 49　難易度　CHECK 1　CHECK 2　CHECK 3

次の三角不等式を解け。

$\cos 2x < \cos x$ ……① $(-\pi \leqq x < \pi)$

ヒント！ 2倍角の公式 $\cos 2x = 2\cos^2 x - 1$ を使って，①を $\cos x$ の2次不等式にもち込んで解けばいいんだね。

解答＆解説

$\cos 2x < \cos x$ ……① $(-\pi \leqq x < \pi)$ を変形して，

（$\cos 2x = 2\cos^2 x - 1$）

今回は，$0 \leqq x < 2\pi$ ではなく このxの値の範囲にも要注意だ！

$2\cos^2 x - 1 < \cos x$

$2\cos^2 x - \cos x - 1 < 0$

2　　1
1　　−1　←たすきがけ

$(2\cos x + 1)(\cos x - 1) < 0$

$\therefore -\dfrac{1}{2} < \cos x < 1$ ……② $(-\pi \leqq x < \pi)$

となる。

よって，右図より明らかに，②の不等式をみたすxの範囲，すなわち①の三角不等式の解は，

$-\dfrac{2}{3}\pi < x < 0$，または $0 < x < \dfrac{2}{3}\pi$ となる。……(答)

この解を，$-\dfrac{2}{3}\pi < x < \dfrac{2}{3}\pi$（ただし，$x=0$ を除く）と表現しても正解だね。

ココがポイント

⇦ $\cos 2x = \cos^2 x - \sin^2 x$
$= 2\cos^2 x - 1$
$= 1 - 2\sin^2 x$
この内 $\cos 2x = 2\cos^2 x - 1$ を利用する。

⇦ $\cos x$ を c とおくと，
$2c^2 - c - 1 = (2c+1)(c-1)$
2　1
1　−1
と因数分解できる。

⇦

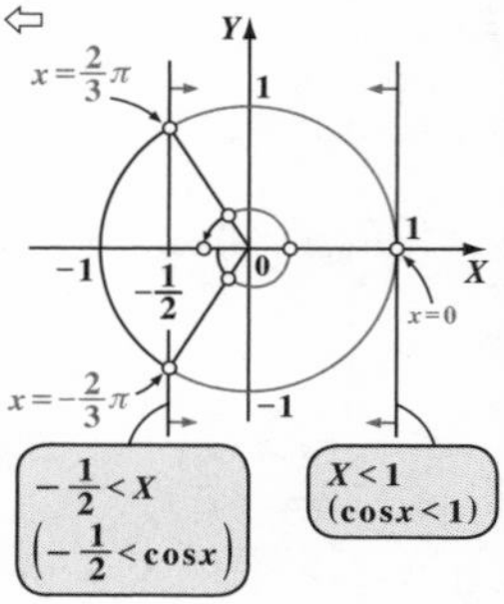

三角不等式 (Ⅳ)

元気力アップ問題 50	難易度 ★★	CHECK 1	CHECK 2	CHECK 3

次の三角不等式を解け。

$\sin 2x + \cos 4x > 1$ ……① $(0 \leqq x < 2\pi)$ (福岡教育大＊)

ヒント！ 今回も，2 倍角の公式 $\cos 4x = 1 - 2\sin^2 2x$ を用いて，①を $\sin 2x$ の 2 次不等式にもち込んで解いていけばいい。公式を臨機応変に使いこなすことだね。

解答＆解説

$\sin 2x + \underbrace{\cos 4x}_{1-2\sin^2 2x} > 1$ ……① $(0 \leqq x < 2\pi)$ を変形して，

$\sin 2x + \cancel{1} - 2\sin^2 2x > \cancel{1}$ 　両辺に -1 をかけて，

$2\sin^2 2x - \sin 2x < 0$

$\sin 2x(2\sin 2x - 1) < 0$

$\therefore\ 0 < \sin 2x < \dfrac{1}{2}$ ……② $(0 \leqq x < 2\pi)$

となる。　　各辺に 2 をかけて

ここで $0 \leqq 2x < 4\pi$ より，

右図より明らかに，②をみたす $2x$ の値の範囲は，

$0 < 2x < \dfrac{\pi}{6}$，$\dfrac{5}{6}\pi < 2x < \pi$，

$2\pi < 2x < \dfrac{13}{6}\pi$，$\dfrac{17}{6}\pi < 2x < 3\pi$

よって，求める①の三角不等式の解は，

$0 < x < \dfrac{\pi}{12}$，または $\dfrac{5}{12}\pi < x < \dfrac{\pi}{2}$，または

$\pi < x < \dfrac{13}{12}\pi$，または $\dfrac{17}{12}\pi < x < \dfrac{3}{2}\pi$ ……………(答)

ココがポイント

⇦ $\cos 2\theta = \cos^2\theta - \sin^2\theta$
$= 2\cos^2\theta - 1$
$= 1 - 2\sin^2\theta$
この内 $\cos 2\theta = 1 - 2\sin^2\theta$ を用いた。ただし，$\theta = 2x$ とおいて考えよう。

⇦ $\sin 2x$ を s とおくと，s の 2 次不等式
$s(2s-1) < 0$ より，
$0 < s < \dfrac{1}{2}$ となる。

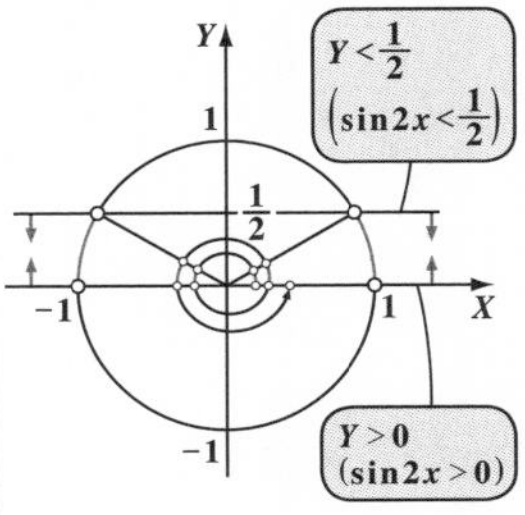

三角関数の合成の応用

元気力アップ問題 51　難易度 ★★　CHECK 1　CHECK 2　CHECK 3

関数 $y = 2\sin\theta\cos\theta + 2\sqrt{3}\cos^2\theta$ $(0° \leqq \theta \leqq 90°)$ の取り得る値の範囲を求めよ。

ヒント！ 2倍角の公式，半角の公式，三角関数の合成を利用して解いていこう。

解答＆解説

$y = \underbrace{2\sin\theta\cos\theta}_{\sin 2\theta} + 2\sqrt{3}\underbrace{\cos^2\theta}_{\frac{1+\cos 2\theta}{2}}$

$= \sin 2\theta + \sqrt{3}(1 + \cos 2\theta)$

$= 1 \cdot \sin 2\theta + \sqrt{3} \cdot \cos 2\theta + \sqrt{3}$

$= 2\left(\underbrace{\frac{1}{2}}_{\cos 60°}\sin 2\theta + \underbrace{\frac{\sqrt{3}}{2}}_{\sin 60°}\cos 2\theta\right) + \sqrt{3}$

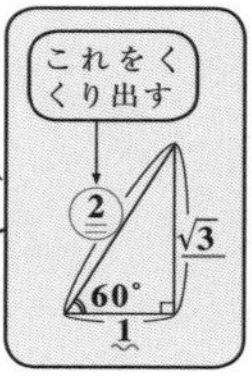

$= 2(\underbrace{\sin 2\theta \cdot \cos 60° + \cos 2\theta \cdot \sin 60°}_{\sin(2\theta + 60°)}) + \sqrt{3}$

$\therefore\ y = 2\sin(2\theta + 60°) + \sqrt{3}$ ……①

ここで，$0° \leqq \theta \leqq 90°$ より，$60° \leqq 2\theta + 60° \leqq 240°$

これを角度 x とおいて，$\sin x$ の取り得る値の範囲を調べる。

よって右図より，$-\dfrac{\sqrt{3}}{2} \leqq \sin(2\theta + 60°) \leqq 1$ ……②

②の各辺に2をかけて$\sqrt{3}$をたすと，

$0 \leqq \underbrace{2\sin(2\theta + 60°) + \sqrt{3}}_{y\text{のこと（①より）}} \leqq 2 + \sqrt{3}$

以上より，求める①の関数yの取り得る値の範囲は，

$0 \leqq y \leqq 2 + \sqrt{3}$ ……………………………………(答)

ココがポイント

⇦2倍角の公式
$\sin 2\theta = 2\sin\theta\cos\theta$
半角の公式
$\cos^2\theta = \dfrac{1 + \cos 2\theta}{2}$

⇦三角関数の合成
$a\sin x + b\cos x$
$= \sqrt{a^2 + b^2}\sin(x + \alpha)$

⇦加法定理
$\sin\alpha\cos\beta + \cos\alpha\sin\beta$
$= \sin(\alpha + \beta)$

⇦$0° \leqq \theta \leqq 90°$ より，
$0° \leqq 2\theta \leqq 180°$
$60° \leqq 2\theta + 60° \leqq 240°$

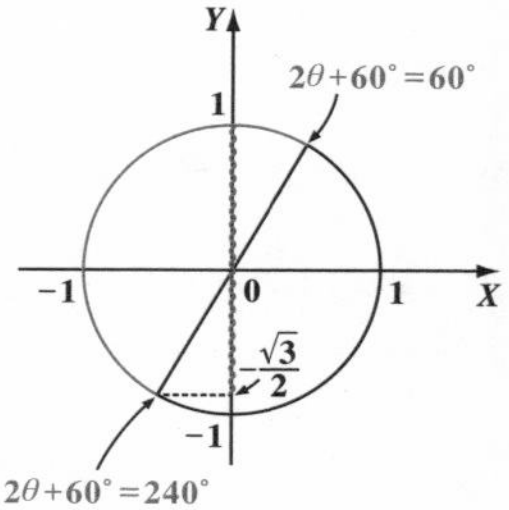

三角関数と2次関数 (I)

元気力アップ問題 52　難易度 ★★　CHECK 1　CHECK 2　CHECK 3

関数 $y = \cos 2x - \cos x$ $(0° \leqq x \leqq 90°)$ の最大値と最小値を求めよ。

ヒント！ 2 倍角の公式 $\cos 2x = 2\cos^2 x - 1$ を使って，$\cos x = t$ とおくと，y は下に凸の t の 2 次関数になるんだね。後は，t の定義域も求めて解こう。

解答＆解説

$y = \underline{\cos 2x} - \cos x$ $(0° \leqq x \leqq 90°)$　を変形して，
（$\cos 2x = 2\cos^2 x - 1$）

$y = 2\cos^2 x - \cos x - 1$ ……①
（$\cos^2 x = t^2$，$\cos x = t$）

ここで，$\cos x = t$ とおく。$0° \leqq x \leqq 90°$ より，

$0 \leqq t \leqq 1$　となる。さらに $y = f(t)$ とおくと，①は

$$y = f(t) = 2t^2 - t - 1 \quad (0 \leqq t \leqq 1)$$

$$= 2\left(t^2 - \frac{1}{2}t + \frac{1}{16}\right) - 1 - \frac{1}{8}$$

（2で割って2乗）

$$\therefore\ y = f(t) = 2\left(t - \frac{1}{4}\right)^2 - \frac{9}{8} \quad (0 \leqq t \leqq 1) \text{ となる。}$$

右図に示すように，$y = f(t)$ は，頂点 $\left(\frac{1}{4},\ -\frac{9}{8}\right)$ の下に凸の放物線の $0 \leqq t \leqq 1$ の範囲のものである。

以上より，

$$\begin{cases} \cdot\ t = 1 \text{ のとき，最大値 } y = f(1) = 0 \\ \cdot\ t = \dfrac{1}{4} \text{ のとき，最小値 } y = f\left(\dfrac{1}{4}\right) = -\dfrac{9}{8} \end{cases} \quad \cdots\cdots(\text{答})$$

ココがポイント

⇦2 倍角の公式

$\cos 2x = \cos^2 x - \sin^2 x$
$= 2\cos^2 x - 1$
$= 1 - 2\sin^2 x$　の内

$\cos 2x = 2\cos^2 x - 1$
を用いる。

⇦

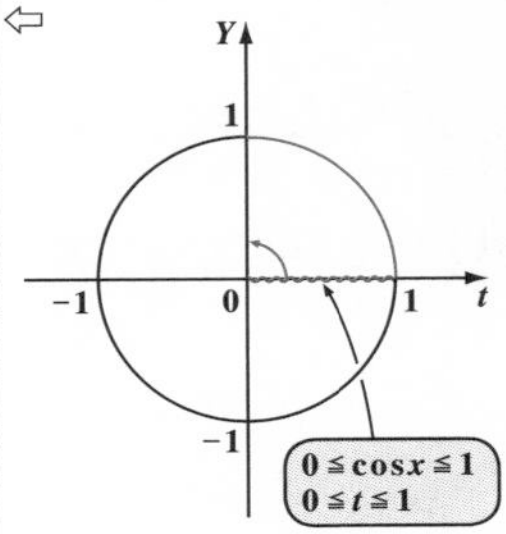

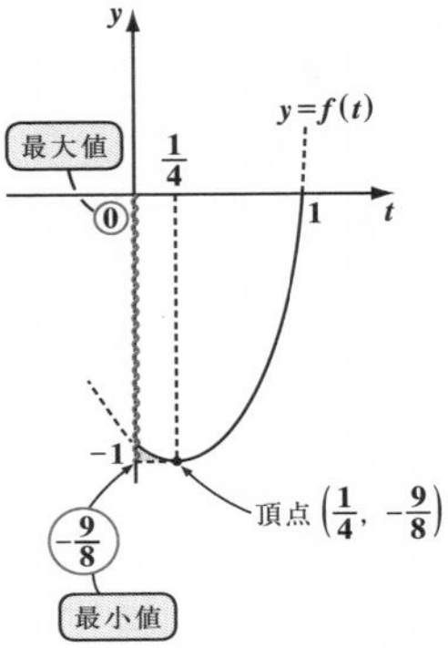

三角関数と2次関数（Ⅱ）

元気力アップ問題 53　難易度 ★★★　CHECK 1　CHECK 2　CHECK 3

関数 $y=f(x)=\sin 2x-2a(\sin x+\cos x)+a^2+2$ ……①

（ただし，$0°\leqq x\leqq 180°$，a は定数）がある。

(1) $\sin x+\cos x=t$ とおくとき，関数 $f(x)$ を t の式で表せ。

(2) t の値の範囲を求めよ。

(3) 関数 $f(x)$ の最小値を求めよ。　　（信州大＊）

ヒント！ (1) $\sin x+\cos x=t$ の両辺を2乗して，$\sin 2x$ を t の式で表そう。(2) 三角関数の合成から，t の値の範囲が求まる。(3) $y=g(t)$ とおくと，$g(t)$ は文字定数 a を含む t の2次関数となるので，この最小値は“カニ歩き＆場合分け”の考え方を使って求めることができるんだね。これまでの知識をフルに使って解いてみよう！

解答＆解説

(1) $y=f(x)=\underbrace{\sin 2x}_{t^2-1}-2a(\underbrace{\sin x+\cos x}_{t\text{とおく}})+a^2+2$ …①

$(0°\leqq x\leqq 180°,\ a$：定数）について，

$\sin x+\cos x=t$ ……② とおく。

②の両辺を2乗して，

$(\sin x+\cos x)^2=t^2$　　$1+\sin 2x=t^2$

$\therefore\ \sin 2x=t^2-1$ ……③ となる。

②，③を①に代入して，さらに $f(x)=g(t)$ とおくと，

（x の関数から，t の関数への書き換えだ）

$y=f(x)=g(t)=t^2-1-2at+a^2+2$

$=t^2-2at+a^2+1$ ……④ ……（答）

(2) ②に三角関数の合成を使って，t の取り得る値の範囲を求めると，

$t=1\cdot\sin x+1\cdot\cos x$

$=\sqrt{2}\left(\underbrace{\frac{1}{\sqrt{2}}}_{\cos 45°}\sin x+\underbrace{\frac{1}{\sqrt{2}}}_{\sin 45°}\cos x\right)$

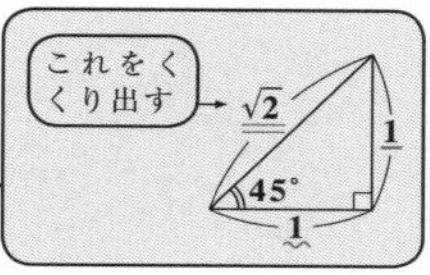

ココがポイント

⇦ $\underbrace{\sin^2 x+\cos^2 x}_{1}+\underbrace{2\sin x\cos x}_{\sin 2x}$ $=t^2$ より。（2倍角の公式）

⇦ $y=g(t)=(t^2-2at+a^2)+1$
$=(t-a)^2+1$ …④′

⇦三角関数の合成
$a\sin x+b\cos x$
$=\sqrt{a^2+b^2}\sin(x+\alpha)$

$\therefore\ t = \sqrt{2}\,(\sin x \cos 45° + \cos x \sin 45°)$

$\quad = \sqrt{2}\,\sin(x + 45°)$

ここで，$0° \leqq x \leqq 180°$ より，$45° \leqq x + 45° \leqq 225°$ ⇦

よって，右図より明らかに，$-\dfrac{1}{\sqrt{2}} \leqq \sin(x + 45°) \leqq 1$

$\therefore\ -1 \leqq \underbrace{\sqrt{2}\,\sin(x+45°)}_{t} \leqq \sqrt{2}$ ← 各辺に $\sqrt{2}$ をかけて

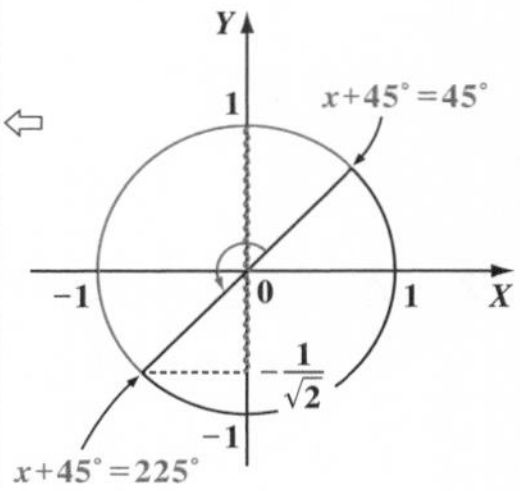

$\therefore\ -1 \leqq t \leqq \sqrt{2}$ ……⑤ ……………………………(答)

(3) 以上④，⑤より，

$y = f(x) = g(t) = (t-a)^2 + 1$ ……④´ $\left(-1 \leqq t \leqq \sqrt{2}\right)$ ⇦

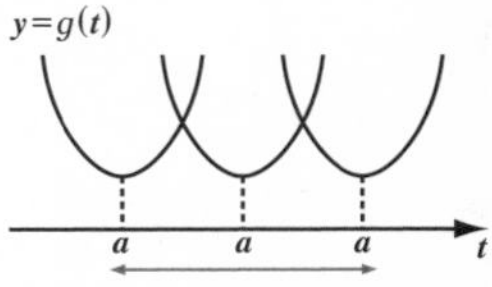

a が変化すれば，$y = g(t)$ は横にカニ歩きする！

よって，$y = g(t)$ は，頂点 $(a,\ 1)$ の下に凸の放物線で，$-1 \leqq t \leqq \sqrt{2}$ の範囲のものである。よって，この最小値 m は，次のように3つに場合分けして求められる。

(i) $a < -1$ のとき，④より，

最小値 $m = g(-1) = 1 + 2a + a^2 + 1 = a^2 + 2a + 2$

(ii) $-1 \leqq a < \sqrt{2}$ のとき，④´より，

最小値 $m = g(a) = 1$

(iii) $\sqrt{2} \leqq a$ のとき，④より，

最小値 $m = g(\sqrt{2}) = 2 - 2\sqrt{2}a + a^2 + 1 = a^2 - 2\sqrt{2}a + 3$

………(答)

(i) $a < -1$ のとき

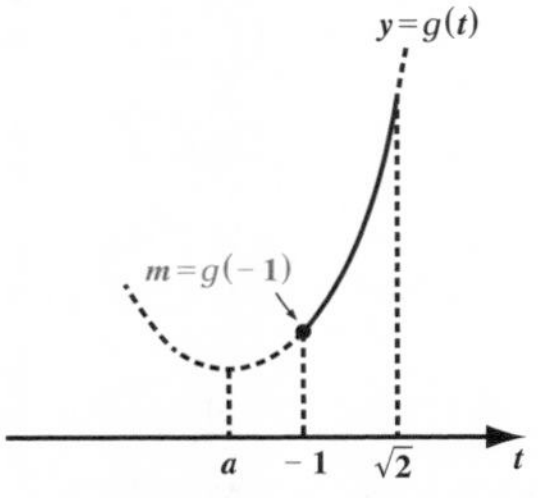

(ii) $-1 \leqq a < \sqrt{2}$ のとき

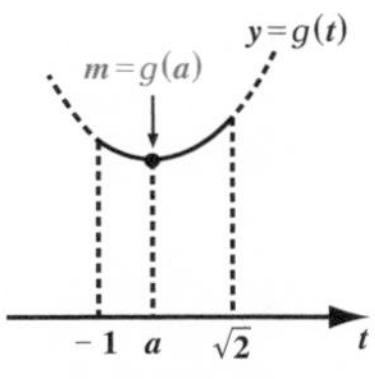

(iii) $\sqrt{2} \leqq a$ のとき

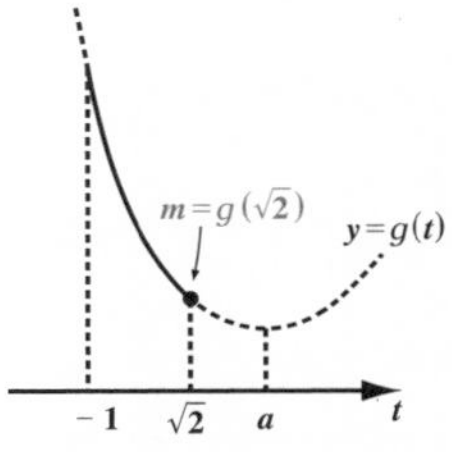

第3章 ● 三角関数の公式の復習

1. 三角関数の3つの基本公式

(1) $\sin^2\theta + \cos^2\theta = 1$　(2) $\tan\theta = \dfrac{\sin\theta}{\cos\theta}$　(3) $1 + \tan^2\theta = \dfrac{1}{\cos^2\theta}$

2. 扇形の弧長と面積

(i) 円弧の長さ $l = r\theta$

(ii) 面積 $S = \dfrac{1}{2}r^2\theta$　(角 θ の単位はラジアン)

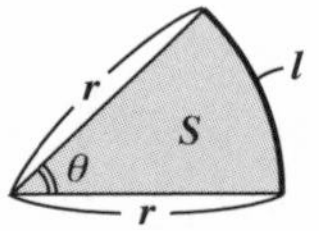

3. 加法定理

(1) $\begin{cases} \sin(\alpha+\beta) = \sin\alpha\cos\beta + \cos\alpha\sin\beta \\ \sin(\alpha-\beta) = \sin\alpha\cos\beta - \cos\alpha\sin\beta \end{cases}$　(2) $\begin{cases} \cos(\alpha+\beta) = \cos\alpha\cos\beta - \sin\alpha\sin\beta \\ \cos(\alpha-\beta) = \cos\alpha\cos\beta + \sin\alpha\sin\beta \end{cases}$

(3) $\tan(\alpha+\beta) = \dfrac{\tan\alpha + \tan\beta}{1 - \tan\alpha\tan\beta}$,　$\tan(\alpha-\beta) = \dfrac{\tan\alpha - \tan\beta}{1 + \tan\alpha\tan\beta}$

4. 2倍角の公式

(1) $\sin 2\alpha = 2\sin\alpha\cos\alpha$

(2) $\cos 2\alpha = \cos^2\alpha - \sin^2\alpha = 1 - 2\sin^2\alpha = 2\cos^2\alpha - 1$

5. 半角の公式

(1) $\sin^2\alpha = \dfrac{1 - \cos 2\alpha}{2}$　(2) $\cos^2\alpha = \dfrac{1 + \cos 2\alpha}{2}$

6. 三角関数の合成

$a\sin\theta + b\cos\theta = \sqrt{a^2+b^2}\sin(\theta+\alpha)$　$\left(\cos\alpha = \dfrac{a}{\sqrt{a^2+b^2}},\ \sin\alpha = \dfrac{b}{\sqrt{a^2+b^2}}\right)$

7. 3倍角の公式　(サインだから3で始まる!)　(コサインだから4で始まる!)

(1) $\sin 3\theta = 3\sin\theta - 4\sin^3\theta$　(2) $\cos 3\theta = 4\cos^3\theta - 3\cos\theta$

8. 積→和(差)の公式(左側), 和(差)→積の公式(右側)

(i) $\sin\alpha\cdot\cos\beta = \dfrac{1}{2}\{\sin(\alpha+\beta) + \sin(\alpha-\beta)\} \Leftrightarrow \sin(\alpha+\beta) + \sin(\alpha-\beta) = 2\sin\alpha\cdot\cos\beta$

(ii) $\cos\alpha\cdot\sin\beta = \dfrac{1}{2}\{\sin(\alpha+\beta) - \sin(\alpha-\beta)\} \Leftrightarrow \sin(\alpha+\beta) - \sin(\alpha-\beta) = 2\cos\alpha\cdot\sin\beta$

(iii) $\cos\alpha\cdot\cos\beta = \dfrac{1}{2}\{\cos(\alpha+\beta) + \cos(\alpha-\beta)\} \Leftrightarrow \cos(\alpha+\beta) + \cos(\alpha-\beta) = 2\cos\alpha\cdot\cos\beta$

(iv) $\sin\alpha\cdot\sin\beta = -\dfrac{1}{2}\{\cos(\alpha+\beta) - \cos(\alpha-\beta)\} \Leftrightarrow \cos(\alpha+\beta) - \cos(\alpha-\beta) = -2\sin\alpha\cdot\sin\beta$

第４章
CHAPTER

4 指数関数と対数関数

テーマ

▶ **指数法則**
$\left(a^0=1,\ a^{\frac{m}{n}}=\sqrt[n]{a^m}\right.$ など$\left.\right)$

▶ **指数関数**
$\left(a>1\right.$ のとき, $a^{x_1}>a^{x_2} \Longleftrightarrow x_1>x_2$ など$\left.\right)$

▶ **対数関数**
$\left(\log_a xy=\log_a x+\log_a y\right.$ など$\left.\right)$

▶ **常用対数と桁数**
$\left(\log_{10}X=n.\cdots\right.$のとき, X は $n+1$ 桁の数$\left.\right)$

第4章 指数関数と対数関数 ●公式＆解法パターン

1. 指数法則

(Ⅰ) 数学 **Ⅰ・A** の指数法則の復習

(1) $a^0 = 1$　　(2) $a^1 = a$　　(3) $a^m \times a^n = a^{m+n}$

(4) $(a^m)^n = a^{m \times n}$　　(5) $\dfrac{a^m}{a^n} = a^{m-n}$　　(6) $\left(\dfrac{b}{a}\right)^m = \dfrac{b^m}{a^m}$

(7) $(a \times b)^m = a^m \times b^m$　(a, b：実数，$a \neq 0$,　m, n：自然数)

(Ⅱ) 数学 **Ⅱ・B** の指数法則

(1) $a^0 = 1$　　(2) $a^1 = a$　　(3) $a^p \times a^q = a^{p+q}$

(4) $(a^p)^q = a^{p \times q}$　　(5) $\dfrac{a^p}{a^q} = a^{p-q}$　　(6) $a^{\frac{1}{n}} = \sqrt[n]{a}$

(7) $a^{\frac{m}{n}} = \sqrt[n]{a^m} = \left(\sqrt[n]{a}\right)^m$　　(8) $(ab)^p = a^p b^p$　　(9) $\left(\dfrac{b}{a}\right)^p = \dfrac{b^p}{a^p}$

(ただし，$a > 0$，p，q：有理数，m，n：自然数，$n \geqq 2$)

(6)，(7) において，n が奇数のときは，$a < 0$ の場合もあり得る。

(ex) (1) $1024^{0.4} = (2^{10})^{0.4} = 2^4 = 16$　($\because 2^{10} = 1024$)　(早大)

(2) $\dfrac{2}{\sqrt{3}}\sqrt[6]{\dfrac{27}{64}} = \dfrac{2}{\sqrt{3}} \cdot \left(\dfrac{3^3}{2^6}\right)^{\frac{1}{6}} = \dfrac{2}{\sqrt{3}} \cdot \dfrac{3^{\frac{1}{2}}}{2} = \dfrac{2}{\sqrt{3}} \cdot \dfrac{\sqrt{3}}{2} = 1$

2. 指数関数 $y = a^x$ のグラフ

指数関数 $y = a^x$　($a > 0$ かつ $a \neq 1$) について，

(ⅰ) $a > 1$ のとき，
単調増加型のグラフ

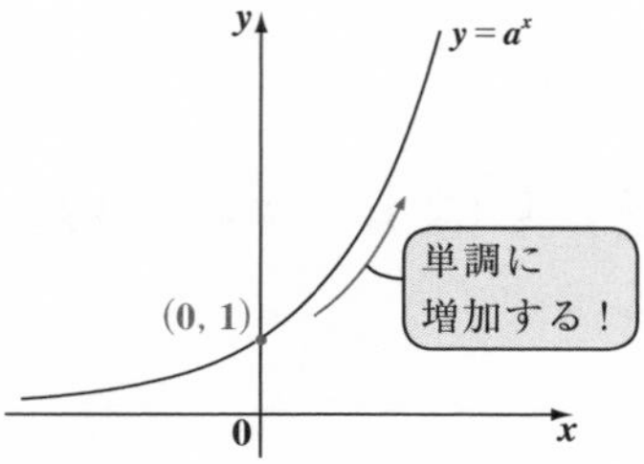

(ⅱ) $0 < a < 1$ のとき，
単調減少型のグラフ

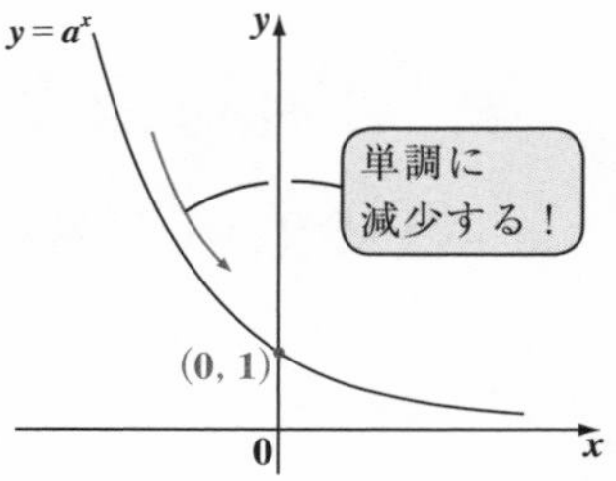

単調に増加する！

単調に減少する！

3. 指数方程式の解法の 2 つのパターン

指数方程式とは，指数関数 (2^x や 3^x …など) が入った方程式のことで，この解法には，次の **2** つのパターンがあるので，頭に入れておこう。

$$\begin{cases} (\text{I}) \text{見比べ型}：a^{x_1} = a^{x_2} \text{ならば，} x_1 = x_2 \text{となる。} \\ (\text{II}) \text{置換型} \quad：a^x = t \text{などと置換する。} (t > 0) \end{cases}$$

$(ex)\ \sqrt[3]{5} \cdot 25^x = (5^{-x})^3$ を解くと，$5^{\frac{1}{3}} \cdot 5^{2x} = 5^{-3x}$　　$5^{2x+\frac{1}{3}} = 5^{-3x}$

指数部を見比べて，$2x + \dfrac{1}{3} = -3x$　　$5x = -\dfrac{1}{3}$　　$\therefore x = -\dfrac{1}{15}$

$(ex)\ 3^{2x} - 8 \cdot 3^x - 9 = 0$ を解くと，$(3^x)^2 - 8 \cdot 3^x - 9 = 0$ より，$3^x = t$ とおくと，

$t^2 - 8t - 9 = 0$　$(t+1)(t-9) = 0$　ここで，$t = 3^x > 0$ より，$t \neq -1$

$\therefore t = \underline{3^x = 9}$ より，$\underline{3^x = 3^2}$　$\therefore x = 2$

4. 指数不等式の解法

指数不等式とは，指数関数 (2^x や 3^x …など) が入った不等式のことで，この解法には，指数方程式と同様に，次の **2** つのパターンがある。

$$\begin{cases} (\text{I}) \text{見比べ型} \\ (\text{II}) \text{置換型} \quad：a^x = t \text{などと置換する。} (t > 0) \end{cases}$$

ここで，(I) 指数不等式の見比べ型の場合，

$$\begin{cases} (\text{i})\ a > 1 \text{ のとき，不等号の向きは変化しないけれど，} \\ (\text{ii})\ 0 < a < 1 \text{ のとき，不等号の向きが逆転することに注意が必要だ。} \end{cases}$$

この意味は，下のグラフから明らかだね。

(ⅰ) $a > 1$ のとき，

$$a^{x_1} > a^{x_2} \Longleftrightarrow x_1 > x_2$$

不等号の向きは変化しない！

(ⅱ) $0 < a < 1$ のとき，

$$a^{x_1} > a^{x_2} \Longleftrightarrow x_1 < x_2$$

不等号の向きが逆転！

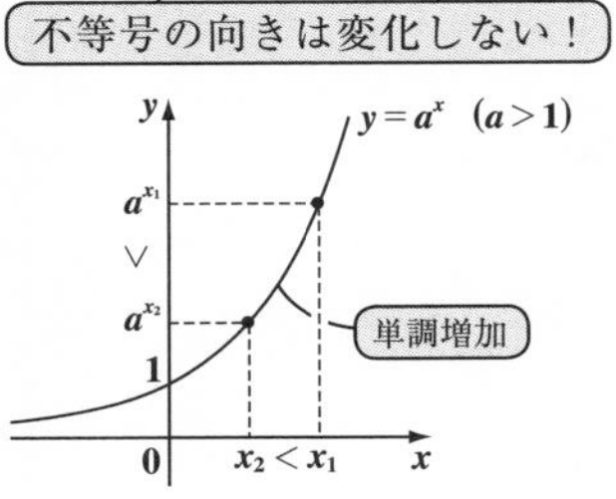

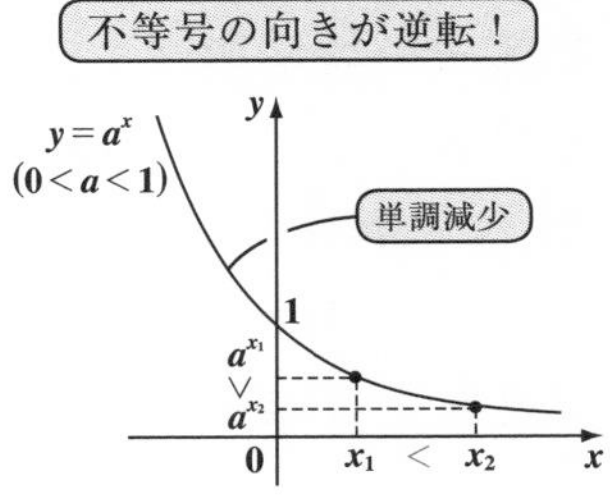

5. 対数の定義

$a^b = c \iff b = \log_a c$ （ここで，a を“底”，c を“真数”と呼ぶ。）

（b：対数）（a：底）（c：真数）

(ex) (1) $\log_2 32 = 5$ （$\because 2^5 = 32$）　(2) $\log_{10} 1 = 0$ （$\because 10^0 = 1$）

(3) $\log_3 \frac{1}{27} = -3$ $\left(\because 3^{-3} = \frac{1}{27}\right)$　(4) $\log_5 \sqrt[3]{25} = \frac{2}{3}$ （$\because 5^{\frac{2}{3}} = \sqrt[3]{25}$）

6. 対数計算の 6 つの公式

(1) $\log_a 1 = 0$　　(2) $\log_a a = 1$

(3) $\log_a xy = \log_a x + \log_a y$　　(4) $\log_a \frac{x}{y} = \log_a x - \log_a y$

(5) $\log_a x^p = p \cdot \log_a x$　　(6) $\log_a x = \frac{\log_b x}{\log_b a}$

（ここで，$x > 0$，$y > 0$，$a > 0$ かつ $a \neq 1$，$b > 0$ かつ $b \neq 1$，p：実数）

（$x > 0$，$y > 0$：真数条件）（$a > 0$ かつ $a \neq 1$，$b > 0$ かつ $b \neq 1$：底の条件）

7. 対数関数 $y = \log_a x$ のグラフ

対数関数 $y = \log_a x$ （$a > 0$ かつ $a \neq 1$，$x > 0$）について，

(i) $a > 1$ のとき　　(ii) $0 < a < 1$ のとき

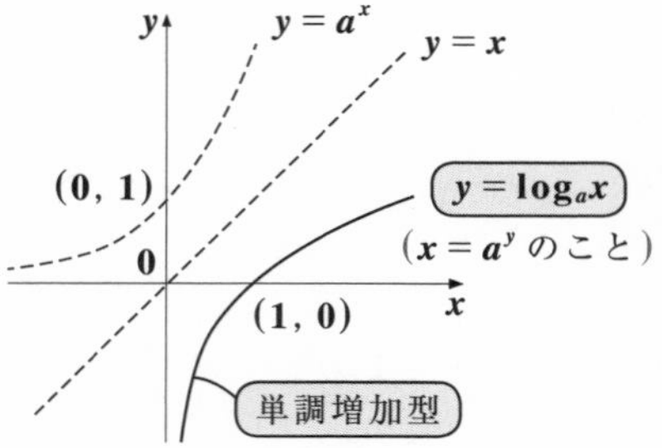

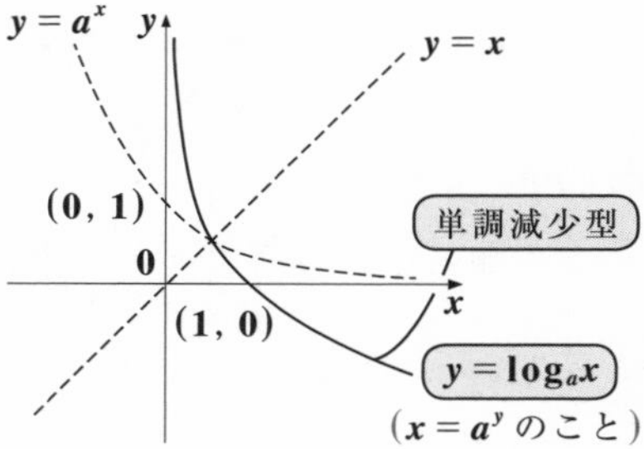

8. 対数方程式の解法の 2 つのパターン

対数方程式とは，対数関数（$\log_2 x$ や $\log_3 x$ …など）が入った方程式のことで，この解法には，次の **2** つのパターンがあるんだね。

(I) 見比べ型：$\log_a x_1 = \log_a x_2$ ならば，$x_1 = x_2$ となる。

(II) 置換型　：$\log_a x = t$ などと置換する。

9. 対数不等式の解法

対数不等式とは，対数関数($\log_2 x$ や $\log_3 x$…など)が入った不等式のことで，この解法には，対数方程式のときと同様に，次の2つのパターンがあるんだね。

(Ⅰ) 見比べ型
(Ⅱ) 置換型　：$\log_a x = t$ などと置換して解く。

ここで，(Ⅰ) 対数不等式の見比べ型の場合，(ⅰ)$a>1$ のときと，(ⅱ)$0<a<1$ のときの2通りの解法パターンが存在する。下のグラフと共に理解しよう。

(ⅰ) $a>1$ のとき，
$\log_a x_1 > \log_a x_2$ ならば
$x_1 > x_2$ となる。
不等号の向きはそのまま！

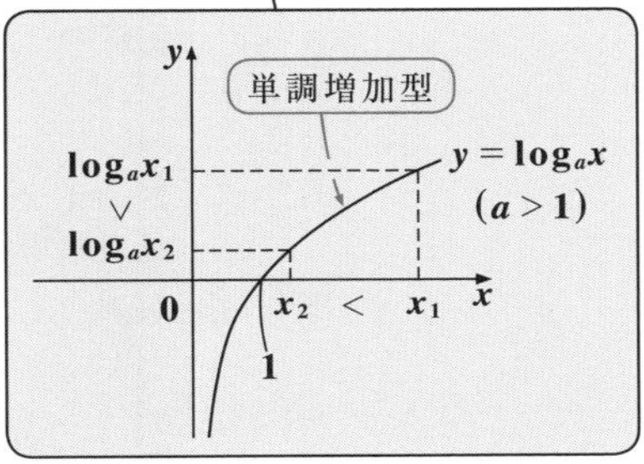

(ⅱ) $0<a<1$ のとき，
$\log_a x_1 > \log_a x_2$ ならば
$x_1 < x_2$ となる。
不等号の向きは逆転！

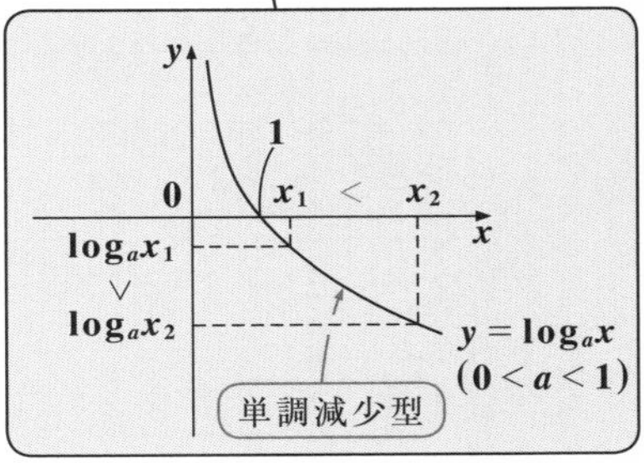

10. 常用対数(じょうようたいすう)(底10の対数)の利用法

(1) 大きな数 X の**常用対数**から，X の桁数が分かる。
1以上の数 X の常用対数が，$\log_{10} X = n.$…のとき，
X は，$n+1$ 桁の数になる。(ただし，n は0以上の整数)

(2) 小さな数 x の**常用対数**から，小数第何位に初めて0でない数が現れるかが分かる。1より小さいある正の数 x の常用対数が，$\log_{10} x = -n.$…のとき，x は，小数第 $n+1$ 位に初めて0でない数が現れる。
(n：0以上の整数)

(ex) $\log_{10}2 = 0.3010$ のとき，5^{50} が何桁の数になるか調べよう。5^{50} の常用対数は，$\log_{10}5^{50} = 50\cdot\log_{10}5 = 50\cdot\log_{10}\frac{10}{2} = 50(\log_{10}10 - \log_{10}2)$
$= 50(1-0.3010) = 34.95$ より，5^{50} は35桁の数である。

元気力アップ問題 54　難易度 ★★　CHECK 1　CHECK 2　CHECK 3

(1) $\sqrt{\dfrac{1}{\sqrt[3]{2}-1}+\sqrt[3]{2}}$ を簡単にせよ。　(東京農大)

(2) $a^x=\sqrt{3}$ のとき，$a^{2x}+a^{-2x}$ と $a^{3x}+a^{-3x}$ の値を求めよ。　(日大＊)

ヒント！ (1)では，公式 $(a-b)(a^2+ab+b^2)=a^3-b^3$ を利用する。(2)では，a^x+a^{-x} の値を求めて，これを2乗，および3乗すればうまくいく。

解答＆解説

(1) $\sqrt{\dfrac{1}{2^{\frac{1}{3}}-1}+2^{\frac{1}{3}}}$

$$=\sqrt{\frac{2^{\frac{2}{3}}+2^{\frac{1}{3}}+1}{(2^{\frac{1}{3}}-1)(2^{\frac{2}{3}}+2^{\frac{1}{3}}+1)}+2^{\frac{1}{3}}}$$

$$(2^{\frac{1}{3}})^3-1^3=2-1=1$$

$$=\sqrt{2^{\frac{2}{3}}+2\cdot2^{\frac{1}{3}}+1}=\sqrt{(2^{\frac{1}{3}})^2+2\cdot2^{\frac{1}{3}}\cdot1+1^2}$$

$$=\sqrt{(2^{\frac{1}{3}}+1)^2}=|\underbrace{2^{\frac{1}{3}}+1}_{\oplus}|=\sqrt[3]{2}+1 \quad\cdots\cdots(\text{答})$$

(2) $a^x=\sqrt{3}$ より，$a^x+a^{-x}=\dfrac{4}{\sqrt{3}}$ ……① となる。

①の両辺を2乗して，

$$(a^x+a^{-x})^2=\left(\frac{4}{\sqrt{3}}\right)^2 \qquad a^{2x}+2+a^{-2x}=\frac{16}{3}$$

$$\therefore\ a^{2x}+a^{-2x}=\frac{16}{3}-2=\frac{10}{3} \quad\cdots\cdots(\text{答})$$

①の両辺を3乗して，

$$(a^x+a^{-x})^3=\left(\frac{4}{\sqrt{3}}\right)^3,\quad a^{3x}+\underbrace{3a^x+3a^{-x}}+a^{-3x}=\frac{64}{3\sqrt{3}}$$

$$3(a^x+a^{-x})=3\cdot\frac{4}{\sqrt{3}}=\frac{12}{\sqrt{3}}$$

$$\therefore\ a^{3x}+a^{-3x}=\frac{64}{3\sqrt{3}}-\frac{12}{\sqrt{3}}=\frac{28}{3\sqrt{3}}=\frac{28\sqrt{3}}{9} \quad\cdots(\text{答})$$

ココがポイント

⇦ $\sqrt{\ }$ 内の分母 $2^{\frac{1}{3}}-1$ を $a-b$ とみて，この分子・分母に a^2+ab+b^2，すなわち $2^{\frac{2}{3}}+2^{\frac{1}{3}}\cdot1+1^2$ をかけて，分母を有理化して，$(2^{\frac{1}{3}})^3-1^3=2-1=1$ とした。

⇦ $\sqrt{A^2}=|\underbrace{A}_{\oplus}|=A$ とした。

⇦ $a^x+a^{-x}=a^x+\dfrac{1}{a^x}=\sqrt{3}+\dfrac{1}{\sqrt{3}}=\dfrac{3+1}{\sqrt{3}}=\dfrac{4}{\sqrt{3}}$

⇦ $(a^x+a^{-x})^2=a^{2x}+2\cdot\underbrace{a^x\cdot a^{-x}}_{1}+a^{-2x}$

⇦ $(a^x+a^{-x})^3=a^{3x}+3\underbrace{a^{2x}\cdot a^{-x}}_{a^x}+3\underbrace{a^x\cdot a^{-2x}}_{a^{-x}}+a^{-3x}$

指数関数と2次関数（Ⅰ）

元気力アップ問題 55　難易度 ★★　CHECK 1　CHECK 2　CHECK 3

関数 $y=f(x)=-4^x+a\cdot2^{x+1}+1$ （a：定数）の最大値 M を求めよ。

ヒント！ $t=2^x$ とおくと，$y=f(x)$ は t の 2 次関数になる。この放物線は文字定数 a を含んでいるため“カニ歩き＆場合分け”の問題に帰着するんだね。

解答＆解説

$y=f(x)=-(\underbrace{2^x}_{t})^2+2a\cdot\underbrace{2^x}_{t}+1$ …① （a：定数）とおく。

ここで，$t=2^x$ とおくと，$t>0$であり，①はtの2次関数となるので，これを$y=g(t)$とおくと，

$$y=f(x)=g(t)=-t^2+2at+1$$
$$=-(t-a)^2+a^2+1\quad(t>0)$$

となる。これは，頂点$(a,\ a^2+1)$の上に凸の放物線である。

（a の値が変化すれば，$y=g(t)$ は横にカニ歩きする。）

よって，$y=g(t)$の最大値Mは，次のように2通りに場合分けして求められる。

(ⅰ) $a\leqq0$のとき，最大値 Mは存在しない。
(ⅱ) $0<a$のとき，$y=g(t)$は$t=a$で最大となる。
　∴ 最大値 $M=g(a)=\cancel{-(a-a)^2}+a^2+1=a^2+1$ ………(答)

(ⅰ) $a\leqq0$のとき

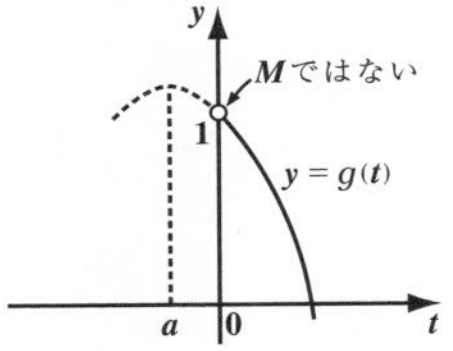

(ⅱ) $0<a$のとき

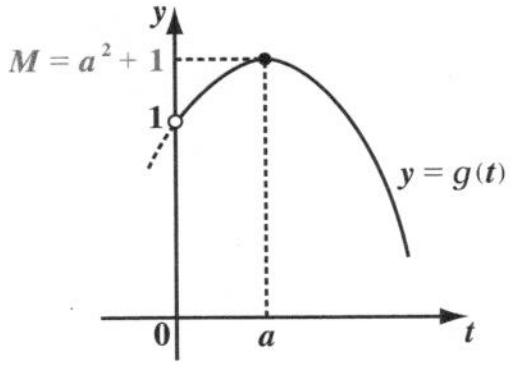

ココがポイント

⇦

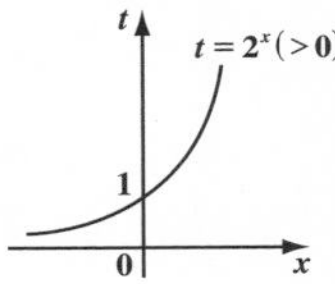

⇦ $-(t^2-2at+a^2)+a^2+1$（2で割って2乗）
$=-(t-a)^2+a^2+1$

⇦$a\leqq0$ のとき，もし，$t\geqq0$ ならば $g(0)=1$ が最大値 M となるが，本当は $t>0$ なので，$t=0$ のときは定義されていない。よって「このときの最大値 M は存在しない」が答えとなるんだね。

指数関数と2次関数(Ⅱ)

元気力アップ問題 56　難易度 ☆☆☆　CHECK 1　CHECK 2　CHECK 3

関数 $y=f(x)=2^{2x}+2^{-2x}-5(2^x+2^{-x})+9$ がある。

(1) $2^x+2^{-x}=t$ とおいて，$y=f(x)$ を t の関数で表せ。また，t の取り得る値の範囲を求めよ。

(2) $y=f(x)$ の最小値 m を求めよ。また，そのときの x の値を求めよ。

ヒント！ (1) $2^x+2^{-x}=t$ の両辺を 2 乗すれば，$2^{2x}+2^{-2x}$ を t で表すことができる。また，t の値の範囲は相加・相乗平均の不等式から求めよう。(2) $y=f(x)$ は t の 2 次関数となるので，これから $f(x)$ の最小値 m が求まるんだね。

解答＆解説

(1) $y=f(x)=\underbrace{2^{2x}+2^{-2x}}_{t^2-2}-5(\underbrace{2^x+2^{-x}}_{t})+9$ ……①

とおく。ここで

$2^x+2^{-x}=t$ ……②とおいて，この両辺を2乗すると，

$(2^x+2^{-x})^2=t^2$　　$2^{2x}+2^{-2x}+2=t^2$

$\therefore\ 2^{2x}+2^{-2x}=t^2-2$ ……③となる。

②，③を①に代入して，$f(x)=g(t)$ とおくと，（$y=f(x)$ は t の 2 次関数になる）

$y=f(x)=g(t)=t^2-2-5t+9$

$=t^2-5t+7$ ……④となる。

………(答)

ここで，$2^x>0$，$2^{-x}>0$ より，$t=\underbrace{2^x}_{\oplus}+\underbrace{2^{-x}}_{\oplus}$ に

相加・相乗平均の不等式を用いると，

$t=2^x+2^{-x}\geqq 2\sqrt{\underbrace{2^x\cdot 2^{-x}}_{2^{x-x}=2^0=1}}=2$　より，

$t\geqq 2$ ……⑤となる。………………………………(答)

ココがポイント

⇦ $(2^x+2^{-x})^2$
$=2^{2x}+2\cdot\underbrace{2^x\cdot 2^{-x}}_{1}+2^{-2x}$
$=2^{2x}+2^{-2x}+2$ となる。

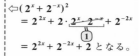

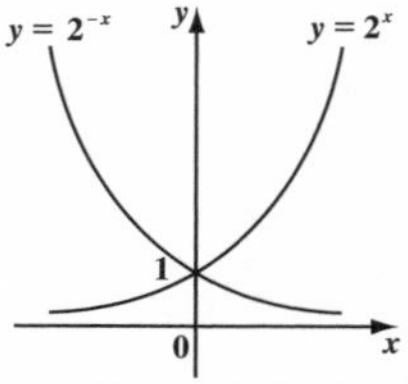

⇦ $\therefore\ 2^x>0,\ 2^{-x}>0$

⇦ $a>0$，$b>0$ のとき，
相加・相乗平均の式より，
$a+b\geqq 2\sqrt{ab}$
(等号成立条件：$a=b$)

等号成立条件：$2^x = 2^{-x}$より，$x = -x \quad \therefore x = 0$

⇦ $2x = 0$ より，$x = 0$

(2) ④，⑤より，

$$y = f(x) = g(t) = \left(t^2 - 5t + \frac{25}{4}\right) + 7 - \frac{25}{4}$$

2 で割って 2 乗

$$= \left(t - \frac{5}{2}\right)^2 + \frac{3}{4} \quad \cdots\cdots ④' \quad (t \geqq 2 \ \cdots ⑤)$$

よって，右のグラフより，

$t = \frac{5}{2}$のとき，$y = f(x)\,(= g(t))$は最小になる。

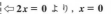

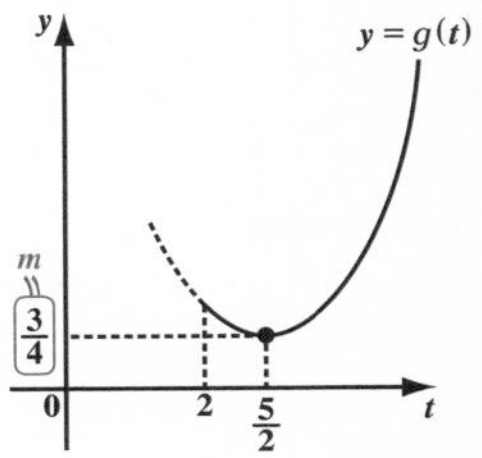

最小値$m = g\left(\frac{5}{2}\right) = \frac{3}{4}$ ……………………………(答)

$y = g(t)$が最小値$\frac{3}{4}$をとるとき，

$t = \boxed{2^x + 2^{-x} = \frac{5}{2}}$ より，

$$2 \cdot 2^x + \frac{2}{2^x} = 5$$

ここで，$2^x = u \ (> 0)$とおくと，

$$2u + \frac{2}{u} = 5 \qquad 2u^2 + 2 = 5u$$

$$2u^2 - 5u + 2 = 0 \qquad (2u - 1)(u - 2) = 0$$

2 ╳ −1
1 ╳ −2

$\therefore u = 2^x = \frac{1}{2}$，または 2 $\left(= 2^{-1}\text{，または } 2^1\right)$

⇦ $2^x = 2^{-1}$，または $2^x = 2^1$
$\therefore x = -1$，または 1
(見比べだね)

よって，$y = g(t)$，すなわち$y = f(x)$が最小となるときのxの値は，

$x = \pm 1$ である。 ……………………………(答)

指数方程式(Ⅰ)

元気力アップ問題 57　難易度 ★　CHECK 1　CHECK 2　CHECK 3

次の指数方程式を解け。

(1) $4^{x+\frac{1}{2}}-2^x-6=0$ ………………①　(城西大)

(2) $a^{2x}-(a-2)a^{x+1}-2a^3=0$ ……②　$(a>0)$　(早稲田大*)

ヒント！ (1)では，$2^x=t$，(2)では，$a^x=t$とおくと，tの2次方程式になるんだね。

解答＆解説

(1) $4^{\frac{1}{2}}\cdot 4^x-2^x-6=0$ ……①を変形して，

$\sqrt{4}=2$　$(2^2)^x=(2^x)^2$

$2\cdot(2^x)^2-2^x-6=0$

t　t

ここで，$t=2^x\ (>0)$とおくと，

$2t^2-t-6=0$　　$(2t+3)(t-2)=0$

$2 \quad 3$

$1 \quad -2$

ここで，$t>0$より，$t=2\ (=2^x)$

$\therefore\ 2^x=2^1$より，①の解は，$x=1$ …………(答)

(2) $a^{2x}-(a-2)a^{x+1}-2a^3=0$ ……②　$(a>0)$

を変形して，

$(a^x)^2-a(a-2)a^x-2a^3=0$

t　t

ここで，$t=a^x\ (>0)$とおくと，

$t^2-(a^2-2a)t-2a^3=0$　　$(t-a^2)(t+2a)=0$

$1 \quad -a^2$

$1 \quad 2a$

ここで，$t>0$より，$t=a^2\ (=a^x)$　$(\because a>0)$

$\therefore\ a^x=a^2$より，

②の解は，$x=2$である。 ……………………(答)

ココがポイント

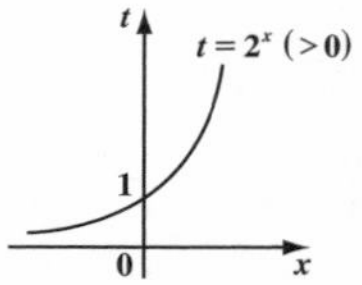

⇦

⇦$t>0$より，$t=-\frac{3}{2}$は不適だね。

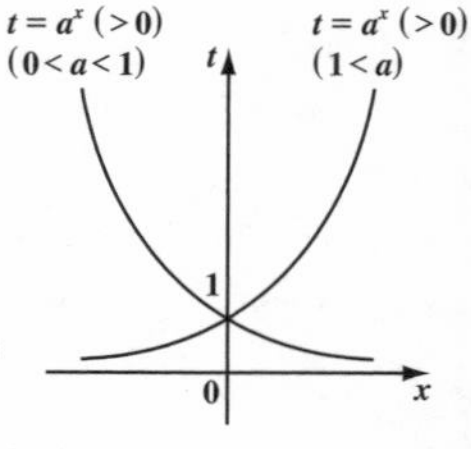

⇦

(ⅰ)$1<a$，(ⅱ)$0<a<1$のいずれにせよ，$a^x>0$

⇦$t>0$より，$t=-2a(<0)$は不適だね。

指数方程式（Ⅱ）

次の指数方程式を解け。

$$\left(3^x + \frac{3}{3^x}\right)^2 - 3\left(3^x + \frac{3}{3^x}\right) - 4 = 0 \quad \cdots\cdots ①$$

ヒント！ まず，$3^x + \dfrac{3}{3^x} = t$ とおくと，$t \geq 2\sqrt{3}$ となり，①は t の 2 次方程式となる。これを解いて，t の値を求める。さらに $3^x = u\ (>0)$ とおいて，x の値を求めよう。

解答&解説

$$\underbrace{\left(3^x + \frac{3}{3^x}\right)^2}_{t^2} - 3\underbrace{\left(3^x + \frac{3}{3^x}\right)}_{t} - 4 = 0 \quad \cdots\cdots ① について，$$

$t = 3^x + \dfrac{3}{3^x} \quad \cdots\cdots ②$ とおいて，②を①に代入すると，

$t^2 - 3t - 4 = 0 \quad \cdots\cdots ③ \quad (t \geq 2\sqrt{3})$ となる。

③の t の 2 次方程式を解いて，

$(t - 4)(t + 1) = 0 \quad$ ここで，$t \geq 2\sqrt{3}$ より，

$t = 4 \quad \cdots\cdots ④$ となる。

②を④に代入して，

$3^x + \dfrac{3}{3^x} = 4 \quad$ ここで，$u = 3^x$ とおくと，

$u + \dfrac{3}{u} = 4 \quad (u > 0)$

この両辺に u をかけて，

$u^2 - 4u + 3 = 0 \quad (u - 1)(u - 3) = 0$

$\therefore u = 3^x = 1$，または 3 となる。

よって，①の解は，

$x = 0$，または 1 である。 ……………………（答）

ココがポイント

$\Leftarrow$ 相加・相乗平均の式より，
$t = 3^x + \dfrac{3}{3^x}$
$\geq 2\sqrt{3^x \cdot \dfrac{3}{3^x}} = 2\sqrt{3}$
となる。

$\Leftarrow t \geq 2\sqrt{3}$ より，$t = -1$ は不適なんだね。

$\Leftarrow$$\Leftarrow u^2 + 3 = 4u$
$u^2 - 4u + 3 = 0$

$\Leftarrow 3^x = 1$，または 3 より，
$3^x = 3^0$，または $3^x = 3^1$
$\therefore x = 0$，または 1

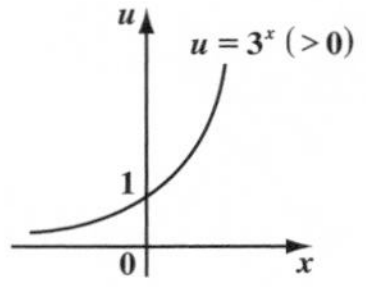

指数不等式

元気力アップ問題 59	難易度	CHECK 1	CHECK 2	CHECK 3

次の指数不等式を解け。

(1) $5^{2x+1}-126\cdot 5^x+25 \geqq 0$

(2) $a^{2x+\frac{1}{2}}-(a+1)a^x+a^{\frac{1}{2}}<0$ （ただし，$a>1$）

ヒント！ (1)では，$5^x=t$，(2)では，$a^x=t$とおいて，tの2次不等式にして解こう。

解答＆解説

(1) $\underbrace{5^{2x+1}}_{5\cdot(5^x)^2}-126\cdot 5^x+25 \geqq 0$ ……①を変形して，

$5\cdot(\underbrace{5^x}_{t})^2-126\cdot\underbrace{5^x}_{t}+25 \geqq 0$

ここで，$t=5^x\ (>0)$とおくと，

$5t^2-126t+25 \geqq 0$　　$(5t-1)(t-25) \geqq 0$

$\begin{matrix} 5 & & -1 \\ 1 & & -25 \end{matrix}$

$\therefore\ t \leqq \frac{1}{5}$，$25 \leqq t$ より，

①の解は，$x \leqq -1$，または $2 \leqq x$ ……………(答)

(2) $\underbrace{a^{2x+\frac{1}{2}}}_{a^{\frac{1}{2}}(a^x)^2=\sqrt{a}(a^x)^2}-(a+1)a^x+\underbrace{a^{\frac{1}{2}}}_{\sqrt{a}}<0$ ………②　$(a>1)$

を変形して，

$\sqrt{a}(\underbrace{a^x}_{t})^2-(a+1)\underbrace{a^x}_{t}+\sqrt{a}<0$

ここで，$t=a^x\ (>0)$とおくと，

$\sqrt{a}\,t^2-(a+1)t+\sqrt{a}<0$

$\begin{matrix} \sqrt{a} & & -1 \\ 1 & & -\sqrt{a} \end{matrix}$

$(\sqrt{a}\,t-1)(t-\sqrt{a})<0$ より，

$\frac{1}{\sqrt{a}}<t<\sqrt{a}$，$a^{-\frac{1}{2}}<a^x<a^{\frac{1}{2}}$

ここで$a>1$より，②の解は，$-\frac{1}{2}<x<\frac{1}{2}$…(答)

ココがポイント

⇦

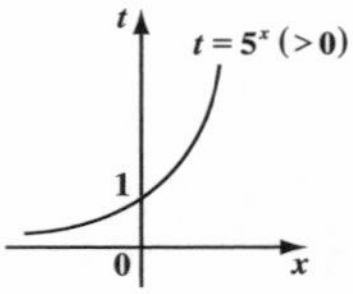

⇦$5^x \leqq 5^{-1}$，$5^2 \leqq 5^x$ より，$x \leqq -1$，$2 \leqq x$ となる。

⇦

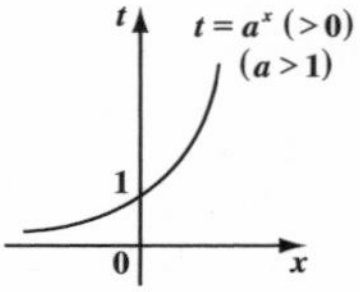

⇦$a>1$ より，$\frac{1}{\sqrt{a}}<\sqrt{a}$

$\therefore\ \underbrace{\frac{1}{\sqrt{a}}}_{a^{-\frac{1}{2}}}<\underbrace{t}_{a^x}<\underbrace{\sqrt{a}}_{a^{\frac{1}{2}}}$

対数計算(Ⅰ)

元気力アップ問題 60	難易度	CHECK 1	CHECK 2	CHECK 3

次の式の値を求めよ。

(1) $(\log_3 16+\log_{\frac{1}{3}} 4)(\log_{\sqrt{2}} 9-\log_4 9)$ (日本歯大)

(2) $\log_2 3\cdot\log_7 8\cdot\log_{243} 343$ (工学院大)

(3) $3^{\frac{2}{3}\log_9 8}$ (松本歯大)

ヒント！ (1), (2) は，底が 2 の対数に統一しよう。(3) は公式 $a^{\log_a p}=p$ を用いるんだね。

解答＆解説

(1) $(\log_3 16+\log_{\frac{1}{3}} 4)(\log_{\sqrt{2}} 9-\log_4 9)$ ← 底 2 の対数に統一する

$\log_3 16=\dfrac{\log_2 16}{\log_2 3}=\dfrac{4}{\log_2 3}$

$\log_{\frac{1}{3}} 4=\dfrac{\log_2 4}{\log_2 3^{-1}}=-\dfrac{2}{\log_2 3}$

$\log_{\sqrt{2}} 9=\dfrac{\log_2 3^2}{\log_2 2^{\frac{1}{2}}}=\dfrac{2\cdot\log_2 3}{\frac{1}{2}}=4\log_2 3$

$\log_4 9=\dfrac{\log_2 3^2}{\log_2 2^2}=\dfrac{2\cdot\log_2 3}{2}=\log_2 3$

$=\left(\dfrac{4}{\log_2 3}-\dfrac{2}{\log_2 3}\right)\cdot(4\log_2 3-\log_2 3)$

$=\dfrac{2}{\log_2 3}\times 3\cdot\log_2 3=6$ ……………………(答)

(2) $\log_2 3\cdot\log_7 8\cdot\log_{243} 343$ ← 底 2 の対数に統一する

$\log_7 8=\dfrac{\log_2 2^3}{\log_2 7}=\dfrac{3}{\log_2 7}$

$\log_{243} 343=\dfrac{\log_2 343}{\log_2 243}=\dfrac{\log_2 7^3}{\log_2 3^5}=\dfrac{3\log_2 7}{5\log_2 3}$

$=\log_2 3\times\dfrac{3}{\log_2 7}\times\dfrac{3\cdot\log_2 7}{5\cdot\log_2 3}=\dfrac{9}{5}$ …………(答)

(3) 一般に，公式 $a^{\log_a p}=p\cdots(*)\ (a>0,\ a\neq 1,\ p>0)$ が成り立つ。

$\log_9 8=\dfrac{\log_3 8}{\log_3 9}=\dfrac{\log_3 2^3}{2}=\dfrac{3}{2}\log_3 2$ より，

$3^{\frac{2}{3}\log_9 8}=3^{\frac{2}{3}\times\frac{3}{2}\log_3 2}=3^{\log_3 2}=2$ ……………………(答)

公式：$a^{\log_a p}=p$ を使った

ココがポイント

⇦ $\log_a c=b\Leftrightarrow a^b=c$

・$\log_a x=\dfrac{\log_b x}{\log_b a}$

$\log_a x^p=p\log_a x$

……などの公式を利用する。

⇦ $243=3^5$，$343=7^3$ であることに気を付けよう。

(証明)

⇦ $a^{\log_a p}=x$ とおく。この両辺の底 a の対数をとると，

$\log_a a^{\log_a p}=\log_a x$

$\log_a p\cdot\log_a a=\log_a x$ （$\log_a a=1$）

となって，ナルホド $x=p$ となるからね。

対数計算(Ⅱ)

元気力アップ問題 61　難易度 ★★　CHECK 1　CHECK 2　CHECK 3

次の式の値を求めよ。

(1) $\dfrac{1}{1+\log_9\dfrac{1}{3}}$ (立教大)　(2) $\dfrac{1}{2}\log_3 75+\log_3\dfrac{\sqrt[3]{3}}{5}$

(3) $\log_{10}2\sqrt{125}+\dfrac{1}{\log_{\sqrt{2}}10}$ (小樽商大)

ヒント! 対数の基本公式を使って，各式の値を求めればいいんだね。

解答&解説

ココがポイント

(1) $\log_9\dfrac{1}{3}=\dfrac{\log_3 3^{-1}}{\log_3 3^2}=\dfrac{-1\cdot\log_3 3}{2\cdot\log_3 3}=-\dfrac{1}{2}$ より，

⇦ $\log_9\dfrac{1}{3}=\dfrac{\log_3\dfrac{1}{3}}{\log_3 9}$

$$\frac{1}{1+\log_9\frac{1}{3}}=\frac{1}{1-\frac{1}{2}}=\frac{1}{\frac{1}{2}}=2 \quad \cdots\cdots\cdots\cdots(答)$$

(2) $\dfrac{1}{2}\log_3 75+\log_3\dfrac{\sqrt[3]{3}}{5}=\log_3\underbrace{\sqrt{75}}_{5\sqrt{3}}+\log_3\dfrac{\sqrt[3]{3}}{5}$

$=\log_3\left(5\sqrt{3}\times\dfrac{\sqrt[3]{3}}{5}\right)=\log_3 3^{\frac{5}{6}}$

⇦ $\sqrt{3}\times\sqrt[3]{3}=3^{\frac{1}{2}}\times3^{\frac{1}{3}}$

$=3^{\frac{1}{2}+\frac{1}{3}}=3^{\frac{5}{6}}$

$=\dfrac{5}{6}\underbrace{\log_3 3}_{1}=\dfrac{5}{6}$ $\cdots\cdots\cdots\cdots$(答)

(3) $\log_{10}2\sqrt{125}+\underbrace{\dfrac{1}{\log_{\sqrt{2}}10}}_{\log_{10}\sqrt{2}}=\log_{10}2\sqrt{125}+\log_{10}\sqrt{2}$

⇦ $\dfrac{1}{\log_b a}=\log_a b$

$=\log_{10}(\underbrace{2\sqrt{125}\times\sqrt{2}}_{2\sqrt{250}=\sqrt{4\times250}=\sqrt{1000}=10^{\frac{3}{2}}})$

$=\log_{10}10^{\frac{3}{2}}=\dfrac{3}{2}\underbrace{\log_{10}10}_{1}=\dfrac{3}{2}$ $\cdots\cdots\cdots\cdots$(答)

対数計算(Ⅲ)

元気力アップ問題 62　難易度 ☆☆　CHECK 1　CHECK 2　CHECK 3

次の問いに答えよ。

(1) $\log_2 3 = p$, $\log_3 5 = q$ とするとき, $\log_2 5$, $\log_{10} 6$ を p, q で表せ。

(2) $2^a = 3^b = 5^c = 30$ のとき, $\frac{1}{a} + \frac{1}{b} + \frac{1}{c}$ の値を求めよ。　(甲南大)

ヒント! (1), (2) 共に, 対数計算の基本公式に従って解いていこう。

解答&解説

(1) $\log_2 3 = p$ ……①, $\log_3 5 = q$ ……②とおく。

$$\cdot \log_2 5 = \frac{\log_3 5}{\log_3 2} = \frac{\log_3 5}{\frac{1}{\log_2 3}} = \frac{q}{\frac{1}{p}} = pq \quad \cdots\cdots ③$$

($\log_3 5$ は q (②より), $\log_2 3$ は p (①より))

………(答)

$$\cdot \log_{10} 6 = \frac{\log_2 6}{\log_2 10} = \frac{\log_2 (3 \times 2)}{\log_2 (5 \times 2)} = \frac{\log_2 3 + \log_2 2}{\log_2 5 + \log_2 2}$$

($\log_2 3$ は p (①より), $\log_2 2$ は 1, $\log_2 5$ は pq (③より))

$$= \frac{p+1}{pq+1}$$ ………(答)

(2) $\begin{cases} 2^a = 30 \text{ より}, \ a = \log_2 30 & \cdots\cdots ④ \\ 3^b = 30 \text{ より}, \ b = \log_3 30 & \cdots\cdots ⑤ \\ 5^c = 30 \text{ より}, \ c = \log_5 30 & \cdots\cdots ⑥ \end{cases}$

④, ⑤, ⑥より,

$$\frac{1}{a} + \frac{1}{b} + \frac{1}{c} = \frac{1}{\log_2 30} + \frac{1}{\log_3 30} + \frac{1}{\log_5 30}$$

$$= \log_{30} 2 + \log_{30} 3 + \log_{30} 5$$

$$= \log_{30}(2 \times 3 \times 5) = \log_{30} 30 = 1$$ ………(答)

ココがポイント

⇦ $\log_a b = \frac{\log_c b}{\log_c a}$
$\log_a b = \frac{1}{\log_b a}$

⇦ $\log_a xy = \log_a x + \log_a y$
$\log_a a = 1$

⇦ 対数の定義
$a^b = c \Leftrightarrow b = \log_a c$

⇦ $\frac{1}{\log_b a} = \log_a b$

常用対数と桁数

元気力アップ問題 63 難易度 CHECK 1 CHECK 2 CHECK 3

次の問いに答えよ。

(1) 3^{26} は何桁の数であるか。$\left(\frac{1}{3}\right)^{26}$ を小数で表すと，小数第何位に初めて 0 でない数が現れるか。ただし，$\log_{10}3 = 0.4771$ とする。

(愛媛大＊)

(2) 4^{10} を 9 進法で表すと何桁の数になるか。ただし，$\log_3 2 = 0.63$ とする。

(防衛大)

ヒント！ (1) $\log_{10}X = n.\cdots$ のとき，X は $n+1$ 桁の数であり，$\log_{10}x = -n.\cdots$ のとき x は小数第 $n+1$ 位に初めて 0 でない数が現れる。(2) $Z = 4^{10}$ を 9 進法で表示したときも同様に，$\log_9 Z = \log_9 4^{10} = n.\cdots$ のとき，Z は $n+1$ 桁の数になるんだね。

解答＆解説

(1) ・$X = 3^{26}$ の常用対数をとると，

$$\log_{10}X = \log_{10}3^{26} = 26\cdot\underbrace{\log_{10}3}_{0.4771}$$

$$= 26\times 0.4771 = 12.4\cdots$$

$\therefore\ X = 3^{26}$ は，13 桁の数である。 …………(答)

・$x = \left(\frac{1}{3}\right)^{26} = (3^{-1})^{26} = 3^{-26}$ の常用対数をとると，

$$\log_{10}x = \log_{10}3^{-26} = -26\cdot\log_{10}3$$

$$= -26\times 0.4771 = -12.4\cdots$$

$\therefore\ x = 3^{-26}$ を小数で表すと，小数第 13 位に初めて 0 でない数が現れる。 …………………(答)

(2) ・$Z = 4^{10}$ の底 9 の対数をとると，

$$\log_9 Z = \log_9 \underbrace{4^{10}}_{(2^2)^{10} = 2^{20}} = \log_9 2^{20} = 20\cdot\log_9 2$$

$$= 20\cdot\frac{\log_3 2}{\underbrace{\log_3 9}_{2}} = 10\cdot\underbrace{\log_3 2}_{0.63} = 6.3$$

よって，$Z = 4^{10}$ を 9 進法で表すと 7 桁の数になる。

………(答)

ココがポイント

⇦常用対数とは，底が 10 の対数のこと。

⇦問題文に与えられているので，$\log_{10}3 = 0.4771$ として計算する。

⇦$\log_{10}3 = 0.4771$

⇦(2) では，4^{10} の 9 進法表示なので，この底が 9 の対数をとって，$\log_9 4^{10} = n.\cdots$ のとき $n+1$ 桁の数であることが分かるんだね。

対数方程式(Ⅰ)

元気力アップ問題 64	難易度 ☆	CHECK 1	CHECK 2	CHECK 3

次の対数方程式を解け。

(1) $(\log_3 x)^2 - \log_3 x^3 + 2 = 0$ ………………① （大阪歯大）

(2) $\log_2(x-4) = -\log_2(x-6) + 4$ ………② （長崎総合科学大）

ヒント！ 対数方程式の問題では，まず，真数条件と底の条件を必ず押さえることだ。そして，(1)では，$\log_3 x = t$ とおいて解き，(2)では，両辺の真数同士を見比べて解こう。

解答＆解説

(1) $(\log_3 x)^2 - \log_3 x^{③} + 2 = 0$ ……① について，

真数条件より，$x > 0$ となる。

ここで，$\log_3 x = t$ とおくと，

①は，$t^2 - 3t + 2 = 0$　　$(t-1)(t-2) = 0$ より，

$t = \log_3 x = 1,\ 2$

$\therefore\ x = 3,\ 9$（これは，$x > 0$ をみたす）………（答）　［真数条件］

(2) $\log_2(x-4) = -\log_2(x-6) + 4$ …② について，（$x-4$：⊕，$x-6$：⊕ ← 真数条件）

真数条件より，$x > 4$ かつ $x > 6$　$\therefore\ x > 6$

②を変形して，

$\log_2(x-4) + \log_2(x-6) = 4$

（$\log_2(x-4)(x-6)$）　（$4\log_2 2 = \log_2 2^4 = \log_2 16$，$\log_2 2 = 1$）

$\log_2(x-4)(x-6) = \log_2 16$

$(x-4)(x-6) = 16$　　$x^2 - 10x + 24 - 16 = 0$

$x^2 - 10x + 8 = 0$　これを解いて，

$x = 5 \pm \sqrt{(-5)^2 - 8} = 5 \pm \sqrt{17}$　（$\sqrt{17} = 4.\cdots$）

ここで，真数条件 $x > 6$ より，$x = 5 + \sqrt{17}$ ……（答）

ココがポイント

⇦対数 $\log_a x$ について，
・真数条件：$x > 0$
・底の条件：$a > 0,\ a \neq 1$

⇦・$\log_3 x = 1 \Leftrightarrow x = 3^1$
・$\log_3 x = 2 \Leftrightarrow x = 3^2$

⇦真数条件

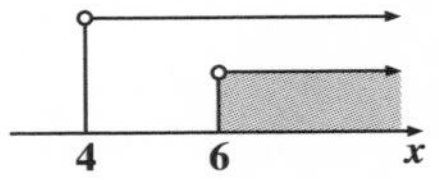

⇦真数同士の見比べ

⇦$x > 6$（真数条件）より，$x = 5 - \sqrt{17}$ は不適。

元気力アップ問題 65　難易度 ★★　CHECK 1　CHECK 2　CHECK 3

次の対数方程式を解け。

(1) $\log_2 x = 3\log_{\frac{x}{4}} 2$ ……………………………① (日大)

(2) $\log_2(x+1)+\log_4(3-x)=\log_4(3-7x)$ ……② (東京都市大)

(3) $3^{\log_5 x^2}-8\cdot 3^{\log_5 x}=9$ ……………………③ (酪農学園大)

ヒント！ 対数方程式の問題ではまず，真数条件と底の条件を押さえよう。そして，(1) では，$\log_2 x = t$ とおき，(2) では，底 4 の対数に統一しよう。(3) では，$3^{\log_5 x}=X$ とおいて解いていけばいいんだね。頑張ろう！

解答＆解説

(1) $\log_2 \underset{⊕}{x} = 3\cdot\log_{\frac{x}{4}} 2$ ……① について，（$\frac{x}{4}$：⊕かつ 1 でない）

真数と底の条件：$x>0$ かつ $x \neq 4$

①を変形して，

$$\log_2 x = 3\cdot\frac{1}{\log_2\frac{x}{4}}$$

（$\log_a b = \frac{1}{\log_b a}$）

$$\log_2 x = \frac{3}{\log_2 x - 2} \qquad \underbrace{\log_2 x}_{t}(\underbrace{\log_2 x}_{t}-2)=3$$

ここで，$t=\log_2 x$ とおくと，（$\because x \neq 4$）

$t(t-2)=3 \qquad t^2-2t-3=0 \quad (t\neq 2)$

$(t-3)(t+1)=0$

$\therefore t=\log_2 x=3,\ -1$（これらは $t\neq 2$ をみたす）

よって，①の解は，$x=8,\ \frac{1}{2}$ …………………(答)

(2) $\log_2(\underset{⊕}{x+1})+\log_4(\underset{⊕}{3-x})=\log_4(\underset{⊕}{3-7x})$ …②について，

真数条件：$-1<x<\frac{3}{7}$

ココがポイント

⇦・$\log_2 x$ の真数条件：
$x>0$
・$\log_{\frac{x}{4}}2$ の底の条件：
$\frac{x}{4}>0$ かつ $\frac{x}{4}\neq 1$
$\therefore x>0$ かつ $x\neq 4$

⇦ $\log_2\frac{x}{4}=\log_2 x-\underbrace{\log_2 4}_{2\ (\because 2^2=4)}$

⇦

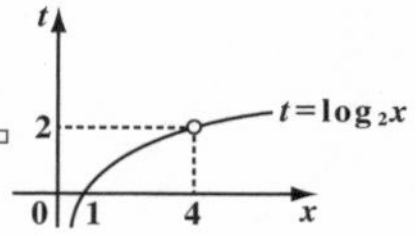

⇦・$\log_2 x=3 \Leftrightarrow x=2^3=8$
・$\log_2 x=-1 \Leftrightarrow x=2^{-1}=\frac{1}{2}$

⇦真数条件：$-1<x$ かつ
$x<3$ かつ $x<\frac{3}{7}$
$\therefore -1<x<\frac{3}{7}$

②を変形して，

②$\log_4(x+1)^\circ + \log_4(3-x) = \log_4(3-7x)$

$\log_4(x+1)^2(3-x) = \log_4(3-7x)$

両辺の真数同士を見比べて，

$(x+1)^2(3-x) = 3-7x$

これをまとめて，

$x(x+3)(x-4) = 0$　∴ $x = \cancel{-3}$, 0, $\cancel{4}$

ここで，真数条件：$-1 < x < \dfrac{3}{7}$ をみたすものが

②の解となる。よって，$x = 0$ ……………（答）

$(3)\ 3^{\log_5 x^2} - 8 \cdot 3^{\log_5 x} = 9$ ……③ について，

真数条件：$x > 0$

③を変形して，

$3^{\log_5 x^2} - 8 \cdot 3^{\log_5 x} - 9 = 0$

$\boxed{3^{2\log_5 x} = (3^{\log_5 x})^2}$

$(3^{\log_5 x})^2 - 8 \cdot 3^{\log_5 x} - 9 = 0$ ………③´
　　　X　　　　　　X

ここで，$X = 3^{\log_5 x}$ とおくと，$X > 0$

よって，③´ は，

$X^2 - 8X - 9 = 0$　　$(X-9)(X+1) = 0$

∴ $X = 9$　　$(X > 0$ より，$X = -1$ は不適）
　$\boxed{3^{\log_5 x}}$ $\boxed{3^2}$

よって，$3^{\log_5 x} = 3^2$ より，

$\log_5 x = 2$　∴③の解は，$x = 5^2 = 25$ ……（答）

$\Leftrightarrow \log_2(x+1) = \dfrac{\log_4(x+1)}{\boxed{\log_4 2}}$

$\boxed{\dfrac{1}{2}}\ (\because 4^{\frac{1}{2}} = \sqrt{4} = 2)$

$= \dfrac{\log_4(x+1)}{\dfrac{1}{2}} = 2\log_4(x+1)$

$\Leftrightarrow (x-3)(x^2+2x+1) = 7x-3$
$\quad x^3 - x^2 - 5x \cancel{-3} = 7x \cancel{-3}$
$\quad x^3 - x^2 - 12x = 0$
$\quad x(x^2 - x - 12) = 0$
$\quad x(x+3)(x-4) = 0$

$\Leftrightarrow \cdot x^2 > 0$ より，$x \neq 0$
$\quad \cdot x > 0$
$\quad$ よって，真数条件は，$x > 0$

$\Leftrightarrow \log_5 x = t$ とおくと，

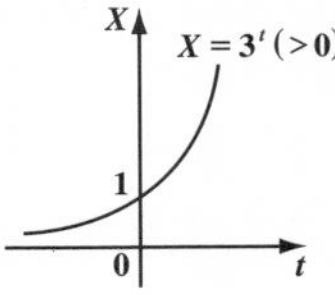

対数不等式

元気力アップ問題 66　難易度 ★★　CHECK 1　CHECK 2　CHECK 3

次の対数不等式を解け。

(1) $\log_2(x-1)+2\log_4(x-2)<1$ ……………………… ①　(日本工大)

(2) $\log_2(x-2)<1+\log_{\frac{1}{2}}(x-4)$ ……………………… ②　(神戸薬大)

(3) $\log_9(x-2)+\log_3(x+1)>\log_9(3x^2-2x-5)$ ……③　(岡山理大)

ヒント！ 対数不等式でも，まず真数条件を押さえよう。後は，対数不等式の解法パターン (i) $a>1$ のとき，$\log_a x_1<\log_a x_2 \iff x_1<x_2$，(ii) $0<a<1$ のとき，$\log_a x_1<\log_a x_2 \iff x_1>x_2$ を使って解いていけばいいんだね。

解答＆解説

(1) $\log_2(\underset{\oplus}{x-1})+2\log_4(\underset{\oplus}{x-2})<1$ ……①について，

真数条件：$x>1$ かつ $x>2$ より，$x>2$

①を変形して，

$\log_2(x-1)+\cancel{2}\,\log_4(x-2)<1$

$\left[\log_4(x-2)=\dfrac{\log_2(x-2)}{\log_2 4}=\dfrac{\log_2(x-2)}{\cancel{2}}\right]$　$[1=\log_2 2]$

$\log_2(x-1)+\log_2(x-2)<\log_2 2$

$\log_2(x-1)(x-2)<\log_2 2$　真数同士を比較して，

$(x-1)(x-2)<2$　　$x^2-3x+\cancel{2}<\cancel{2}$

$x(x-3)<0$　$\therefore 0<x<3$

これと真数条件より，$2<x<3$ ……………………(答)

(2) $\log_2(\underset{\oplus}{x-2})<1+\log_{\frac{1}{2}}(\underset{\oplus}{x-4})$ ……②について，

真数条件：$x>2$ かつ $x>4$ より，$x>4$

②を変形して，

$\log_2(x-2)<1+\log_{\frac{1}{2}}(x-4)$

$[1=\log_2 2]$　$\left[\log_{\frac{1}{2}}(x-4)=\dfrac{\log_2(x-4)}{\log_2\frac{1}{2}}=-\log_2(x-4)\right]$　($\log_2\frac{1}{2}=-1$)

ココがポイント

⇦真数条件

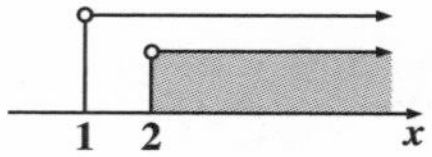

⇦底 2 の対数に統一する。

⇦$\log_2 x_1<\log_2 x_2$
$\Updownarrow$
$x_1<x_2$
(∵底が $2(>1)$)

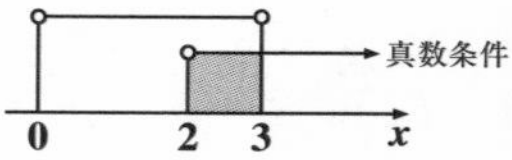

⇦真数条件

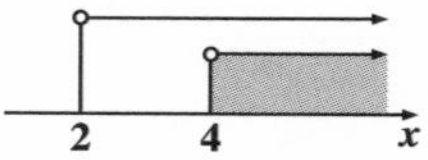

⇦底 2 の対数に統一する。

$$\log_2(x-2) < \log_2 2 - \log_2(x-4)$$

$$\log_2(x-2) + \log_2(x-4) < \log_2 2$$

$$\log_2\underline{\underline{(x-2)(x-4)}} < \log_2\underline{\underline{2}} \quad \text{真数同士を比較して,}$$

$$\underline{\underline{(x-2)(x-4)}} < \underline{\underline{2}} \quad x^2 - 6x + 8 < 2$$

$$x^2 - 6x + 6 < 0 \quad \text{これを解いて,}$$

$$3 - \underbrace{\sqrt{3}}_{\boxed{1.7\cdots}} < x < 3 + \underbrace{\sqrt{3}}_{\boxed{1.7\cdots}}$$

これと真数条件より,$4 < x < 3 + \sqrt{3}$ ………(答)

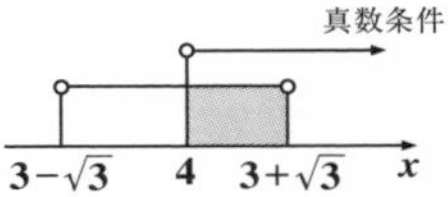

$(3)\underbrace{\log_9(x-2)}_{\oplus} + \log_3(x+1) > \underbrace{\log_9(3x^2 - 2x - 5)}_{\oplus}$ ……③

について,真数条件:$x > 2$ かつ $x > -1$ かつ

$\left(x < -1 \text{ または } \dfrac{5}{3} < x\right)$ より,$x > 2$

$\cdot \log_9(x-2) = \dfrac{\log_3(x-2)}{\log_3 9} = \underline{\dfrac{1}{2}\log_3(x-2)}$

同様に,

$\cdot \log_9(3x^2 - 2x - 5) = \underline{\dfrac{1}{2}\log_3(3x^2 - 2x - 5)}$

これらを③に代入して,両辺に**2**をかけると,

$$\log_3(x-2) + ②\log_3(x+1)^{\circ} > \log_3(3x^2 - 2x - 5)$$

$$\log_3(x-2)(x+1)^2 > \log_3\underline{\underline{(3x^2 - 2x - 5)}}$$

真数同士を比較して,$\boxed{(x+1)(3x-5)}$

$$(x-2)\underbrace{(x+1)^2}_{\oplus} > \underbrace{(x+1)}_{\oplus}(3x-5)$$

両辺を $x+1$ (>0) で割ってまとめると,

$$(x-1)(x-3) > 0 \quad \therefore x < 1 \text{ または } 3 < x$$

これと真数条件より,$x > 3$ …………………(答)

$\Leftarrow \log_2 x_1 < \log_2 x_2$
$\Updownarrow$
$x_1 < x_2$
($\because$ 底が $2(>1)$)

$\Leftarrow x^2 - 6x + 6 = 0$ の解
$x = 3 \pm \sqrt{(-3)^2 - 6}$
$= 3 \pm \sqrt{3}$

$\Leftarrow 3x^2 - 2x - 5 > 0$

$(3x-5)(x+1) > 0$

$\Leftarrow$ 真数条件

$\Leftarrow (x-2)(x+1) > 3x - 5$
$x^2 - x - 2 > 3x - 5$
$x^2 - 4x + 3 > 0$
$(x-1)(x-3) > 0$

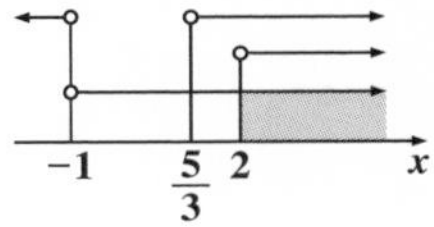

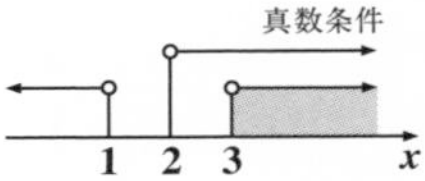

対数と最小値問題

元気力アップ問題 67　難易度 ★★　CHECK 1　CHECK 2　CHECK 3

2変数 x と y は，$x>0$，$y>0$，$xy=100$ をみたすものとする。このとき，$(\log_{10}x-2)^2+(\log_{10}y-3)^2$ の最小値を求めよ。また，そのときの x，y の値を求めよ。　(京都薬大)

ヒント！ $X=\log_{10}x$，$Y=\log_{10}y$ とおいて，XY 座標平面上で考えると，見かけ上の円による，領域と最小値問題に帰着することが分かるはずだ。頑張ろう！

解答＆解説

変数x，yが，$x>0$ かつ$y>0$ かつ$xy=100$ ……①
をみたすとき，
$(\underbrace{\log_{10}x}_{X}-2)^2+(\underbrace{\log_{10}y}_{Y}-3)^2$ ……②の最小値を求める。

$x>0$，$y>0$ より，真数条件をみたすので，xとyの底10の対数をそれぞれX，Yとおくと，
$X=\log_{10}x$ ……③　　$Y=\log_{10}y$ ……④
また，①の両辺の底10の対数をとると，
$\log_{10}xy=\log_{10}100$
（$\log_{10}xy$ は $\log_{10}x+\log_{10}y=X+Y$，$\log_{10}100$ は $2\ (\because 10^2=100)$）
$X+Y=2$ ……⑤となる。
さらに，②に③，④を代入すると，
$(X-2)^2+(Y-3)^2$ ……②′となる。
よって，XY座標平面上で考えると
$X+Y=2$ ……⑤の条件の下で，見かけ上の円の方程式として，
$(X-2)^2+(Y-3)^2=r^2$ ……⑥　(r：正の定数)を考え，
（これは，中心$(2, 3)$，半径rの見かけ上の円を表す。）
このr^2の最小値を求めればよい。

ココがポイント

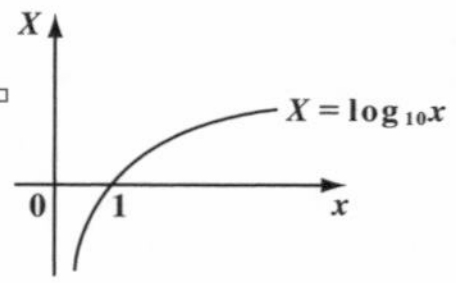

⇦よって，Xは，
$-\infty<X<\infty$となって，
自由に値を取り得る。
$Y(=\log_{10}y)$も同様だね。

⇦$X+Y=2$ …⑤はXY平面上の直線だけれど，これを領域Dと考えると，これと⑥の見かけ上の円が，ギリギリ共有点(接点)をもつような最小のr^2を求めればいいんだね。

ここで，$1\cdot X+1\cdot Y=2$ ……⑤ を領域 D とおくと，⑥の円の中心 $\mathrm{A}(2,\ 3)$ と⑤との間の距離 h が，⑥の見かけ上の円の半径 r の最小値になる。

$$h=\frac{|1\cdot2+1\cdot3-2|}{\sqrt{1^2+1^2}}=\frac{3}{\sqrt{2}}$$

点 $\mathrm{A}(x_1,\ y_1)$ と
直線 $ax+by+c=0$
との間の距離 h は
$h=\dfrac{|ax_1+by_1+c|}{\sqrt{a^2+b^2}}$

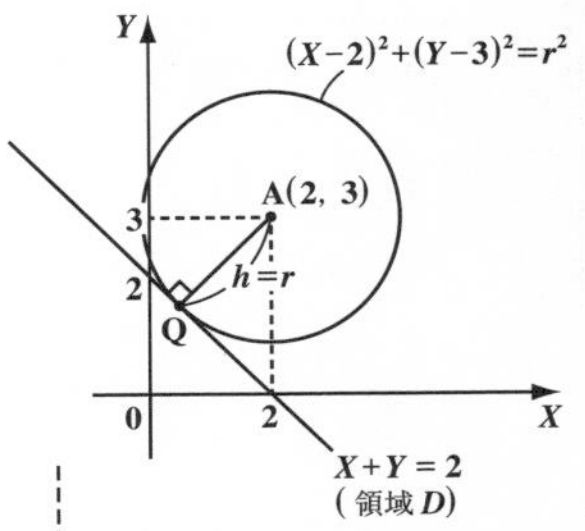

・$r\geqq h$ のとき，⑥の円は D と共有点をもつが，
・$r<h$ のとき，⑥の円は D と共有点をもたない。

よって，r^2，すなわち
$(X-2)^2+(Y-3)^2$ の最小値は，

$h^2=\left(\dfrac{3}{\sqrt{2}}\right)^2=\dfrac{9}{2}$　である。

このとき，⑤と⑥の接点を Q とおくと，
直線 AQ の方程式は，点 $\mathrm{A}(2,\ 3)$ を通り，傾き 1

$Y=-1\cdot X+2$ …⑤と直線 AQ は直交するので，直線 AQ の傾きは 1 ($\because (-1)\times1=-1$)

の直線より，

$\mathrm{AQ}:Y=1\cdot(X-2)+3$　$\therefore Y=X+1$ ……⑦

よって，⑤，⑦より，点 Q の座標は

$\mathrm{Q}\left(\dfrac{1}{2},\ \dfrac{3}{2}\right)$ となる。

⇦点 Q は，$X+\underline{Y}=2$ …⑤と $Y=\underline{X+1}$ …⑦との交点より，⑦を⑤に代入して，
$X+\underline{X+1}=2$　$\therefore X=\dfrac{1}{2}$
⑦より，$Y=\dfrac{1}{2}+1=\dfrac{3}{2}$
$\therefore \mathrm{Q}\left(\dfrac{1}{2},\ \dfrac{3}{2}\right)$ だね。

ここで，③，④より，

$X=\log_{10}x=\dfrac{1}{2}$ から，$x=10^{\frac{1}{2}}=\sqrt{10}$

$Y=\log_{10}y=\dfrac{3}{2}$ から，$y=10^{\frac{3}{2}}=10\sqrt{10}$

以上より，

$(X-2)^2+(Y-3)^2=(\log_{10}x-2)^2+(\log_{10}y-3)^2$ の最小値は $\dfrac{9}{2}$ であり，そのときの x と y の値は，

$x=\sqrt{10},\ y=10\sqrt{10}$ である。　……………………(答)

第４章● 指数関数と対数関数の公式の復習

1. 指数法則

(1) $a^0=1$　(2) $a^1=a$　(3) $a^p\times a^q=a^{p+q}$

(4) $(a^p)^q=a^{pq}$　(5) $a^{-p}=\dfrac{1}{a^p}$　(6) $a^{\frac{1}{n}}=\sqrt[n]{a}$

(7) $a^{\frac{m}{n}}=\sqrt[n]{a^m}=(\sqrt[n]{a})^m$　(8) $(ab)^p=a^pb^p$　(9) $\left(\dfrac{b}{a}\right)^p=\dfrac{b^p}{a^p}$

($a>0$, p,q：有理数，m,n：自然数，$n\geqq 2$)

2. 指数方程式

(ⅰ) 見比べ型：$a^{\boxed{x_1}}=a^{\boxed{x_2}}\iff x_1=x_2$ ← 指数部の見比べ

(ⅱ) 置換型：$a^x=t$ と置き換える。$(t>0)$

3. 指数不等式

(ⅰ) $a>1$ のとき，$a^{x_1}>a^{x_2}\iff x_1>x_2$

(ⅱ) $0<a<1$ のとき，$a^{x_1}>a^{x_2}\iff x_1<x_2$ ← 不等号の向きが逆転！

4. 対数の定義

$a^b=c\iff b=\log_ac$ ← 対数 $\log_ac$ は，$a^b=c$ の指数部 b のこと

5. 対数計算の公式

(1) $\log_axy=\log_ax+\log_ay$　(2) $\log_a\dfrac{x}{y}=\log_ax-\log_ay$

(3) $\log_ax^P=P\log_ax$　(4) $\log_ax=\dfrac{\log_bx}{\log_ba}$

($\underline{x>0}$, $\underline{y>0}$, $\underline{a>0 \text{ かつ } a\neq 1}$, $\underline{b>0 \text{ かつ } b\neq 1}$, P：実数)

真数条件（$x>0$, $y>0$）　底の条件（$a>0$ かつ $a\neq1$, $b>0$ かつ $b\neq1$）

6. 対数方程式(まず，真数条件を押さえる！)

(ⅰ) 見比べ型：$\log_a\boxed{x_1}=\log_a\boxed{x_2}\iff x_1=x_2$ ← 真数同士の見比べ

(ⅱ) 置換型：$\log_ax=t$ と置き換える。

7. 対数不等式(まず，真数条件を押さえる！)

(ⅰ) $a>1$ のとき，$\log_ax_1>\log_ax_2\iff x_1>x_2$

(ⅱ) $0<a<1$ のとき，$\log_ax_1>\log_ax_2\iff x_1<x_2$ ← 不等号の向きが逆転！

第５章
CHAPTER

5 微分法と積分法

テーマ

- 極限と微分係数と導関数 $\left(f'(a),\ f'(x)\right)$
- 接線・法線の方程式，グラフ
  $\left(y=f'(t)(x-t)+f(t)\ \text{など}\right)$
- 微分法の方程式・不等式への応用
- 不定積分と定積分
- 定積分で表された関数
- 面積と定積分（面積公式）
  $\left(S=\dfrac{|a|}{6}(\beta-\alpha)^3,\ \ S=\dfrac{|a|}{12}(\beta-\alpha)^4\ \text{など}\right)$

第5章 微分法と積分法 ●公式＆解法パターン

1. 微分係数と導関数の極限による定義

(1) $\frac{0}{0}$ の不定形のイメージ

(ⅰ) $\frac{0.000000001}{0.03} \longrightarrow 0$ (収束)

(ⅱ) $\frac{0.05}{0.000000001} \longrightarrow \infty$ (発散)

(ⅲ) $\frac{0.00001}{0.00002} \longrightarrow \frac{1}{2}$ (収束)

このように，分数関数の分子・分母が共に 0 に近づくとき，収束するか，発散するか定まらないので，$\frac{0}{0}$ の不定形という。

(2) 微分係数の定義式

$$f'(a) = \lim_{h \to 0} \frac{f(a+h)-f(a)}{h}$$
$$= \lim_{h \to 0} \frac{f(a)-f(a-h)}{h}$$
$$= \lim_{b \to a} \frac{f(b)-f(a)}{b-a}$$

この 3 つの微分係数の定義式はいずれも，$\frac{0}{0}$ の不定形になっている。
だから，この右辺が極限値をもつ(ある数値に収束する)とき，その値を $f'(a)$ とおくんだね。

(3) 導関数の定義式

$$f'(x) = \lim_{h \to 0} \frac{f(x+h)-f(x)}{h}$$
$$= \lim_{h \to 0} \frac{f(x)-f(x-h)}{h}$$

この導関数の定義式も $\frac{0}{0}$ の不定形なので，この右辺の極限がある関数に収束するとき，それを $f'(x)$ とおくという意味だ。

2. 微分計算とその応用

(1) 微分計算の公式

(ⅰ) $(x^n)' = nx^{n-1}$　　(ⅱ) $c' = 0$

(ⅲ) $\{kf(x)\}' = kf'(x)$　　(ⅳ) $\{f(x) \pm g(x)\}' = f'(x) \pm g'(x)$

(ⅴ) $\{(x+a)^n\}' = n(x+a)^{n-1}$　　(ⅵ) $\{(ax+b)^n\}' = na(ax+b)^{n-1}$

(ただし，n：自然数，c，k，a，b：実数定数，(ⅳ)は複号同順)

(2) 点 $(t,\ f(t))$ における曲線 $y = f(x)$ の接線と法線の方程式

(ⅰ) 接線 $y = f'(t)(x-t) + f(t)$　　(ⅱ) 法線 $y = -\frac{1}{f'(t)}(x-t) + f(t)$

(3) 2 曲線の共接条件

2 曲線 $y=f(x)$ と $y=g(x)$ が $x=t$ で接する

ための条件：$\begin{cases} f(t)=g(t) \text{ かつ} \\ f'(t)=g'(t) \end{cases}$

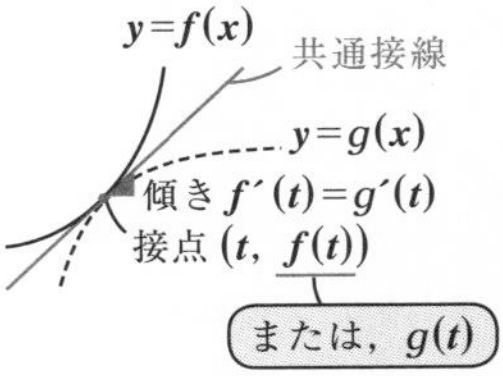

(4) 導関数 $f'(x)$ の符号と $f(x)$ の増減

(ⅰ) $f'(x)>0$ のとき，$f(x)$ は増加する。

(ⅱ) $f'(x)<0$ のとき，$f(x)$ は減少する。

これから，増減表を作って，関数 $y=f(x)$ のグラフの増減や極値(極大値，極小値)を求め，xy 座標平面にその概形を描くことができる。

3. 微分法の方程式・不等式への応用

(1) 微分法の方程式への応用

方程式 $f(x)=a$ (文字定数) の実数解の個数は，次の 2 つの関数のグラフの共有点の個数に等しい。

$$\begin{cases} y=f(x) \\ y=a \end{cases}$$

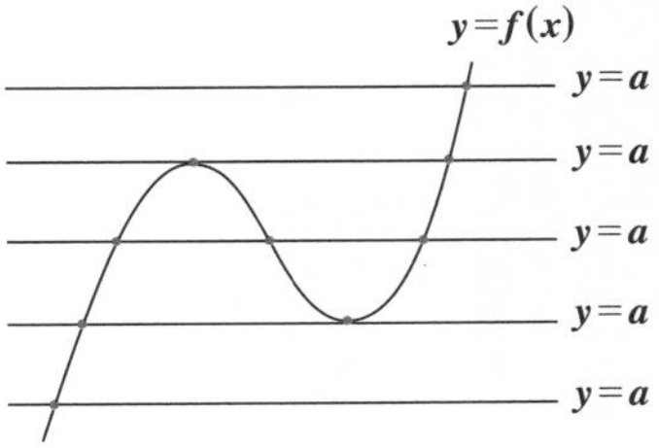

(2) 3 次方程式の実数解の個数

3 次方程式 $ax^3+bx^2+cx+d=0$ $(a \neq 0)$ の実数解の個数は，

$y=f(x)=ax^3+bx^2+cx+d$ とおくと，次のように分類できる。

(Ⅰ) $y=f(x)$ が極値をもたない場合：1 実数解

(Ⅱ) $y=f(x)$ が極値をもつ場合

(ⅰ) 極値×極値 >0 のとき　：1 実数解

(ⅱ) 極値×極値 $=0$ のとき　：2 実数解

(ⅲ) 極値×極値 <0 のとき　：3 実数解

これらの結果は，$y=f(x)$ のグラフと x 軸との位置関係から導ける。

(3) 微分法の不等式への応用

たとえば，$p \leqq x \leqq q$ において不等式 $f(x) \geqq k$ が成り立つことを示したかったならば，$y=f(x)$ $(p \leqq x \leqq q)$ と $y=k$ とおいて，$p \leqq x \leqq q$ における $y=f(x)$ の最小値 m を求め，$m \geqq k$ となることを示せばよい。(これもグラフを描いて考えると分かりやすい。)

4. 不定積分

(1) 不定積分の定義

$F(x)=\int f(x)\,dx$　（$f(x)$：被積分関数，$F(x)$：不定積分，$F'(x)=f(x)$）

(2) 積分計算の公式

（i）$\int x^n\,dx=\dfrac{1}{n+1}x^{n+1}+C$　（ii）$\int kf(x)\,dx=k\int f(x)\,dx$

（iii）$\int\{f(x)\pm g(x)\}\,dx=\int f(x)\,dx\pm\int g(x)\,dx$　（複号同順）

（iv）$\int(x+a)^n\,dx=\dfrac{1}{n+1}(x+a)^{n+1}+C$　（v）$\int(ax+b)^n\,dx=\dfrac{1}{a(n+1)}(ax+b)^{n+1}+C$

（ただし，$n=1,\ 2,\ 3,\ \cdots$，　$k,\ a,\ b$：定数，C：積分定数）

5. 定積分

(1) 定積分の定義

$\int_a^b f(x)\,dx=[F(x)]_a^b=F(b)-F(a)$ ← 定積分の結果はある値になる。

(2) 偶関数と奇関数の定積分

（i）$f(x)$ が偶関数のとき，

・$f(-x)=f(x)$
・y 軸に対称なグラフ

$\int_{-a}^{a}f(x)\,dx=2\int_0^a f(x)\,dx$

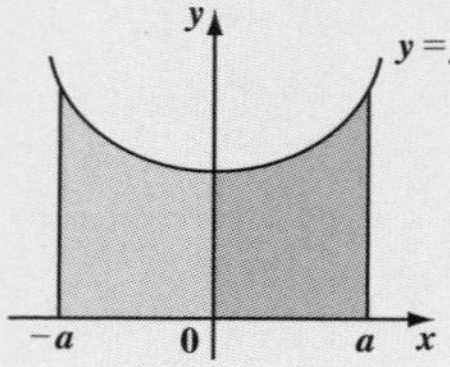

（ii）$f(x)$ が奇関数のとき，

・$f(-x)=-f(x)$
・原点に対称なグラフ

$\int_{-a}^{a}f(x)\,dx=0$

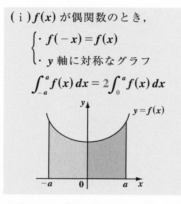

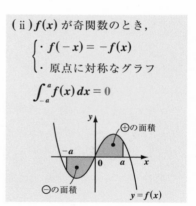

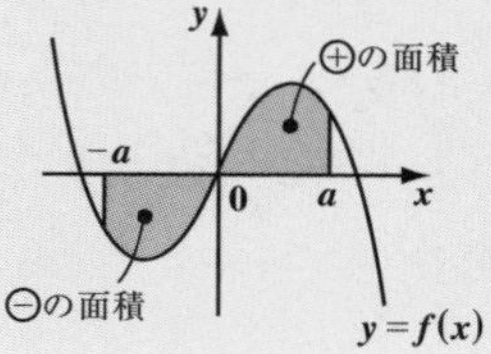

2 変数関数の積分：例として，$f(x,\ t)=6x^2t+2x$ の定積分について，

・$\int_0^1(6tx^2+2x)\,dx=[2tx^3+x^2]_0^1=2t\cdot1^3+1^2=2t+1$

・$\int_0^1(6x^2\cdot t+2x)\,dt=[3x^2t^2+2x\cdot t]_0^1=3x^2\cdot1^2+2x\cdot1=3x^2+2x$

6. 定積分で表された関数

(1) $\int_a^b f(t)\,dt$ （a，b：定数）の場合，

$\int_a^b f(t)\,dt = A$ （定数）とおく。

(2) $\int_a^x f(t)\,dt$ （a：定数，x：変数）の場合，

（ⅰ）x に a を代入して，$\int_a^a f(t)\,dt = 0$

（ⅱ）x で微分して，$\left\{\int_a^x f(t)\,dt\right\}' = f(x)$

(3) 絶対値記号の付いた **2** 変数関数の積分

(ex) $\int_0^3 |x + a - 2|\,dx$

x：まず変数

$a - 2$：まず，定数扱い，積分後変数になる

dx：x で積分

これは最終的には，a の関数 $f(a)$ になる。
（元気力アップ問題 **87** (**P131**) 参照）

7. 面積計算

(1) $a \leqq x \leqq b$ の範囲で，$y = f(x)$ と $y = g(x)$ とではさまれる図形の面積 S

$S = \int_a^b \{f(x) - g(x)\}\,dx$ （ただし，$a \leqq x \leqq b$ で，$f(x) \geqq g(x)$ とする。）

(2) $a \leqq x \leqq b$ の範囲で，$y = f(x)$ と x 軸とではさまれる図形の面積 S_1，S_2

$$\begin{cases} (\text{i})\ f(x) \geqq 0 \text{ のとき，} S_1 = \int_a^b f(x)\,dx \\ (\text{ii})\ f(x) \leqq 0 \text{ のとき，} S_2 = -\int_a^b f(x)\,dx \end{cases}$$

8. 面積公式

(1) 放物線 $y = ax^2 + bx + c$ と直線とで囲まれる図形の面積 S_1

$S_1 = \dfrac{|a|}{6}(\beta - \alpha)^3$ （ただし，$a \neq 0$，α，β：**2** 交点の x 座標 $(\alpha < \beta)$）

(2) 放物線 $y = ax^2 + bx + c$ と **2** 接線とで囲まれる図形の面積 S_2

$S_2 = \dfrac{|a|}{12}(\beta - \alpha)^3$ （ただし，$a \neq 0$，α，β：**2** 接点の x 座標 $(\alpha < \beta)$）

(3) **3** 次関数 $y = ax^3 + bx^2 + cx + d$ と接線とで囲まれる図形の面積 S_3

$S_3 = \dfrac{|a|}{12}(\beta - \alpha)^4$ （ただし，$a \neq 0$，α，β：接点と交点の x 座標 $(\alpha < \beta)$）

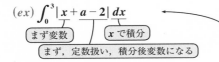

$\frac{0}{0}$ の不定形

元気力アップ問題 68　難易度 ★　CHECK 1　CHECK 2　CHECK 3

(1) 極限 $\lim_{x \to 1} \frac{x^3 - x}{x(x^3 - x^2 + x - 1)}$ の値を求めよ。　(防衛大)

(2) $\lim_{x \to -1} \frac{x^3 + ax + b}{x + 1} = 2a$ であるとき，a，b の値を求めよ。　(立教大*)

ヒント！ (1) は，$\frac{0}{0}$ の要素を消去しよう。(2) では，分母 → 0 にも関わらず，極限値 $2a$ をもつので，分子も分子 → 0 とならなければならないんだね。

解答＆解説

(1)
$$\lim_{x \to 1} \frac{x^3 - x}{x(x^3 - x^2 + x - 1)}$$

$x^3 - x = x(x^2 - 1) = x(x-1)(x+1)$

$x^3 - x^2 + x - 1 = x^2(x-1) + (x-1) = (x-1)(x^2+1)$

$$= \lim_{x \to 1} \frac{x \cdot (x-1)(x+1)}{x \cdot (x-1)(x^2+1)}$$

← $\frac{0}{0}$ の要素が消えた！

$$= \lim_{x \to 1} \frac{x+1}{x^2+1} = \frac{1+1}{1^2+1} = \frac{2}{2} = 1 \quad \cdots\cdots\cdots\cdots\cdots\cdots \text{(答)}$$

(2) 分母：$\lim_{x \to -1} (x+1) = -1 + 1 = 0$

分子：$\lim_{x \to -1} (x^3 + ax + b) = -1 - a + b = 0$

$\therefore b = a + 1$ ……①

①を与式の左辺に代入して，

$$\lim_{x \to -1} \frac{x^3 + ax + a + 1}{x + 1}$$

$$= \lim_{x \to -1} \frac{(x+1)(x^2 - x + a + 1)}{x+1}$$

← $\frac{0}{0}$ の要素が消えた！

$$= \lim_{x \to -1} (x^2 - x + a + 1) = 1 + 1 + a + 1 = 2a \ \text{(与式の右辺)}$$

よって，$3 + a = 2a$ より，$a = 3$

これを①に代入して，$b = 3 + 1 = 4$

以上より，$a = 3$，$b = 4$ である。 ……………(答)

ココがポイント

⇦ $\frac{1^3 - 1}{1 \cdot (1^3 - 1^2 + 1 - 1)} = \frac{0}{0}$ の不定形なので，$\frac{0}{0}$ の要素である $x - 1$ を分子・分母から消去しよう。

⇦ 分母 → 0 より，分子 → 0 でなければ，極限値 $2a$ をとることはできないからね。

⇦ 分子 $= (x^3+1) + a(x+1)$
$= (x+1)(x^2 - x + 1) + a(x+1)$
$= (x+1)(x^2 - x + a + 1)$

微分係数の定義式

元気力アップ問題 69 難易度 ☆☆ CHECK 1 CHECK 2 CHECK 3

関数 $f(x)=x^3-2x^2+1$ がある。

(1) 微分係数 $f'(1)$ と $f'(2)$ を求めよ。

(2) 次の極限の値を求めよ。

(i) $\displaystyle\lim_{h\to 0}\frac{f(1+3h)-f(1-h)}{h}$　　(ii) $\displaystyle\lim_{h\to 0}\frac{f((\sqrt{2}+h)^2)-f(2)}{h}$

ヒント！ (1)は，スグに解けるね。(2)では，微分係数の定義式：

$f'(a)=\displaystyle\lim_{h\to 0}\frac{f(a+h)-f(a)}{h}=\lim_{h\to 0}\frac{f(a)-f(a-h)}{h}$ をうまく使いこなすことがポイントなんだね。

解答＆解説

(1) $f(x)=x^3-2x^2+1$ を微分して，$f'(x)=3x^2-4x$

$$\therefore\begin{cases}f'(1)=3\cdot1^2-4\cdot1=3-4=-1 & \cdots\cdots ① \cdots\cdots(答)\\ f'(2)=3\cdot2^2-4\cdot2=12-8=4 & \cdots\cdots ② \cdots\cdots(答)\end{cases}$$

(2)(i) $\displaystyle\lim_{h\to 0}\frac{f(1+3h)-f(1-h)}{h}$

$$=\lim_{\substack{h\to 0\\(k\to 0)}}\left\{\underbrace{\frac{f(1+\overset{k}{3h})-f(1)}{\underset{k}{3\cdot h}}}_{f'(1)}\times3+\underbrace{\frac{f(1)-f(1-h)}{h}}_{f'(1)}\right\}$$

$$=3\cdot f'(1)+f'(1)=4\cdot\underbrace{f'(1)}_{(-1)\,(①より)}=-4 \cdots\cdots\cdots(答)$$

(ii) $\displaystyle\lim_{h\to 0}\frac{f(2+\overset{h(2\sqrt{2}+h)}{2\sqrt{2}h+h^2})-f(2)}{h}$

$$=\lim_{\substack{h\to 0\\(l\to 0)}}\underbrace{\frac{f(2+\overset{l}{h(2\sqrt{2}+h)})-f(2)}{\underset{l}{h(2\sqrt{2}+h)}}}_{f'(2)}\times(2\sqrt{2}+\underset{0}{h})$$

$$=2\sqrt{2}\cdot\underbrace{f'(2)}_{4\,(②より)}=2\sqrt{2}\times4=8\sqrt{2} \cdots\cdots\cdots\cdots\cdots(答)$$

ココがポイント

⇦ $(x^n)'=nx^{n-1}$
$C'=0$ （C：定数）

⇦ 分子 $=\{f(1+3h)-f(1)\}+\{f(1)-f(1-h)\}$ として，2つに分けて考える。

⇦ $h\to0$ のとき，$3h=k$ とおくと，$k\to0$ となる。

⇦ $(\sqrt{2}+h)^2=2+2\sqrt{2}h+h^2=2+h(2\sqrt{2}+h)$

⇦ $h\to0$ のとき，$h(2\sqrt{2}+h)=l$ とおくと，$l\to0$ となる。

接線の方程式(Ⅰ)

元気力アップ問題 70	難易度 ☆☆	CHECK 1	CHECK 2	CHECK 3

関数 $y=f(x)=x^3-2x$ 上の点 $\mathbf{A}(1,\ -1)$ における接線を l とする。

(1) 接線 l の方程式を求めよ。

(2) 接線 l と曲線 $y=f(x)$ との共有点で，A と異なるものを B とおく。点 B における $y=f(x)$ の接線 m の方程式を求めよ。

ヒント！ 曲線 $y=f(x)$ 上の点 $(t,\ f(t))$ における接線の方程式 $y=f'(t)(x-t)+f(t)$ を利用して解いていけばいいんだね。

解答＆解説

(1) $y=f(x)=x^3-2x$ ……① 上の点 $\mathbf{A}(1,\ -1)$ における接線 l の方程式を求める。まず①を x で微分して，

⇦ $f(1)=1-2=-1$ より，点 $\mathbf{A}(1,\ -1)$ は，$y=f(x)$ 上の点だね。

$f'(x)=3x^2-2$　よって，$f'(1)=3\cdot1^2-2=1$

∴接線 l の方程式は，

$y=1\cdot(x-1)-1$　∴ $y=x-2$ ……②　…………(答)

⇦ $y=\underbrace{f'(1)}_{1}\cdot(x-1)+\underbrace{f(1)}_{-1}$

(2) ①と②から y を消去して，$x^3-2x=x-2$

$x^3-3x+2=0$

$(x-1)^2(x+2)=0$

∴ $x=1$ (重解)，-2

（A の x 座標）（B の x 座標）

$1\cdot x^3+0\cdot x^2-3\cdot x+2=0$ は，$x=1$ (重解) をもつ。（接点 A の x 座標）

組立て除法の 2 連発

	1,	0,	−3,	2
1)	↓	1	1	−2
	1	1	−2	(0)
1)	↓	1	2	
	1	2	(0)	

⇦ イメージ

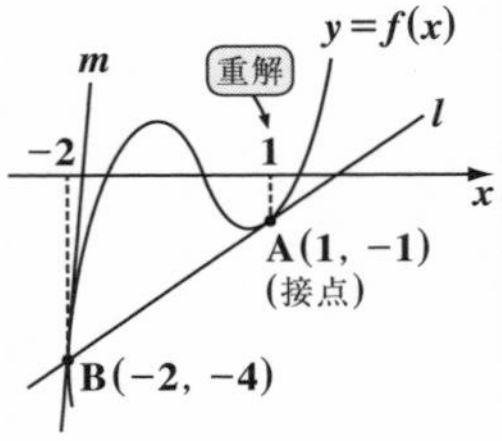

$f(-2)=(-2)^3-2\cdot(-2)=-4$

$f'(-2)=3\cdot(-2)^2-2=10$

以上より，$y=f(x)$ 上の点 $\mathbf{B}(-2,\ -4)$ における接線 m の方程式は，

$y=10\cdot(x+2)-4$

∴ $y=10x+16$ である。…………………………(答)

⇦ $y=\underbrace{f'(-2)}_{10}\cdot\{x-(-2)\}+\underbrace{f(-2)}_{-4}$

接線の方程式(Ⅱ)

元気力アップ問題 71　難易度 ★★　CHECK 1　CHECK 2　CHECK 3

3 次関数 $y=f(x)=x^3-3x^2+2x+3$ がある。点 $P(1,\ 1)$ から，この 3 次関数のグラフに引いた接線の方程式を求めよ。

ヒント！ 点 $P(1,\ 1)$ は，$y=f(x)$ 上の点ではない。よって，まず，$y=f(x)$ 上の点 $(t,\ f(t))$ における接線の方程式 $y=f'(t)(x-t)+f(t)$ を立て，これが点 $P(1,\ 1)$ を通ることから，t の値を決定して，この接線の方程式を求めればいいんだね。頑張ろう！

解答＆解説

3 次関数 $y=f(x)=x^3-3x^2+2x+3$ ……① とおく。
①を x で微分して，
$f'(x)=3x^2-6x+2$ となる。
よって，$y=f(x)$ 上の点 $(t,\ f(t))$ における接線の方程式は，
$y=(3t^2-6t+2)\cdot(x-t)+t^3-3t^2+2t+3$ より，
$y=(3t^2-6t+2)x-2t^3+3t^2+3$ ……② となる。
②の接線が点 $P(1,\ 1)$ を通るとき，
この座標を②に代入して，
$1=(3t^2-6t+2)\cdot 1-2t^3+3t^2+3$　これをまとめて，
$2t^3-6t^2+6t-4=0$
$t^3-3t^2+3t-2=0$ ←（このtの3次方程式に $t=2$ を代入すると，$8-12+6-2=0$ となって，みたす。）
左辺を因数分解して，
$(t-2)(t^2-t+1)=0$
$\therefore t=2$ ……③ ←（$1\cdot t^2-1\cdot t+1=0$…㋐の判別式を D とおくと，$D=(-1)^2-4\cdot 1\cdot 1=-3<0$ となって，㋐は実数解をもたない。）
③を②に代入して，
求める点 P から
$y=f(x)$ に引いた接線の方程式は，
$y=(\cancel{12}-\cancel{12}+2)x-16+12+3$
$y=2x-1$ である。…………………………(答)

ココがポイント

⇦ $f(1)=1-\cancel{3}+2+\cancel{3}=3$
となるので，$P(1,\ 1)$ は，$y=f(x)$ 上の点ではない。

⇦ $y=f'(t)(x-t)+f(t)$
$=(3t^2-6t+2)x$
$\quad -3t^3+6t^2-\cancel{2t}+t^3-3t^2+\cancel{2t}+3$
$=(3t^2-6t+2)x$
$\quad -2t^3+3t^2+3$

⇦ 組立て除去

	1,	−3,	3,	−2
2)		2	−2	2
	1	−1	1	(0)

商 $1\cdot t^2-1\cdot t+1$

⇦ $y=(3\cdot 2^2-6\cdot 2+2)x$
$\quad -2\cdot 2^3+3\cdot 2^2+3$

2曲線の共接条件

元気力アップ問題 72　難易度 ★★　CHECK 1　CHECK 2　CHECK 3

2 曲線 $y=f(x)=x^3-3x^2-6x+7$ と $y=g(x)=-2x^2+ax+b$ (a, b：定数) は，$x=2$ で共有点をもち，かつその点で共通の接線をもつ。

(1) 定数 a, b の値を求めよ。

(2) $x=2$ における共通接線の方程式を求めよ。

ヒント！ $y=f(x)$ と $y=g(x)$ が，$x=2$ で接する条件は，2 曲線の共接条件より，(i) $f(2)=g(2)$ かつ (ii) $f'(2)=g'(2)$ となることなんだね。公式通り解いていこう。

解答＆解説

(1) $\begin{cases} y=f(x)=x^3-3x^2-6x+7 \quad \cdots\cdots① \\ y=g(x)=-2x^2+ax+b \quad \cdots\cdots② \end{cases}$ と，(a, b：定数)

を，x で微分すると，

$f'(x)=3x^2-6x-6 \cdots\cdots③$　$g'(x)=-4x+a \cdots\cdots④$

$y=f(x)$ と $y=g(x)$ は $x=2$ で接するので，

(i) $f(2)=g(2)$ かつ (ii) $f'(2)=g'(2)$ が成り立つ。

よって，$\begin{cases} \text{(i)} -9=2a+b-8 \text{ より，} 2a+b=-1 \cdots\cdots⑤ \\ \text{(ii)} -6=-8+a \text{ より，} a=2 \cdots\cdots⑥ \end{cases}$

⑤，⑥より，$a=2$，$b=-5$ ……………………(答)

(2) $y=f(x)$ と $y=g(x)$ の接点 $x=2$ における共通接線 l は，$y=f(x)$ 上の点 $(2,\ f(2))$ （$f(2)=-9$）における傾き $f'(2)=-6$ の接線と一致する。よって，共通接線 l の方程式は，

$y=-6\cdot(x-2)-9$ ← $y=f'(2)(x-2)+f(2)$

$\therefore y=-6x+3$ である。…………………………(答)

（これは，$y=g(x)$ 上の点 $(2,\ g(2))$ （$g(2)=-9$）における傾き $g'(2)=-6$ の接線の方程式として計算しても，当然一致する。確認してごらん。）

ココがポイント

⇦ 2曲線の共接条件

(i) $f(2)=g(2)$

$f(2)$：$8-12-12+7=-9$ (①より)

$g(2)$：$-8+2a+b$ (②より)

(ii) $f'(2)=g'(2)$

$f'(2)$：$12-12-6=-6$ (③より)

$g'(2)$：$-8+a$ (④より)

⇦ イメージ

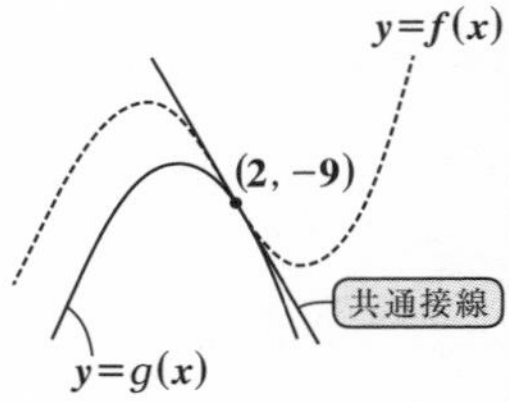

3次関数の極値(Ⅰ)

元気力アップ問題 73	難易度	CHECK 1	CHECK 2	CHECK 3

関数 $f(x)=2x^3+ax^2+x+1$ (a : 定数) がある。

(1) $a=\dfrac{5}{2}$のとき，関数 $y=f(x)$ の極大値を求めよ。

(2) $y=f(x)$ が極値をもたないとき，a の値の範囲を求めよ。

ヒント！ (1)は，$f'(x)$ を求めて，増減表から極大値を求めよう。(2)では，$f'(x)=0$ の判別式 D が，$D\leqq 0$ となる a の値の範囲を求めればいいんだね。

解答&解説

(1) $a=\dfrac{5}{2}$のとき，$f(x)=2x^3+\dfrac{5}{2}x^2+x+1$ となり，

$f'(x)=6x^2+5x+1=(2x+1)(3x+1)=0$ より，

$$\begin{matrix}2 & & 1\\ & \times & \\ 3 & & 1\end{matrix}$$

$x=-\dfrac{1}{2},\ -\dfrac{1}{3}$

よって，右の増減表より，$y=f(x)$は $x=-\dfrac{1}{2}$ のとき，極大値 $f\left(-\dfrac{1}{2}\right)=\dfrac{7}{8}$をとる。…………(答)

増減表

x		$-\frac{1}{2}$		$-\frac{1}{3}$	
$f'(x)$	+	0	−	0	+
$f(x)$	↗	極大	↘	極小	↗

(2) $f'(x)=6x^2+2ax+1$ より，
(6: a, $2a$: $2b'$, 1: c)

$y=f(x)$ が極値(極大値・極小値)をもたない条件は，右図より，2次方程式 $f'(x)=0$ の判別式を D とおくと，

$\dfrac{D}{4}=a^2-6\cdot 1\leqq 0$ である。

$\therefore (a+\sqrt{6})(a-\sqrt{6})\leqq 0$ より，

$-\sqrt{6}\leqq a\leqq\sqrt{6}$ である。……(答)

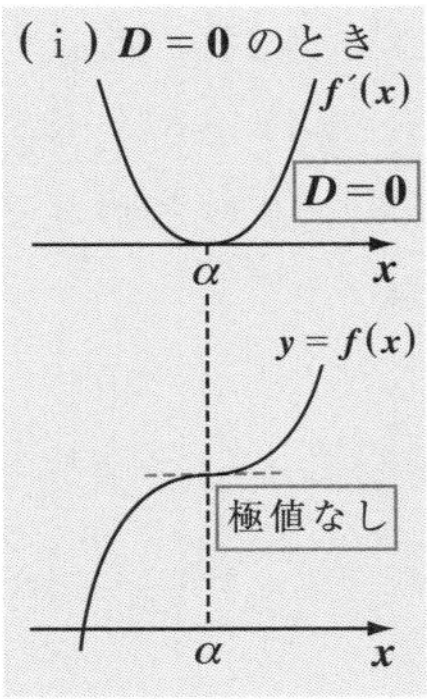

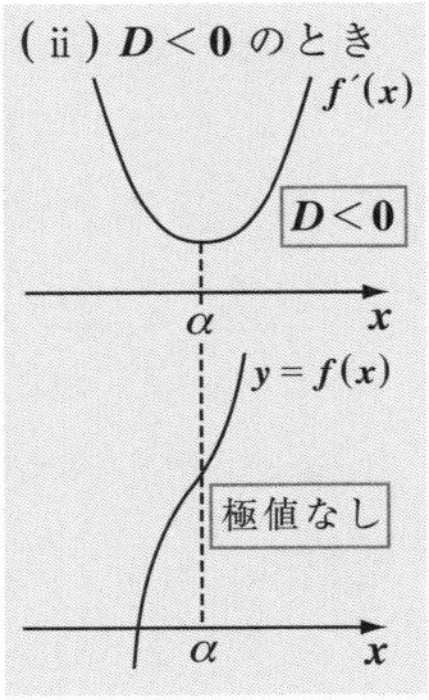

ココがポイント

⇦ イメージ

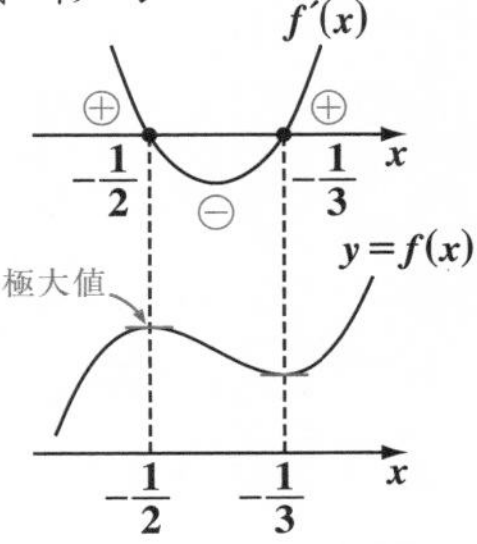

⇦ $f\left(-\dfrac{1}{2}\right)=-\dfrac{1}{4}+\dfrac{5}{8}-\dfrac{1}{2}+1$

$=\dfrac{-2+5-4+8}{8}=\dfrac{7}{8}$

3次関数の極値(Ⅱ)

元気力アップ問題 74　難易度 ☆☆　CHECK 1　CHECK 2　CHECK 3

(1) 関数 $y=f(x)=2x^3-3ax^2-12a^2x+b \quad (a \neq 0)$ が極大値と極小値をとるときの x の値を求めよ。

(2) 極大値と極小値の差が 8 であるときの a の値を求めよ。　(中央大)

ヒント！ (1) $f'(x)=0$ から，$y=f(x)$ が極値をとるときの x 座標が分かるね。(2) では，a の値が 2 つ存在することに要注意だね。

解答＆解説

(1) $y=f(x)=2x^3-3ax^2-12a^2x+b \quad (a \neq 0)$

を x で微分して，

$f'(x)=6x^2-6ax-12a^2$

$=6(x+a)(x-2a)=0$ のとき，

$x=-a,\ 2a$ ←(ⅰ) $a>0$，(ⅱ) $a<0$ の場合分け！

(ⅰ) $a>0$ のとき，$-a<0<2a$ より，$y=f(x)$ は，$x=-a$ で極大値，$x=2a$ で極小値をとる。

(ⅱ) $a<0$ のとき，$2a<0<-a$ より，$y=f(x)$ は，$x=2a$ で極大値，$x=-a$ で極小値をとる。

……………(答)

(2) (1)の結果より，$y=f(x)$ の極値は，

$f(-a)=2\cdot(-a)^3-3a\cdot(-a)^2-12a^2\cdot(-a)+b$

$=-2a^3-3a^3+12a^3+b=7a^3+b$ ………①

$f(2a)=2\cdot(2a)^3-3a\cdot(2a)^2-12a^2\cdot 2a+b$

$=16a^3-12a^3-24a^3+b=-20a^3+b$ ……②

ここで，極大値と極小値の差が 8 より，

$|f(-a)-f(2a)|=8$ ……③

③に①，②を代入して，

$|7a^3+b-(-20a^3+b)|=8 \qquad |27a^3|=8$

$27a^3=\pm 8 \qquad a^3=\pm\frac{8}{27}=\left(\pm\frac{2}{3}\right)^3$

$\therefore a=\pm\frac{2}{3}$ ……………………………………(答)

ココがポイント

⇦ $6(x^2-ax-2a^2)$
$1 \quad a$
$1 \quad -2a$
$=6(x+a)(x-2a)$

⇦ (ⅰ) $a>0$

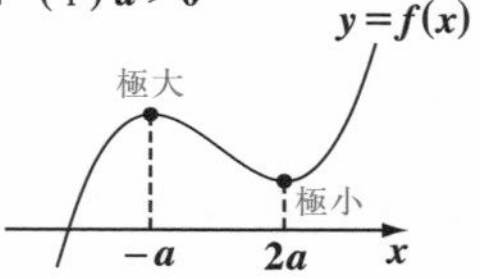

(ⅱ) $a<0$

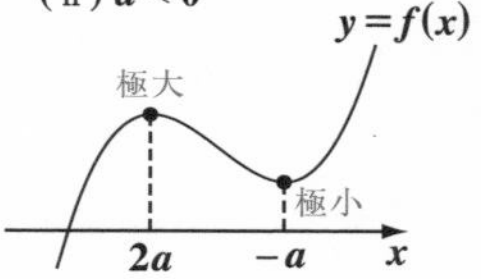

⇦ $f(-a)$ と $f(2a)$ のいずれが極大値で極小値かが決められないので，絶対値を使った！

3次関数の最小値

元気力アップ問題 75	難易度 ★★	CHECK 1	CHECK 2	CHECK 3

関数 $f(x)=x^3-3a^2x+2a^3$ $(a>0)$ の区間 $0 \leqq x \leqq 1$ における最小値 m を求めよ。 (大阪府大*)

ヒント! 導関数 $f'(x)$ を求めて，$y=f(x)$ のグラフの概形を調べよう。すると，$0 \leqq x \leqq 1$ における $f(x)$ の最小値 m は，2 通りに場合分けして求まることが分かるはずだ。

解答&解説

$y=f(x)=x^3-3a^2x+2a^3$ $(a>0)$ を
x で微分して，
$f'(x)=3x^2-3a^2=3(x+a)(x-a)$ より，
$f'(x)=3(x+a)(x-a)=0$ のとき，
$x=-a$ または a である。
よって，$y=f(x)$ は，$x=-a$ で極大値をとり，
$x=a$ で極小値 $f(a)=a^3-3a^3+2a^3=0$ をとる。
これから，区間 $0 \leqq x \leqq 1$ における $y=f(x)$ の最小値 m は，
(i) $0<a \leqq 1$ のときと，(ii) $1<a$ のときの 2 通りに場合分けして求めなければならない。

(i) $0<a \leqq 1$ のとき，右図より明らかに，
$0 \leqq x \leqq 1$ における $f(x)$ の最小値 m は，
$m=f(a)=0$

(ii) $1<a$ のとき，右図より明らかに，
$0 \leqq x \leqq 1$ における $f(x)$ の最小値 m は，
$m=f(1)=1^3-3a^2\cdot1+2a^3$
$=2a^3-3a^2+1$

以上 (i)(ii) より，求める最小値 m は，次のようになる。

$$m=\begin{cases}0 & (0<a \leqq 1 \text{ のとき}) \\ 2a^3-3a^2+1 & (1<a \text{ のとき})\end{cases}$$ ……………(答)

ココがポイント

⇦ イメージ

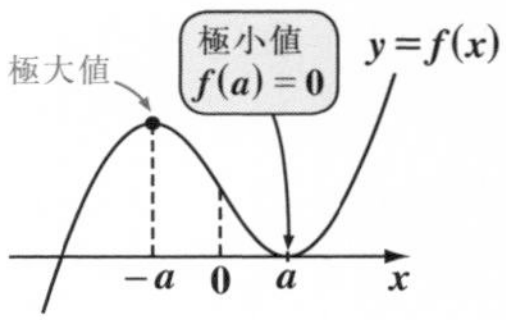

⇦ (i) $0<a \leqq 1$ のとき

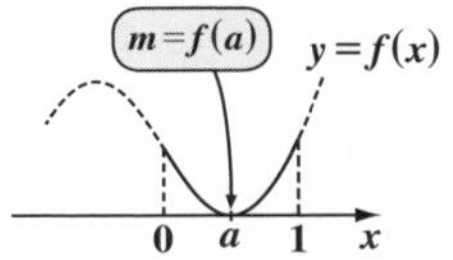

(ii) $1<a$ のとき

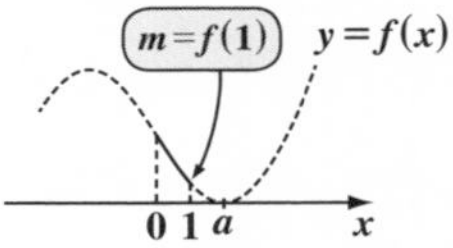

3次関数の最大値

元気力アップ問題 76	難易度 ★★	CHECK 1	CHECK 2	CHECK 3

関数 $y=x^2$ 上の点 $(t,\ t^2)$ $(0<t\leqq 1)$ における接線と x 軸と直線 $x=1$ とで囲まれてできる三角形の面積を S とする。S を t の式で表して，S を最大とする t の値を求めよ。（中央大＊）

ヒント！ 三角形の面積 S は t の 3 次関数で表されるので，$0<t\leqq 1$ の範囲における S の最大値は，導関数と増減表から求めることができるんだね。

解答＆解説

$y=f(x)=x^2$ を x で微分して，$f'(x)=2x$

よって，$y=f(x)$ 上の点 $(t,\ t^2)$ $(0<t\leqq 1)$ における接線 l の方程式は，

$y=2t\cdot(x-t)+t^2$ より，$y=2tx-t^2$ ……①

⇦ 接線の方程式
$y=f'(t)(x-t)+f(t)$

・①に $y=0$ を代入して，$0=2tx-t^2$　$\therefore x=\dfrac{t}{2}$

・①に $x=1$ を代入して，$y=2t-t^2$

右図より，接線 l と x 軸と直線 $x=1$ とで囲まれる三角形の面積 S は，次のような t の 3 次関数で表される。

⇦

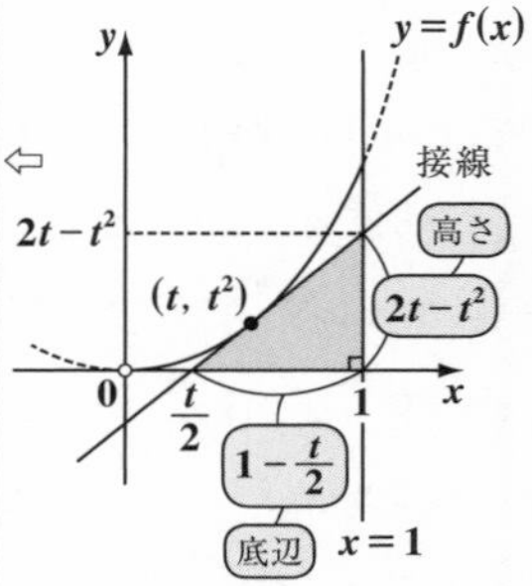

$$S=g(t)=\frac{1}{2}\underbrace{\left(1-\frac{t}{2}\right)}_{\text{底辺}}\underbrace{(2t-t^2)}_{\text{高さ}}=\frac{1}{4}(t-2)(t^2-2t)$$

$\therefore S=g(t)=\dfrac{1}{4}(t^3-4t^2+4t)$ $(0<t\leqq 1)$ ……② …(答)

②を t で微分して，

$g'(t)=\dfrac{1}{4}(3t^2-8t+4)=\dfrac{1}{4}(3t-2)(t-2)$ より，

⇦ $3t^2-8t+4=(3t-2)(t-2)$
3　−2
1　−2

$g'(t)=0$ のとき，$t=\dfrac{2}{3}$

よって，右の増減表より，$t=\dfrac{2}{3}$ のとき，S は最大となる。…………(答)

増減表

t	0		$\frac{2}{3}$		1
$g'(t)$	／	＋	0	−	
$g(t)$	／	↗	極大	↘	

⇦ グラフ

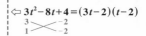

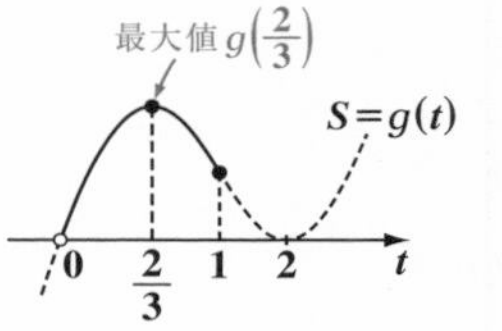

三角関数と3次関数

元気力アップ問題 77　難易度 ★★　CHECK 1　CHECK 2　CHECK 3

関数 $y=\cos 3\theta-2\cos 2\theta-\cos\theta+a$ $(0\leqq\theta\leqq\pi)$ がある。y の最大値が 1 であるとき，定数 a の値を求めよ。 (岩手大*)

ヒント！ 3 倍角や 2 倍角の公式を使って，y を $\cos\theta$ の式で表し，さらに $\cos\theta=t$ とおくと，y は t の 3 次関数になる。$-1\leqq t\leqq 1$ の範囲で，この最大値が 1 となるようにしよう。

解答＆解説

$y=\underbrace{\cos 3\theta}_{4\cos^3\theta-3\cos\theta}-2\underbrace{\cos 2\theta}_{(2\cos^2\theta-1)}-\cos\theta+a$ $(0\leqq\theta\leqq\pi)$

を変形して，

$$y=4\cos^3\theta-3\cos\theta-2(2\cos^2\theta-1)-\cos\theta+a$$
$$=4\underbrace{\cos^3\theta}_{t^3}-4\underbrace{\cos^2\theta}_{t^2}-4\underbrace{\cos\theta}_{t}+a+2$$

ここで，$\cos\theta=t$ とおくと，$0\leqq\theta\leqq\pi$ より，$-1\leqq t\leqq 1$

また，y は t の 3次関数となるので，これを $f(t)$ とおくと，

$$y=f(t)=4t^3-4t^2-4t+a+2\quad(-1\leqq t\leqq 1)$$

$f(t)$ を t で微分して，

$$f'(t)=12t^2-8t-4=4(3t^2-2t-1)$$
$$=4(3t+1)(t-1)$$

$\therefore f'(t)=0$ のとき，

$$t=-\frac{1}{3},\ 1$$

増減表

t	-1		$-\frac{1}{3}$		1
$f'(t)$		$+$	0	$-$	0
$f(t)$		↗	極大	↘	

よって，右の増減表より，

$y=f(t)$ は，$t=-\dfrac{1}{3}$ のとき最大となる。題意より，これを 1 とおくと，

$$f\left(-\frac{1}{3}\right)=-\frac{4}{27}-\frac{4}{9}+\frac{4}{3}+a+2=1$$

$\therefore a=-\dfrac{47}{27}$ である。 ……………………………(答)

ココがポイント

⇦ ・3 倍角の公式
$\cos 3\theta=4\cos^3\theta-3\cos\theta$
・2 倍角の公式
$\cos 2\theta=2\cos^2\theta-1$

⇦ 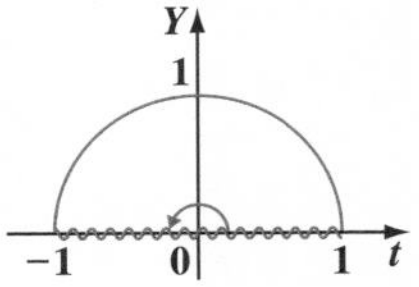

$\therefore -1\leqq t\leqq 1$

⇦ $3t^2-2t-1=(3t+1)(t-1)$
$\begin{matrix}3 & & 1\\1 & & -1\end{matrix}$

⇦ イメージ
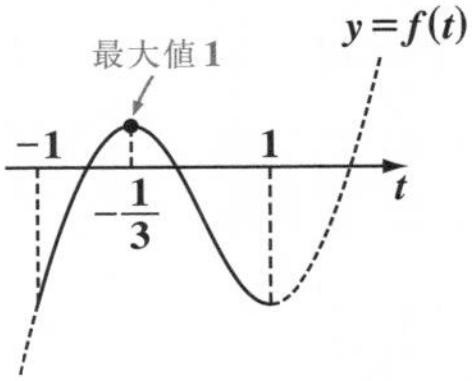

⇦ $a=-1+\dfrac{4+12-36}{27}$
$=\dfrac{-27-20}{27}=-\dfrac{47}{27}$

3次方程式の解の個数（Ⅰ）

3次方程式 $4x^3 - 6x^2 - 24x - k = 0$ ……① (k：定数) の実数解の個数を
調べよ。

(札幌大 *)

ヒント！ ①は文字定数 k を含む 3 次方程式で，$f(x) = k$ の形に k を分離できる
ので，これをさらに曲線 $y = f(x)$ と直線 $y = k$ に分解して，グラフを利用して
解いていこう。

解答&解説   ココがポイント

①より，$4x^3 - 6x^2 - 24x = k$ ……①′ とし，さらに，

$\Leftarrow f(x) = k$ の形
【3次関数】

$$\begin{cases} y = f(x) = 4x^3 - 6x^2 - 24x \cdots\cdots ② \ \text{と}, \\ y = k \cdots\cdots\cdots\cdots\cdots\cdots\cdots\cdots\cdots\cdots ③ \ \text{に分解する。} \end{cases}$$

②を x で微分して，

$f'(x) = 12x^2 - 12x - 24 = 12(x+1)(x-2)$

$\Leftarrow 12(x^2 - x - 2)$
$= 12(x+1)(x-2)$

$f'(x) = 0$ より，

$x = -1, \ 2$

右の増減表より，

増減表

x		-1		2	
$f'(x)$	$+$	0	$-$	0	$+$
$f(x)$	↗	14	↘	-40	↗

極大値   極小値

$\Leftarrow f(-1) = -4 - 6 + 24 = 14$
$f(2) = 32 - 24 - 48 = -40$

$$\begin{cases} \text{極大値} f(-1) = 14 \\ \text{極小値} f(2) = -40 \end{cases}$$

よって，$y = f(x)$ のグラフは，右図のようになる。
ここで，①の 3 次方程式の実数解の個数は，曲線
$y = f(x)$ と直線 $y = k$ の共有点の個数に等しい。
よって，右のグラフから明らかに，①の 3 次方程
式の実数解の個数は，次のようになる。

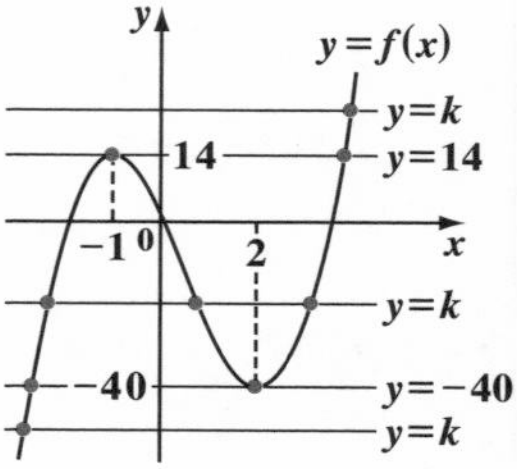

$$\begin{cases} (\text{i}) \ k < -40, \ 14 < k \ \text{のとき，} & 1 \ 個 \\ (\text{ii}) \ k = -40 \ \text{または} \ 14 \ \text{のとき，} & 2 \ 個 \quad\cdots\cdots\cdots(答) \\ (\text{iii}) \ -40 < k < 14 \ \text{のとき，} & 3 \ 個 \end{cases}$$

3次方程式の解の個数(Ⅱ)

元気力アップ問題 79　難易度 ★★　CHECK 1　CHECK 2　CHECK 3

3次方程式 $x^3-3ax-b=0$ ……① (a, b：定数) が相異なる3実数解をもつための定数 a, b の条件を求めよ。　(大阪大＊)

ヒント！ 文字定数を分離できない形の3次方程式 $f(x)=0$ が相異なる3実数解をもつための条件は，3次関数 $y=f(x)$ が，極大値と極小値をもち，かつそれらの積が(極値)×(極値)<0 となることなんだね。これはグラフで確認できる。

解答＆解説

3次方程式 $x^3-3ax-b=0$ ……① (a, b：定数) について，これが相異なる3実数解をもつための a, b の条件を調べるために，まず，

$y=f(x)=x^3-3ax-b$ ……② とおく。

②を x で微分して，

$f'(x)=3x^2-3a=3(x^2-a)$ ……③ となる。

ここで，①が相異なる3実数解をもつための条件は，

(i) $f(x)$ が，極大値と極小値をもち，かつ，
(ii) (極値)×(極値)<0 となることである。

(i)より，$a>0$ となる。なぜならこのとき③より，

$f'(x)=3(x^2-\underset{\oplus}{a})=3(x+\sqrt{a})(x-\sqrt{a})$ となって，

$f(x)$ は $x=\pm\sqrt{a}$ で極値をもつからである。さらに，

(ii)より，$f(-\sqrt{a})\cdot f(\sqrt{a})<0$ より，

$f(-\sqrt{a})=(-a\sqrt{a}+3a\sqrt{a}-b)$，$f(\sqrt{a})=(a\sqrt{a}-3a\sqrt{a}-b)$ (②より)

$(2a\sqrt{a}-b)(-2a\sqrt{a}-b)<0$　両辺に-1をかけて，

$(2a\sqrt{a}-b)(2a\sqrt{a}+b)>0$

$(2a\sqrt{a})^2-b^2>0$　　$\therefore 4a^3>b^2$ となる。

以上(i)(ii)より，①が相異なる3実数解をもつための条件は，$4a^3>b^2$ である。……………………(答)

$b^2\geqq 0$ より，$4a^3>b^2\geqq 0$　よって，$4a^3>0$，$a^3>0$　$\therefore a>0$ となるので，$a>0$ の条件は，$4a^3>b^2$ の中に含まれている。これから，$a>0$ の条件は示さなくていいんだね。

ココがポイント

⇦ イメージ

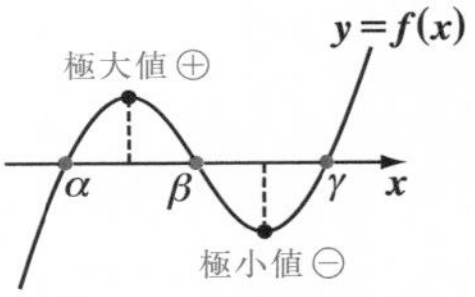

($f(x)=0$ は，相異なる3実数解 $x=\alpha$, β, γ をもつ。)

⇦ (i) $a>0$

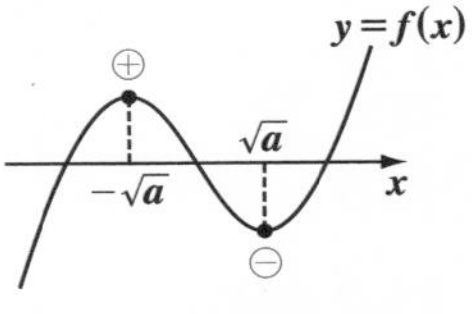

(ii) (極値)×(極値)<0 より，
$f(-\sqrt{a})\cdot f(\sqrt{a})<0$

3次関数と接線の本数

元気力アップ問題 80　難易度 ★★★　CHECK 1　CHECK 2　CHECK 3

点 $A(2, a)$ を通って，曲線 $y=x^3$ に 3 本の接線が引けるような a の値の範囲を求めよ。　(京都教育大)

ヒント！ 曲線 $y=x^3$ 上の点 (t, t^3) における接線の方程式を立て，それが点Aを通ることから，文字定数 a を含む t の3次方程式になる。これが，相異なる3実数解をもつようにしよう。

解答＆解説

$y=f(x)=x^3$ とおく。$f'(x)=3x^2$ より，

$y=f(x)$ 上の点 $(t, \underbrace{f(t)}_{t^3})$ における接線の方程式は，

$y=3t^2\cdot(x-t)+t^3$　$\therefore y=3t^2x-2t^3$ ……① である。

①が点 $A(2, a)$ を通るとき，この座標を①に代入して，

$a=3t^2\cdot 2-2t^3$　　$\therefore -2t^3+6t^2=a$ ……② となる。

②の t の3次方程式が，相異なる3実数解 t_1，t_2，t_3 をもつとき，右図のように3個の接点が存在するので，点Aから $y=f(x)$ に3本の接線が引ける。よって，

②を分解して，$\begin{cases} u=g(t)=-2t^3+6t^2 & (t\text{ の3次関数}) \\ u=a\ (\text{直線}) & \text{とおくと，} \end{cases}$

$g'(t)=-6t^2+12t=-6t(t-2)$ より，$g'(t)=0$ のとき，

$t=0$，2 となる。よって，$g(t)$ の極値は，

$\begin{cases} \text{極小値 } g(0)=0 \\ \text{極大値 } g(2)=-16+24=8 \end{cases}$

となる。ここで，

$g(t)$ の増減表

t		0		2	
$g'(t)$	−	0	+	0	−
$g(t)$	↘	0	↗	8	↘

$u=g(t)$ と $u=a$ の共有点の t 座標が②の t の3次方程式の解となる。よって，右のグラフより，②が相異なる3実数解をもつ，すなわち，点Aから $y=f(x)$ に3本の接線が引けるための a の条件は，$0<a<8$ である。………(答)

ココがポイント

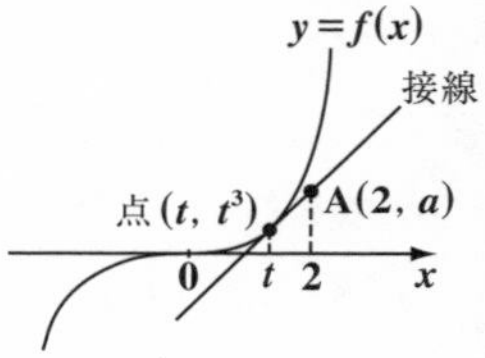

⇦ 文字定数分離型の t の3次方程式

⇦ イメージ

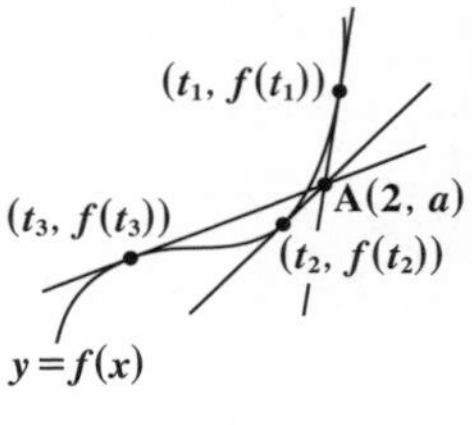

⇦

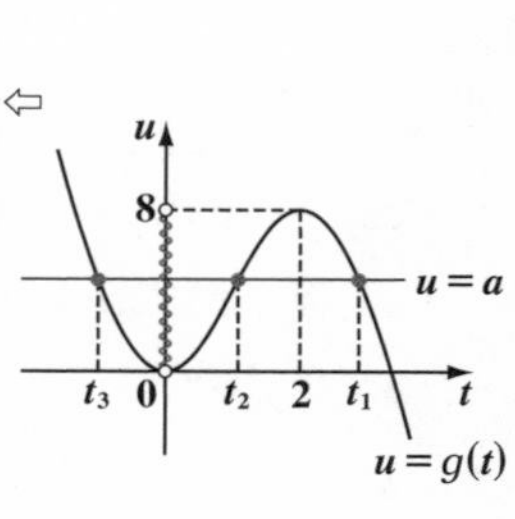

3次不等式

元気力アップ問題 81　難易度 ★★　CHECK 1　CHECK 2　CHECK 3

2つの関数 $f(x)=2x^3-3x^2-12x$ と，$g(x)=-9x^2+6x+a$ (a：定数) がある。$x>-1$ において，$f(x)\geqq g(x)$ となるための a の条件を求めよ。(早稲田大＊)

ヒント！ $h(x)=f(x)-g(x)$ とおいて，$x>-1$ において，$h(x)$ の最小値が 0 以上となればいいんだね。これから，a の条件が導かれる。

解答＆解説

$f(x)=2x^3-3x^2-12x$，$g(x)=-9x^2+6x+a$ について，
区間 $x>-1$ で，$f(x)\geqq g(x)$ となるための条件は，
$h(x)=f(x)-g(x)$ とおいて，区間 $x>-1$ で，$h(x)\geqq 0$
すなわち，$h(x)$ の最小値を m とおくと，$m\geqq 0$ となることである。

$h(x)=f(x)-g(x)=2x^3+6x^2-18x-a\quad(x>-1)$

$h(x)$ を x で微分して，

$h'(x)=6x^2+12x-18=6(x^2+2x-3)$
$\quad=6(x-1)(x+3)$　となる。

$h'(x)=0$ のとき，
$x=-3$ または 1
（-3：これは，$x>-1$ の範囲外）

増減表 $(x>-1)$

x	-1		1	
$h'(x)$	／	$-$	0	$+$
$h(x)$	／	↘	$-a-10$	↗

（$-a-10$：最小値 m）

よって，$y=h(x)\ (x>-1)$ の増減表より，
$x=1$ のとき，$h(x)$ は，最小値 m をとる。

$m=h(1)=2+6-18-a=-a-10$

よって，$x>-1$ において，$h(x)\geqq 0$，すなわち，
$f(x)\geqq g(x)$ となるための条件は，

$m=\boxed{-a-10\geqq 0}$ より，

$a\leqq -10$　である。 ……………………(答)

ココがポイント

⇦ $f(x)-g(x)$
$=2x^3-3x^2-12x$
$\quad-(-9x^2+6x+a)$
$=2x^3+6x^2-18x-a$

⇦ イメージ

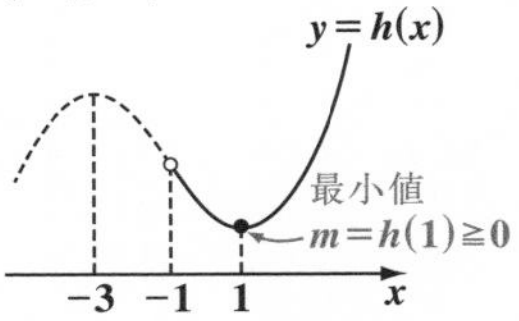

$x>-1$ で，$h(x)\geqq 0$ となる条件は，$m\geqq 0$ だね。

積分計算(Ⅰ)

元気力アップ問題 82　難易度　CHECK 1　CHECK 2　CHECK 3

次の定積分の値を求めよ。

(1) $\int_{-1}^{2}(6x^2+4x-3)dx$　　(2) $\int_{-2}^{2}x(2x-1)^2dx$

(3) $\int_{1}^{3}(2y^2-y)dy$　　(4) $\int_{0}^{2}(3t^2-4xt-x^2)dt$

ヒント！ (1)は大丈夫だね。(2)は，偶関数と奇関数に分けて計算しよう。(3), (4)は，x 以外の変数での積分だ。特に，(4) では x が定数扱いになることに要注意だ。

解答＆解説

ココがポイント

(1) $\int_{-1}^{2}(6x^2+4x-3)dx=\left[2x^3+2x^2-3x\right]_{-1}^{2}$

⇦ x で，項別に積分する。

$=2\cdot2^3+2\cdot2^2-3\cdot2-\{2\cdot(-1)^3+2\cdot(-1)^2-3\cdot(-1)\}$

$=16+8-6-(\cancel{-2}+\cancel{2}+3)=15$ ……………(答)

(2) $\int_{-2}^{2}x(4x^2-4x+1)dx=\int_{-2}^{2}(\underbrace{\cancel{4x^3}}_{奇}\underbrace{-4x^2}_{偶}+\underbrace{\cancel{x}}_{奇})dx$

⇦ 積分区間が $-2\leqq x\leqq 2$ より，奇関数の積分結果は 0 になる。

$=-4\times2\int_{0}^{2}x^2dx=-8\cdot\left[\frac{1}{3}x^3\right]_{0}^{2}=-\frac{64}{3}$ ……(答)

⇦ $-\frac{8}{3}(2^3-\cancel{0})=-\frac{64}{3}$

(3) $\int_{1}^{3}(2y^2-y)dy=\left[\frac{2}{3}y^3-\frac{1}{2}y^2\right]_{1}^{3}$

$=\frac{2}{3}\cdot3^3-\frac{1}{2}\cdot3^2-\left(\frac{2}{3}\cdot1^3-\frac{1}{2}\cdot1^2\right)$

$=18-\frac{9}{2}-\frac{2}{3}+\frac{1}{2}=\frac{40}{3}$ ……………………(答)

⇦ $14-\frac{2}{3}=\frac{42-2}{3}=\frac{40}{3}$

(4) $\int_{0}^{2}(3t^2\underbrace{-4x}_{定数扱い}\cdot t\underbrace{-x^2})dt=\left[t^3-2x\cdot t^2-x^2\cdot t\right]_{0}^{2}$

⇦ t での積分なので，$-4x$ や $-x^2$ は定数扱い。

$=2^3-2x\cdot2^2-x^2\cdot2-(\cancel{0-0-0})$

$=8-8x-2x^2=-2x^2-8x+8$ ……………(答)

積分計算(Ⅱ)

元気力アップ問題 83　難易度　CHECK 1　CHECK 2　CHECK 3

次の定積分の値を求めよ。

(1) $\displaystyle\int_0^3 |x^2-2|\,dx$　　(2) $\displaystyle\int_{-1}^1 |2x^2-x-1|\,dx$

ヒント！ 絶対値の付いた関数の積分計算だね。$|A|$は，$A \geqq 0$ のときはAで，$A<0$ のときは$-A$ になる。つまり積分区間によって，場合分けが必要となるんだね。

解答＆解説

(1) $\displaystyle\int_0^3 |\underbrace{x^2-2}_{(x+\sqrt{2})(x-\sqrt{2})}|\,dx = -\int_0^{\sqrt{2}}(x^2-2)\,dx + \int_{\sqrt{2}}^3 (x^2-2)\,dx$

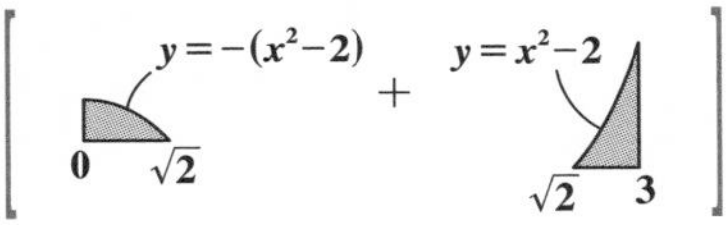

$\displaystyle = -\left[\frac{1}{3}x^3-2x\right]_0^{\sqrt{2}} + \left[\frac{1}{3}x^3-2x\right]_{\sqrt{2}}^3$

$\displaystyle = -\frac{2\sqrt{2}}{3}+2\sqrt{2}+9-6-\left(\frac{2\sqrt{2}}{3}-2\sqrt{2}\right)$

$\displaystyle = \frac{9+8\sqrt{2}}{3}$ ……………………………(答)

ココがポイント

⇦ $y=|x^2-2|$ のグラフ

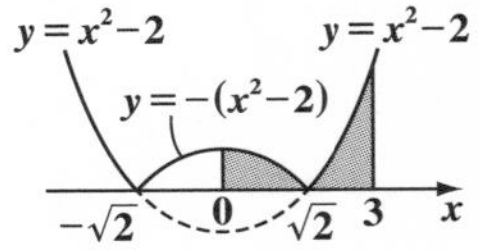

⇦ $\displaystyle 3-\frac{4\sqrt{2}}{3}+4\sqrt{2}$

$\displaystyle = 3+\frac{12\sqrt{2}-4\sqrt{2}}{3}$

$\displaystyle = \frac{9+8\sqrt{2}}{3}$

(2) $\displaystyle\int_{-1}^1 |\underbrace{2x^2-x-1}_{(2x+1)(x-1)}|\,dx = \int_{-1}^{-\frac{1}{2}}(2x^2-x-1)\,dx - \int_{-\frac{1}{2}}^1 (2x^2-x-1)\,dx$

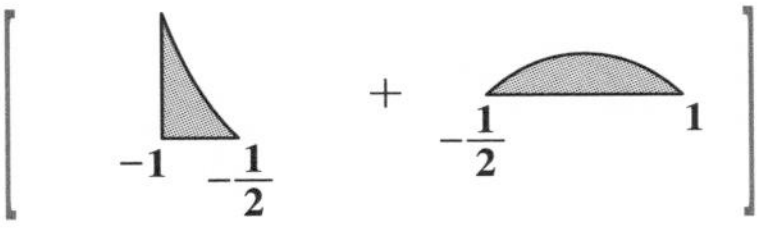

$\displaystyle = \left[\frac{2}{3}x^3-\frac{1}{2}x^2-x\right]_{-1}^{-\frac{1}{2}} - \left[\frac{2}{3}x^3-\frac{1}{2}x^2-x\right]_{-\frac{1}{2}}^1$

$\displaystyle = -\frac{1}{12}-\frac{1}{8}+\frac{1}{2}-\left(-\frac{2}{3}-\frac{1}{2}+1\right)-\left(\frac{2}{3}-\frac{1}{2}-1\right)+\left(-\frac{1}{12}-\frac{1}{8}+\frac{1}{2}\right)$

$\displaystyle = 1+1-\frac{1}{6}-\frac{1}{4} = \frac{24-2-3}{12} = \frac{19}{12}$ ……………(答)

⇦ $y=|2x^2-x-1|$ のグラフ

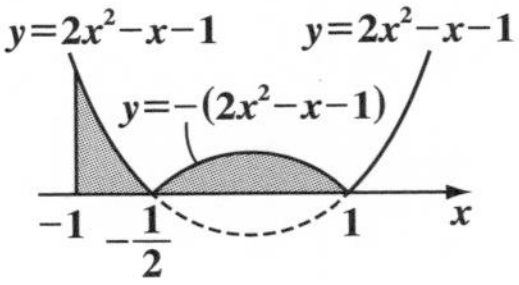

定積分で表された関数(Ⅰ)

元気力アップ問題 84　難易度 ☆☆　CHECK 1　CHECK 2　CHECK 3

関数 $f(x)$ が，次の関係式を満たしている。

$$f(x)=x^2+x\int_0^1 f(t)dt-\int_0^1 f'(t)dt \quad \cdots\cdots①$$

このとき，関数 $f(x)$ を求めよ。　(関西大*)

ヒント！ ①の右辺の2つの定積分は，共に積分区間が $0\leqq t\leqq 1$ より定数となるので，$\int_0^1 f(t)dt=a$ (定数), $\int_0^1 f'(t)dt=b$ (定数)とおいて，a と b の値を決定しよう。

解答＆解説

$f(x)=x^2+x\underbrace{\int_0^1 f(t)dt}_{a(\text{定数})}-\underbrace{\int_0^1 f'(t)dt}_{b(\text{定数})とおく}$ ……① について，

$\int_0^1 f(t)dt=a$ ……②，　$\int_0^1 f'(t)dt=b$ ……②´

とおくと，①は，

$f(x)=x^2+ax-b$ ……③ となり，これを x で微分して，

$f'(x)=2x+a$ ………④ となる。

(i) ③を②に代入して，

$$a=\int_0^1(t^2+at-b)dt=\left[\frac{1}{3}t^3+\frac{1}{2}at^2-bt\right]_0^1$$

$$=\frac{1}{3}+\frac{1}{2}a-b \qquad \therefore a+2b=\frac{2}{3} \quad \cdots\cdots⑤$$

(ii) ④を②´に代入して，

$$b=\int_0^1(2t+a)dt=\left[t^2+at\right]_0^1=1+a$$

$$\therefore a-b=-1 \quad \cdots\cdots⑥$$

⑤，⑥より，$a=-\frac{4}{9}$，$b=\frac{5}{9}$ となる。

これらを③に代入して，求める $f(x)$ は，

$f(x)=x^2-\frac{4}{9}x-\frac{5}{9}$ である。…………………………(答)

ココがポイント

⇦ $\int_0^1 f(t)dt$ と $\int_0^1 f'(t)dt$ は共にある定数となるので，それぞれ a，b とおく。

⇦ ③，④は，
$f(t)=t^2+at-b$
$f'(t)=2t+a$
としてもいい。文字変数は何でも構わないからね。

⇦ $a=\frac{1}{2}a-b+\frac{1}{3}$ より，
$\frac{1}{2}a+b=\frac{1}{3}$
$a+2b=\frac{2}{3}$

⇦ ⑤－⑥　$3b=\frac{5}{3}$　$\therefore b=\frac{5}{9}$
⑥より，$a=\frac{5}{9}-1=-\frac{4}{9}$

定積分で表された関数 (Ⅱ)

元気力アップ問題 85　難易度 ☆☆　CHECK 1　CHECK 2　CHECK 3

(1) $\int_a^x f(t)dt = x^3+8$ をみたす定数 a の値と関数 $f(x)$ を求めよ。

(2) 関数 $g(x)=\int_{-2}^x (-t^2+t+2)dt$ の極大値を求めよ。

ヒント！ (1), (2) は共に積分区間が $a \leqq t \leqq x$ の形だから，この解法パターンでは，(i) $x=a$ を代入する，(ii) x で微分する，の 2 つの操作を行えばいいんだね。

解答＆解説

(1) $\int_a^x f(t)dt = x^3+8$ ……① について，

(i) ①の両辺の x に a を代入して，

$0 = a^3+8$ より，$a^3=(-2)^3$　$\therefore a=-2$ ……(答)

(ii) ①の両辺を x で微分して，

$f(x)=(x^3+8)'$　$\therefore f(x)=3x^2$ …………(答)

(2) $g(x)=\int_{-2}^x (-t^2+t+2)dt$ ……② について，

②の両辺を x で微分して，

$g'(x) = -x^2+x+2 = -(x+1)(x-2)$ となる。

$g'(x)=0$ のとき，$x=-1,\ 2$

$\therefore x=2$ で，$g(x)$ は極大となる。よって，②の両辺の x に 2 を代入して，極大値 $g(2)$ を求めると，

増減表

x		-1		2	
$g'(x)$	$-$	0	$+$	0	$-$
$g(x)$	↘	極小	↗	極大	↘

$g(2)=\int_{-2}^2 (\underset{偶}{-t^2}+\underset{奇}{t}+\underset{偶}{2})dt$

$=2\int_0^2(-t^2+2)dt = 2\left[-\frac{1}{3}t^3+2t\right]_0^2$

$=2\left(-\frac{8}{3}+4\right)=2\cdot\frac{12-8}{3}=\frac{8}{3}$ ……………(答)

ココがポイント

⇦ (i) $\int_a^a f(t)dt=0$

⇦ (ii) $\left\{\int_a^x f(t)dt\right\}'=f(x)$

⇦ 今回，(i) $\int_{-2}^{-2}(-t^2+t+2)dt=0$ は必要ない。

⇦ $\left\{\int_{-2}^x(-t^2+t+2)dt\right\}'$
$=-x^2+x+2$

⇦ $y=g(x)$ のグラフのイメージ

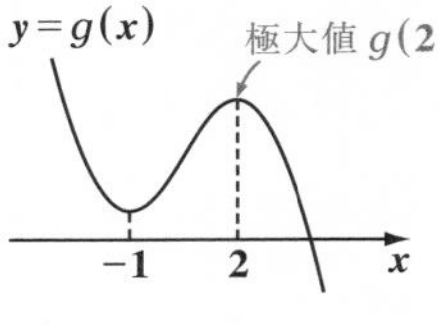

絶対値の付いた関数の積分（Ⅰ）

元気力アップ問題 86　難易度　CHECK 1　CHECK 2　CHECK 3

$a>0$ のとき，$f(a)=\int_0^{2a}|x^2-2x|dx$ を求めよ。

ヒント！ 右辺の積分は x の関数を x で積分した結果に $2a$ が代入されるので，結局 a の関数になる。これは，(i) $0<a<1$，(ii) $1\leqq a$ の2通りの場合分けが必要だね。

解答＆解説

$$y=|x^2-2x|=\begin{cases}x^2-2x & (x\leqq 0,\ 2\leqq x)\\ -(x^2-2x) & (0<x<2)\end{cases}$$ より，

このグラフは右図のようになる。よって，$f(a)$ は，(i) $0<a<1$ と (ii) $1\leqq a$ の2通りに場合分けして求める。

(i) $0<a<1$ のとき，

$$f(a)=-\int_0^{2a}(x^2-2x)dx=-\left[\frac{1}{3}x^3-x^2\right]_0^{2a}$$

$$=-\left(\frac{8}{3}a^3-4a^2\right)=-\frac{8}{3}a^3+4a^2$$

(ii) $1\leqq a$ のとき，

$$f(a)=-\int_0^2(x^2-2x)dx+\int_2^{2a}(x^2-2x)dx$$

$$=-\left[\frac{1}{3}x^3-x^2\right]_0^2+\left[\frac{1}{3}x^3-x^2\right]_2^{2a}$$

$$=-\left(\frac{8}{3}-4\right)+\frac{8}{3}a^3-4a^2-\left(\frac{8}{3}-4\right)$$

$$=\frac{8}{3}a^3-4a^2+\frac{8}{3}$$

以上 (i)(ii) より，

$$f(a)=\begin{cases}-\frac{8}{3}a^3+4a^2 & (0<a<1)\\ \frac{8}{3}a^3-4a^2+\frac{8}{3} & (1\leqq a)\end{cases}$$ ……………(答)

ココがポイント

⇦ $y=|x(x-2)|$ のグラフ

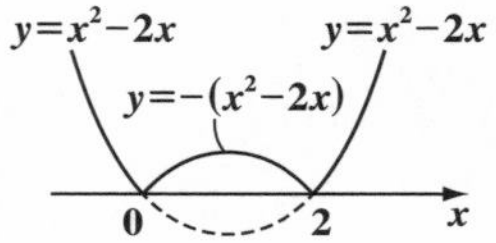

⇦ $0<a<1$，すなわち $0<2a<2$ のとき，

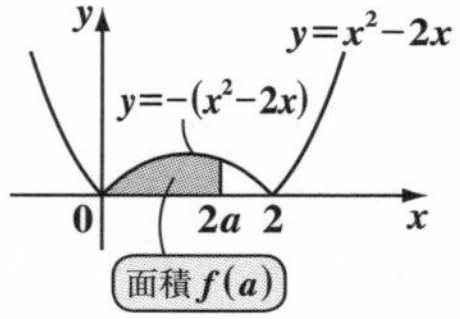

⇦ $1\leqq a$，すなわち $2\leqq 2a$ のとき，

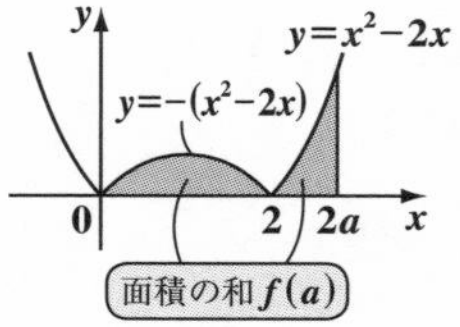

絶対値の付いた関数の積分(Ⅱ)

元気力アップ問題 87　難易度　CHECK 1　CHECK 2　CHECK 3

$a>0$ のとき，$f(a)=\int_0^2|x^2-2ax|dx$ を求めよ。

ヒント！ x で積分するので，a はまず定数と考える。そして，$y=|x^2-2ax|$ のグラフから，(i) $0<a<1$，(ii) $1\leqq a$ の 2 通りの場合分けが必要なことが分かるはずだ。

解答＆解説

$$y=|x^2-2ax|=\begin{cases}x^2-2ax & (x\leqq 0,\ 2a\leqq x)\\ -(x^2-2ax) & (0<x<2a)\end{cases}$$ より，

このグラフは右図のようになる。よって，$f(a)$ は，(i) $0<a<1$ と (ii) $1\leqq a$ の 2 通りに場合分けして求める。

(i) $0<a<1$ のとき，

$$f(a)=-\int_0^{2a}(x^2-2ax)dx+\int_{2a}^{2}(x^2-2ax)dx$$

$$=-\left[\frac{1}{3}x^3-ax^2\right]_0^{2a}+\left[\frac{1}{3}x^3-ax^2\right]_{2a}^{2}$$

$$=-\left(\frac{8}{3}a^3-4a^3\right)+\frac{8}{3}-4a-\left(\frac{8}{3}a^3-4a^3\right)$$

$$=2\left(4a^3-\frac{8}{3}a^3\right)-4a+\frac{8}{3}=\frac{8}{3}a^3-4a+\frac{8}{3}$$

(ii) $1\leqq a$ のとき，

$$f(a)=-\int_0^2(x^2-2ax)dx=-\left[\frac{1}{3}x^3-ax^2\right]_0^2$$

$$=-\left(\frac{8}{3}-4a\right)=4a-\frac{8}{3}$$

以上 (i)(ii) より，

$$f(a)=\begin{cases}\dfrac{8}{3}a^3-4a+\dfrac{8}{3} & (0<a<1)\\ 4a-\dfrac{8}{3} & (1\leqq a)\end{cases}$$ ……………(答)

ココがポイント

⇦ $y=|x(x-2a)|$ のグラフ

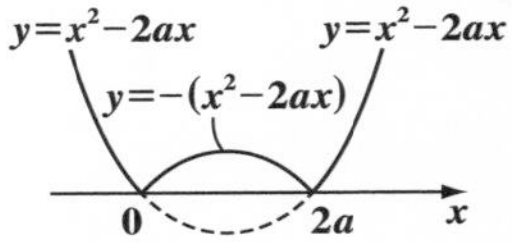

⇦ $0<a<1$，すなわち $0<2a<2$ のとき，

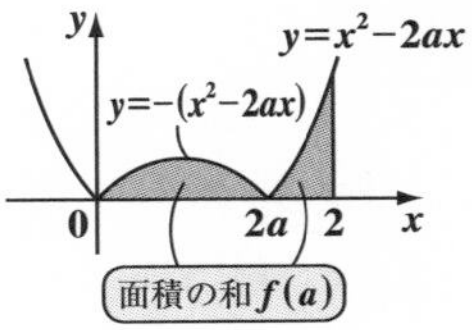

⇦ $1\leqq a$，すなわち $2\leqq 2a$ のとき，

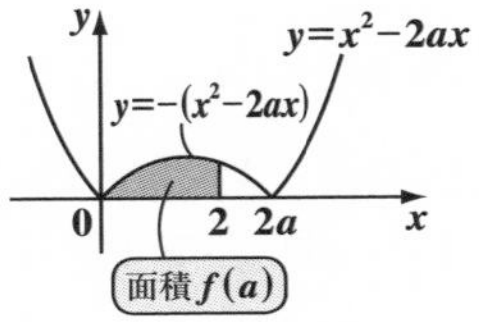

面積計算(I)

元気力アップ問題 88	難易度 ★★	CHECK 1	CHECK 2	CHECK 3

曲線 $y=|x^2-4|$ と $y=|3x|$ で囲まれる部分の面積を求めよ。(高知工大＊)

ヒント！ 曲線 $y=|x^2-4|$ と $y=|3x|$ のグラフを描いて，上下関係に気を付けて積分により面積を計算していこう。

解答＆解説

$$y=f(x)=|x^2-4|=\begin{cases} x^2-4 & (x \leqq -2,\ 2 \leqq x) \\ -(x^2-4) & (-2<x<2) \end{cases}$$

$$y=g(x)=|3x|=\begin{cases} 3x & (x \geqq 0) \\ -3x & (x<0) \end{cases}$$ とおく。

$y=f(x)$ と $y=g(x)$ は共に偶関数で，y 軸に関して対称なグラフより，まず，$x \geqq 0$ についてのみ調べる。

(i) まず，$y=3x$ と $y=-x^2+4$ $(x \geqq 0)$ の交点の x 座標を求める。

y を消去して，$3x=-x^2+4$ 　$x^2+3x-4=0$

$(x+4)(x-1)=0$ 　$\therefore x=1$ 　$(\because x \geqq 0)$

(ii) 次に，$y=3x$ と $y=x^2-4$ $(x \geqq 0)$ の交点の x 座標を求める。

y を消去して，$3x=x^2-4$ 　$x^2-3x-4=0$

$(x-4)(x+1)=0$ 　$\therefore x=4$ 　$(\because x \geqq 0)$

$y=f(x)$ と $y=g(x)$ が共に偶関数 (y 軸に関して対称なグラフ) であることも考慮に入れると，これらのグラフで囲まれる図形は右図の網目部になる。

よって，$y=f(x)$ と $y=g(x)$ のグラフで囲まれる図形の面積を S とおくと，

ココがポイント

⇦ $y=|(x+2)(x-2)|$ のグラフ

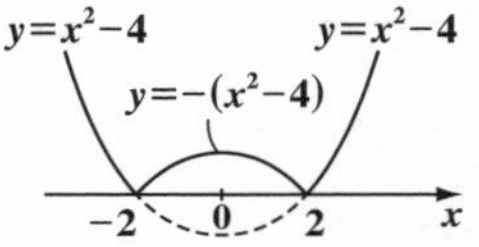

$y=|3x|$ のグラフ

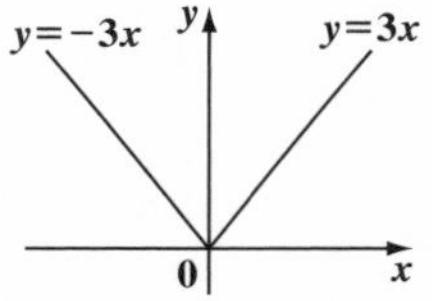

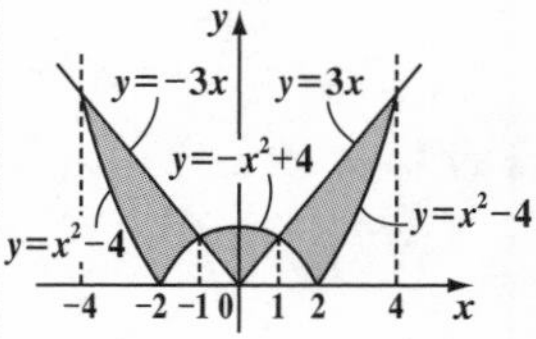

$$S=2\left[\int_0^1(-x^2+4-3x)\,dx+\int_1^2\{3x-(-x^2+4)\}\,dx\right.$$

(i)

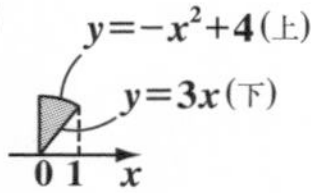

＋

(ii)

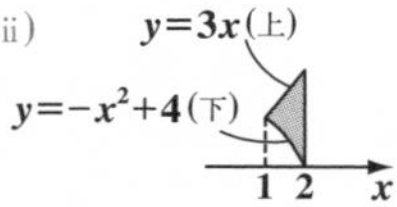

$$\left.+\int_2^4\{3x-(x^2-4)\}\,dx\right]$$

(iii)

＋ 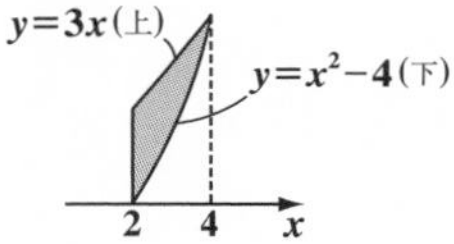

⇦ 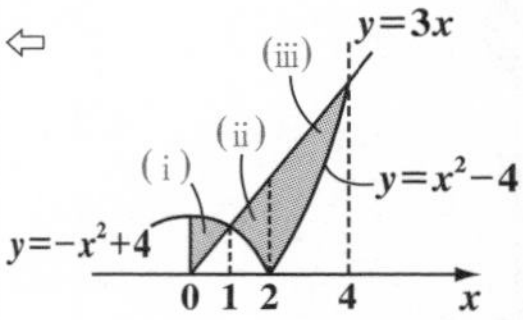

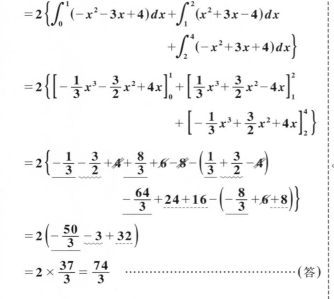

（y 軸に関して左右対称な図形となるので，この網目部の面積を2倍したものが，求める面積 S になるんだね。）

$$=2\left\{\int_0^1(-x^2-3x+4)\,dx+\int_1^2(x^2+3x-4)\,dx+\int_2^4(-x^2+3x+4)\,dx\right\}$$

$$=2\left\{\left[-\frac{1}{3}x^3-\frac{3}{2}x^2+4x\right]_0^1+\left[\frac{1}{3}x^3+\frac{3}{2}x^2-4x\right]_1^2+\left[-\frac{1}{3}x^3+\frac{3}{2}x^2+4x\right]_2^4\right\}$$

$$=2\left\{-\frac{1}{3}-\frac{3}{2}+4+\frac{8}{3}+6-8-\left(\frac{1}{3}+\frac{3}{2}-4\right)-\frac{64}{3}+24+16-\left(-\frac{8}{3}+6+8\right)\right\}$$

$$=2\left(-\frac{50}{3}-3+32\right)$$

$$=2\times\frac{37}{3}=\frac{74}{3}$$ ……………………………（答）

$$⇦\ 2\left(\frac{-1+8-1-64+8}{3}-\frac{3+3}{2}+24+16-8\right)$$

$$=2\left(-\frac{50}{3}-3+32\right)$$

$$=2\left(-\frac{50}{3}+29\right)$$

$$=2\cdot\frac{87-50}{3}$$

$$=\frac{2\times37}{3}=\frac{74}{3}$$

元気力アップ問題 89 難易度 ☆☆☆ CHECK 1 CHECK 2 CHECK 3

$0 \leqq a \leqq 3$ のとき，$a \leqq x \leqq a+1$ の範囲で放物線 $y=f(x)=-x^2+9$ と x 軸とで挟まれる図形の面積 $S(a)$ を求めよ。

ヒント！ $y=f(x)$ のグラフから，求める面積 $S(a)$ は，(ⅰ)$0 \leqq a < 2$ と (ⅱ)$2 \leqq a \leqq 3$ の2通りに場合分けして求めなければならないことが分かるはずだ。

解答＆解説

$y=f(x)=-x^2+9=-(x+3)(x-3)$ と x 軸とで挟まれる図形の面積 $S(a)(0 \leqq a \leqq 3)$ は，(ⅰ)$0 \leqq a < 2$ と (ⅱ)$2 \leqq a \leqq 3$ の2通りに場合分けして求めなければならない。

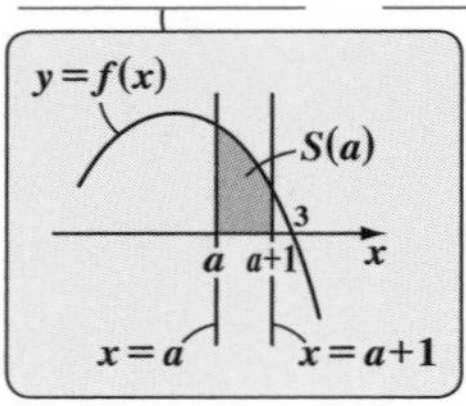

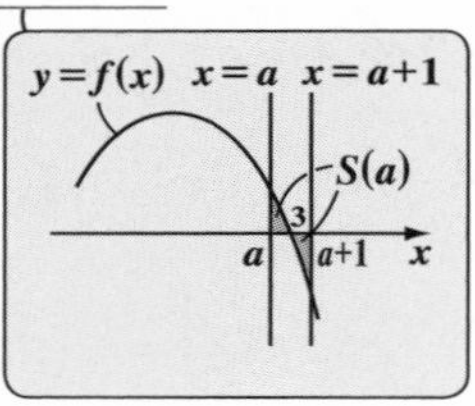

ココがポイント

⇦ $y=f(x)$ のグラフ

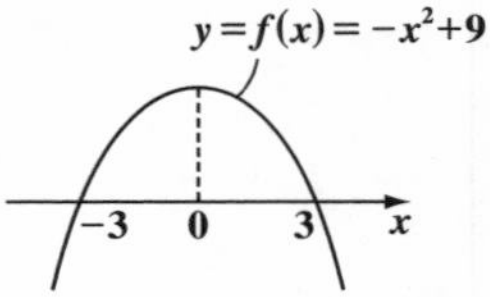

ここで，$f(x)$ の不定積分を $F(x)$ とおくと，

$$F(x)=\int f(x)dx=\int(-x^2+9)dx=-\frac{1}{3}x^3+9x+C$$

$$F(a)=-\frac{1}{3}a^3+9a+C \quad \cdots\cdots ①$$

$$F(a+1)=-\frac{1}{3}(a+1)^3+9(a+1)+C$$

$$=-\frac{1}{3}a^3-a^2+8a+\frac{26}{3}+C \quad \cdots\cdots ②$$

⇦ $-\frac{1}{3}(a^3+3a^2+3a+1)+9(a+1)+C=-\frac{1}{3}a^3-a^2+8a+\frac{26}{3}+C$

$$F(3)=-9+27+C=18+C \quad \cdots\cdots ③$$

となる。

⇦ ①, ②, ③の積分定数 C は定積分ではどうせ打ち消し合ってなくなるんだね。

以上より，

(ⅰ) $0 \leqq a < 2$ のとき，

$$S(a) = \int_a^{a+1} f(x)\,dx = \Big[F(x)\Big]_a^{a+1}$$

$$= F(a+1) - F(a)$$

$$= -\frac{1}{3}a^3 - a^2 + 8a + \frac{26}{3} - \left(-\frac{1}{3}a^3 + 9a\right) \quad (①②より)$$

$$= -a^2 - a + \frac{26}{3}$$

⇦ 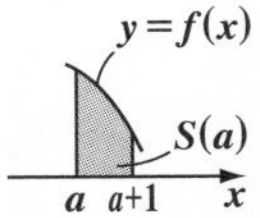

⇦ 積分定数 C は，定積分では消去されるので無視していいよ。

(ⅱ) $2 \leqq a \leqq 3$ のとき，

$$S(a) = \int_a^3 f(x)\,dx - \int_3^{a+1} f(x)\,dx$$

$$= \Big[F(x)\Big]_a^3 - \Big[F(x)\Big]_3^{a+1}$$

$$= F(3) - F(a) - F(a+1) + F(3)$$

$$= 2F(3) - F(a) - F(a+1)$$

$$= 2\cdot 18 - \left(-\frac{1}{3}a^3 + 9a\right)$$

$$- \left(-\frac{1}{3}a^3 - a^2 + 8a + \frac{26}{3}\right) \quad (①②③より)$$

$$= \frac{2}{3}a^3 + a^2 - 17a + \frac{82}{3}$$

⇦ 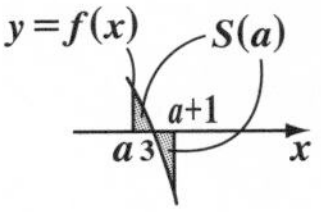

⇦ 定積分の計算では，積分定数 C は無視できる。

⇦ 定数値は，
$36 - \frac{26}{3} = \frac{108-26}{3} = \frac{82}{3}$

以上 (ⅰ)(ⅱ) より，

$$S(a) = \begin{cases} -a^2 - a + \dfrac{26}{3} & (0 \leqq a < 2) \\ \dfrac{2}{3}a^3 + a^2 - 17a + \dfrac{82}{3} & (2 \leqq a \leqq 3) \end{cases} \quad \cdots\cdots\cdots (答)$$

面積公式(I)

元気力アップ問題 90	難易度 ★★	CHECK 1	CHECK 2	CHECK 3

放物線 $C: y=(x+1)^2$ と直線 $l: y=mx+2$ とで囲まれる図形の面積 $S(m)$ を求め，$S(m)$ の最小値とそのときの m の値を求めよ。

ヒント！ 放物線 C と直線 l との交点の x 座標 α，β $(\alpha<\beta)$ を求めると，C と l とで囲まれる図形の面積 $S(m)$ は，面積公式から簡単に求められるんだね。

解答＆解説

$\begin{cases} 放物線C: y=x^2+2x+1 \\ 直線l\ : y=mx+2 \end{cases}$ から y を消去して，

$x^2+2x+1=mx+2 \quad x^2+(2-m)x-1=0$ より，

$$x=\frac{m-2\pm\sqrt{(2-m)^2-4\cdot1\cdot(-1)}}{2}=\frac{m-2\pm\sqrt{m^2-4m+8}}{2}$$

よって，$\alpha=\dfrac{m-2-\sqrt{m^2-4m+8}}{2}$，$\beta=\dfrac{m-2+\sqrt{m^2-4m+8}}{2}$

とおくと，C と l とで囲まれる図形の面積 $S(m)$ は，

$$S(m)=\int_\alpha^\beta\{mx+2-(x^2+2x+1)\}dx$$

$$=\frac{1}{6}\left(\frac{m-2+\sqrt{m^2-4m+8}}{2}-\frac{m-2-\sqrt{m^2-4m+8}}{2}\right)^3$$

$$=\frac{1}{6}\left(\sqrt{m^2-4m+8}\right)^3=\frac{1}{6}(m^2-4m+8)^{\frac{3}{2}} \cdots\cdots(答)$$

（m の 2 次関数 $g(m)$ とおく。）

ここで，$g(m)=m^2-4m+8$ とおくと，

$g(m)=(m-2)^2+4$ より，$m=2$ のとき $g(m)$ は，（4：$g(m)$ の最小値）

最小値 4 をとる。←（このとき，$S(m)$ は最小となる。）

以上より，$m=2$ のとき，$S(m)$ は最小となり，

最小値 $S(2)=\dfrac{1}{6}\cdot4^{\frac{3}{2}}=\dfrac{1}{6}\cdot2^3=\dfrac{8}{6}=\dfrac{4}{3}$ である。

…………(答)

ココがポイント

⇦ C は，頂点 $(-1,\ 0)$ の下に凸の放物線であり，l は，傾き m，y 切片 2 の直線だね。

⇦ $y=\underset{a}{1}\cdot x^2+2x+1$

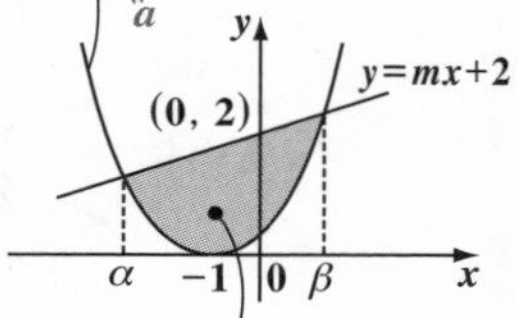

面積 $S(m)=\dfrac{|a|}{6}(\beta-\alpha)^3$

$=\dfrac{1}{6}(\beta-\alpha)^3$

⇦ $(m^2-4m+4)+8-4$

（2 で割って 2 乗）

$=(m-2)^2+4$

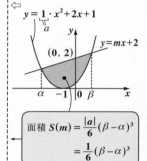

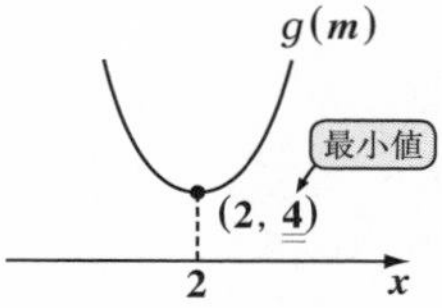

面積公式(Ⅱ)

元気力アップ問題 91　難易度 ☆☆☆　CHECK 1　CHECK 2　CHECK 3

放物線 $C: y=x^2-2x+3$ と，原点を通り C と接する直線 l_1 と l_2 がある。

(1) l_1 と l_2 の方程式を求めよ。

(2) 放物線 C と 2 接線 l_1，l_2 とで囲まれる図形の面積 S を求めよ。

ヒント！ 2 接線 l_1, l_2 と放物線 C との接点の x 座標を α, β $(\alpha<\beta)$ とおくと，C と l_1 と l_2 とで囲まれる図形の面積 S は面積公式によりアッという間に求められるんだね。

解答＆解説

ココがポイント

(1) $C: y=f(x)=\underset{a}{1}\cdot x^2-2x+3$ とおくと，$f'(x)=2x-2$

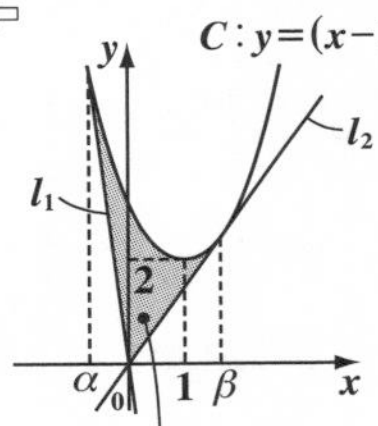

よって，$y=f(x)$ 上の点 $(t,\ f(t))$ における接線の方程式は，

$y=(2t-2)(x-t)+t^2-2t+3$ ←接線の公式 $y=f'(t)(x-t)+f(t)$

$y=(2t-2)x-t^2+3$ ……①

①が原点 $(0,\ 0)$ を通るとき，$0=-t^2+3$

$t^2=3$　　$\therefore t=\pm\sqrt{3}$ となる。←$\alpha=-\sqrt{3}$, $\beta=\sqrt{3}$

よって，求める接線 l_1, l_2 の方程式は，

(i) $t=-\sqrt{3}$ を①に代入して，

$y=(-2\sqrt{3}-2)x=-2(\sqrt{3}+1)x$ …………(答)

(ii) $t=\sqrt{3}$ を①に代入して，

$y=(2\sqrt{3}-2)x=2(\sqrt{3}-1)x$ ……………(答)

面積 $S=\dfrac{|a|}{12}(\beta-\alpha)^3$
$=\dfrac{1}{12}(\beta-\alpha)^3$

(2) (1)の結果より，C と l_1 と l_2 とで囲まれる図形の面積 S は，

$$S=\int_{-\sqrt{3}}^{0}\{x^2-2x+3+2(\sqrt{3}+1)x\}dx+\int_{0}^{\sqrt{3}}\{x^2-2x+3-2(\sqrt{3}-1)x\}dx$$

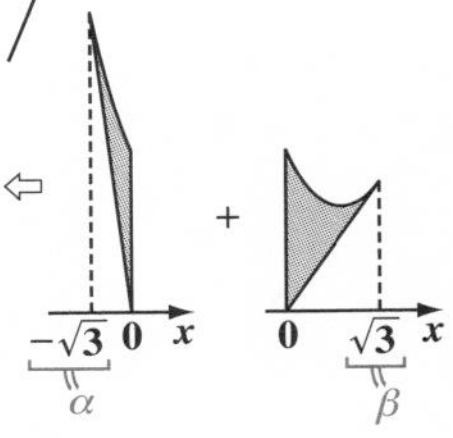

$$=\frac{1}{12}\{\underbrace{\sqrt{3}-(-\sqrt{3})}_{\beta-\alpha}\}^3=\frac{(2\sqrt{3})^3}{12}=\frac{8\times3\sqrt{3}}{12}=2\sqrt{3}$$

………(答)

面積公式(Ⅲ)

元気力アップ問題 92　難易度 ☆☆☆　CHECK 1　CHECK 2　CHECK 3

2つの放物線 C_1：$y=f(x)=-x^2+1$ と，C_2：$y=g(x)=-x^2+2x-1$ の両方に接する共通接線 l がある。

(1) 共通接線 l の方程式を求めよ。

(2) 放物線 C_1 と C_2 と l とで囲まれる図形の面積 S を求めよ。

ヒント！ (1) $y=f(x)$ 上の点 $(\alpha, f(\alpha))$ における接線の方程式 $y=f'(\alpha)(x-\alpha)+f(\alpha)$ をまず作ろう。この接線は，$y=g(x)$ の接線でもあるので，これと $y=g(x)$ から y を消去して，x の2次方程式を作り，これが重解をもつようにする。(2) は面積公式を利用しよう。

解答＆解説

(1) C_1：$y=f(x)=-x^2+1$ ……①　（頂点 $(0, 1)$ の上に凸の放物線）

C_2：$y=g(x)=-x^2+2x-1$ ……②　とおく。

（$y=g(x)=-(x-1)^2$ より，頂点 $(1, 0)$ の上に凸の放物線）

$f'(x)=-2x$ より，C_1 と l との接点を $(\alpha, f(\alpha))$ とおくと，接線 l の方程式は，

$y=-2\alpha(x-\alpha)-\alpha^2+1$　（接線の公式 $y=f'(\alpha)(x-\alpha)+f(\alpha)$）

$\therefore l$：$y=-2\alpha x+\alpha^2+1$ ……③　となる。

l は C_2 の接線でもあるので，②と③から y を消去してできる x の2次方程式は重解 (β) をもつ。

②，③より y を消去して，

$-x^2+2x-1=-2\alpha x+\alpha^2+1$

$x^2-2\alpha x-2x+\alpha^2+2=0$

$\underset{a}{1}\cdot x^2\underset{2b'}{-2(\alpha+1)}x+\underset{c}{\alpha^2+2}=0$ ……④

④の x の2次方程式の判別式を D とおくと，

$\frac{D}{4}=(\alpha+1)^2-1\cdot(\alpha^2+2)=0$

よって，これを解いて $\alpha=\frac{1}{2}$ ……⑤　となる。

ココがポイント

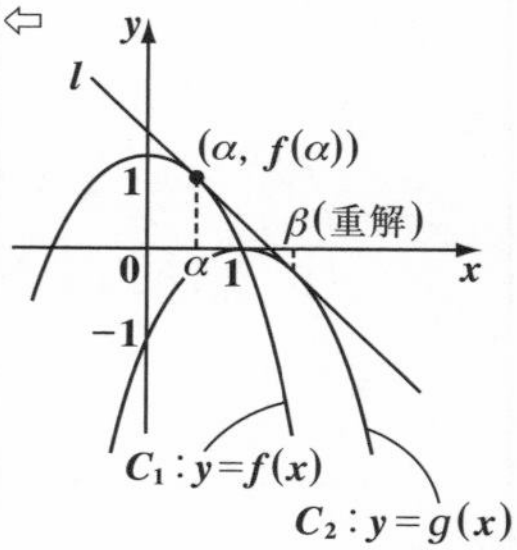

⇦④は重解 β をもつので，$\frac{D}{4}=b'^2-ac=0$ となる。

⇦ $\alpha^2+2\alpha+1-\alpha^2-2=0$
$2\alpha=1$　$\therefore \alpha=\frac{1}{2}$
これを③に代入して，l の方程式が求まるんだね。

⑤を③に代入して，共通接線 l の方程式は，

$y=-x+\dfrac{5}{4}$　である。 ……………………………(答)

⇦ $y=-2\cdot\dfrac{1}{2}x+\left(\dfrac{1}{2}\right)^2+1$

(2) さらに，⑤を④に代入して，④の重解 β を求めると，

$x^2-3x+\dfrac{9}{4}=0$　　$\left(x-\dfrac{3}{2}\right)^2=0$

$\therefore x=\dfrac{3}{2}$　（＝重解 β）

⇦ $x^2-2\cdot\left(\dfrac{1}{2}+1\right)x+\left(\dfrac{1}{2}\right)^2+2=0$

以上より，C_1 と C_2 と l とで囲まれる図形の面積 S は，

$$S=\int_{\frac{1}{2}}^{1}\left\{-x+\frac{5}{4}-(-x^2+1)\right\}dx$$

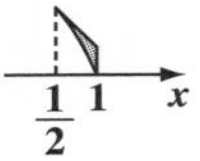

$$+\int_{1}^{\frac{3}{2}}\left\{-x+\frac{5}{4}-(-x^2+2x-1)\right\}dx$$

+ 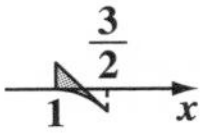

$=\dfrac{1}{12}\left(\dfrac{3}{2}-\dfrac{1}{2}\right)^3=\dfrac{1^3}{12}=\dfrac{1}{12}$ ……………………(答)

⇦ 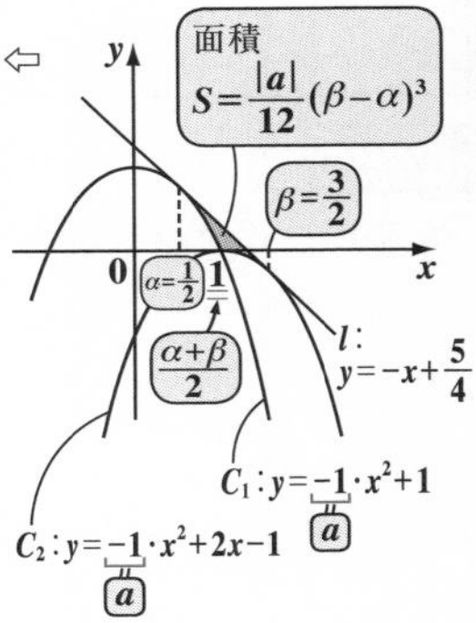

⇦ $S=\dfrac{|a|}{12}(\beta-\alpha)^3$

$=\dfrac{|-1|}{12}\left(\dfrac{3}{2}-\dfrac{1}{2}\right)^3$

$=\dfrac{1}{12}\cdot 1^3=\dfrac{1}{12}$

元気力アップ問題 93　難易度　CHECK 1　CHECK 2　CHECK 3

3次関数 $f(x)=x^3+ax^2+bx$ は，$x=-2$ で極大値 8 をとる。

(1) a，b の値を求めよ。

(2) 曲線 $y=f(x)$ 上の点 $(1,\ f(1))$ における接線を l とおく。
l の方程式を求めよ。

(3) 曲線 $y=f(x)$ と接線 l とで囲まれる図形の面積 S を求めよ。

(静岡大＊)

ヒント！ (1) は，$f'(-2)=0$，$f(-2)=8$ から，a と b の値を求めよう。(2) は，接線の公式通り，$y=f'(1)(x-1)+f(1)$ を計算すればいい。そして，(3) は，3次関数とその接線とで囲まれる図形の面積 S を求める問題なので，面積公式を利用しよう。

解答＆解説

(1) $y=f(x)=x^3+ax^2+bx$ ……① とおく。これを x で微分して，$f'(x)=3x^2+2ax+b$ ……② となる。
$y=f(x)$ は，$x=-2$ で極大値 8 をとるので，

$$\begin{cases} f'(-2)=12-4a+b=0 & \cdots\cdots③ \\ f(-2)=-8+4a-2b=8 & \cdots\cdots④ \end{cases}$$ となる。

③，④を a，b について解いて，
$a=2$，$b=-4$ である。……………………………(答)

(2) (1)の結果より，①は
$y=f(x)=x^3+2x^2-4x$ となる。……………①′
①′を x で微分して，$f'(x)=3x^2+4x-4$ ……②′
よって，$y=f(x)$上の点 $(1,\ f(1))$ における接線
($f(1)=1^3+2\cdot1^2-4\cdot1=-1$)
l の傾きは，$f'(1)=3\cdot1^2+4\cdot1-4=3$ より，
l の方程式は，
$y=3(x-1)-1$
$\therefore y=3x-4$ ……⑤ である。………………(答)

ココがポイント

⇦ 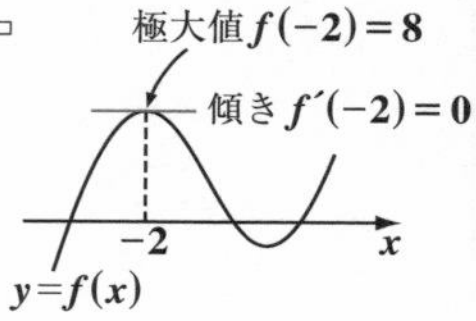

⇦ $\begin{cases} 4a-b=12 & \cdots\cdots③' \\ 4a-2b=16 & \cdots\cdots④' \end{cases}$

③′−④′　$b=-4$
③′より，$4a+4=12$
$4a=8$
$\therefore a=2$

(3) $y=f(x)$ と接線 l との共有点の x 座標を求めるために，

$$\begin{cases} y=f(x)=x^3+2x^2-4x \ \cdots\cdots ①' \\ y=3x-4 \ \cdots\cdots ⑤ \end{cases}$$

①′ と ⑤ から

y を消去して，

$x^3+2x^2-4x=3x-4$

$x^3+2x^2-7x+4=0$　　これをまとめて，

$(x-1)^2(x+4)=0$

$\therefore x=\underbrace{-4}_{\alpha},\ \underbrace{1}_{\beta}$ (重解)

よって，右図に示すように，曲線 $y=f(x)$ と，点 $(1,\ f(1))$ における $y=f(x)$ の接線 l とで囲まれる図形の面積 S は，

$$S=\int_{-4}^{1}\{\underbrace{x^3+2x^2-4x}_{f(x)(上側)}-(\underbrace{3x-4}_{接線\,l(下側)})\}dx$$

$$=\frac{1}{12}\{1-(-4)\}^4$$

$$=\frac{5^4}{12}=\frac{625}{12}$$ である。…………………………(答)

⇦ 組立て除去

	1,	2,	−7,	4
1)		1	3	−4
	1	3	−4	(0)
1)		1	4	
	1	4	(0)	

⇦ イメージ

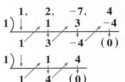

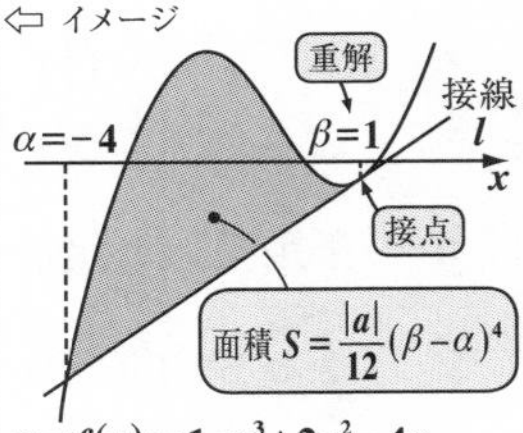

$y=f(x)=\underbrace{1}_{a}\cdot x^3+2x^2-4x$

⇦ $S=\frac{|a|}{12}(\beta-\alpha)^4$

$=\frac{|1|}{12}\{1-(-4)\}^4$

$=\frac{5^4}{12}=\frac{625}{12}$

第5章●微分法と積分法の公式の復習

1.　微分係数 $f'(a)$ と導関数 $f'(x)$ の定義式

$$f'(a)=\lim_{h\to 0}\frac{f(a+h)-f(a)}{h}\ ,\qquad f'(x)=\lim_{h\to 0}\frac{f(x+h)-f(x)}{h}$$

2.　微分計算の公式

(1) $(x^n)'=n\cdot x^{n-1}$　　(2) $\{kf(x)\}'=kf'(x)$　など…

3.　接線と法線の方程式

接線：$y=f'(t)(x-t)+f(t)$　　法線：$y=-\dfrac{1}{f'(t)}(x-t)+f(t)$

4.　$f'(x)$ の符号と関数 $f(x)$ の増減

(ⅰ) $f'(x)>0$ のとき，増加　　(ⅱ) $f'(x)<0$ のとき，減少

5.　3次方程式 $f(x)=k$ の実数解の個数

$y=f(x)$ と $y=k$ のグラフを利用して解く。

6.　不定積分と定積分

$$\int f(x)dx=F(x)+C,\quad \int_a^b f(x)dx=F(b)-F(a)$$

7.　積分計算の公式

$$\int x^n dx=\frac{1}{n+1}x^{n+1}+C\quad (n\neq -1),\quad \int_a^a f(x)dx=0$$　など。

8.　定積分で表された関数には2種類のタイプがある

(ⅰ) $\int_a^b f(t)dt$ のタイプ　　(ⅱ) $\int_a^x f(t)dt$ のタイプ

9.　面積計算の基本公式

面積 $S=\int_a^b\{\underbrace{f(x)}_{\text{上側}}-\underbrace{g(x)}_{\text{下側}}\}dx$　（区間 $a\leqq x\leqq b$ において，$f(x)\geqq g(x)$ とする。）

10. 面積公式

放物線と直線とで囲まれる部分の面積：$S=\dfrac{|a|}{6}(\beta-\alpha)^3$　など。

第6章
CHAPTER

6 平面ベクトル

テーマ

▶ ベクトルの基本

$\left(\overrightarrow{\mathbf{AB}} = \overrightarrow{\mathbf{OB}} - \overrightarrow{\mathbf{OA}}\right)$

▶ ベクトルの成分表示と内積

$\left(\overrightarrow{\mathbf{OA}} \cdot \overrightarrow{\mathbf{OB}} = x_1 x_2 + y_1 y_2\right)$

▶ 内分点・外分点の公式

$\left(\overrightarrow{\mathbf{OP}} = \dfrac{n\overrightarrow{\mathbf{OA}} + m\overrightarrow{\mathbf{OB}}}{m+n}\right.$ など$\left.\right)$

▶ ベクトル方程式（円, 直線, 線分など）

$\left(\left|\overrightarrow{\mathbf{OP}} - \overrightarrow{\mathbf{OA}}\right| = r\right.$ など$\left.\right)$

第6章 平面ベクトル ●公式＆解法パターン

1. 平面ベクトル

ベクトルとは，大きさと向きをもった量のことで，**平面ベクトル**とは平面上にのみ存在するベクトルのことである。一般に$\vec{a}$や$\vec{b}$，$\overrightarrow{AB}$，…などで表す。

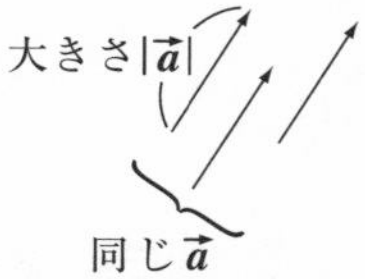

2. ベクトルの実数倍と平行条件

(1) $\vec{a}$を実数k倍したベクトル$k\vec{a}$について，

(i) $k>0$ のとき，$k\vec{a}$は，

$\vec{a}$と同じ向きで，その大きさ$|\vec{a}|$をk倍したベクトルになる。

(ii) $k<0$ のとき，$k\vec{a}$は，　たとえば，$k=-2$のとき$-k=2$となる。

$\vec{a}$と逆向きで，その大きさ$|\vec{a}|$を$-k$倍したベクトルになる。

(特に$k=-1$のとき，$-1\cdot\vec{a}=-\vec{a}$を，$\vec{a}$の**逆ベクトル**という。)

(2) 零ベクトル$\vec{0}$　大きさが0の特殊なベクトル　($0\cdot\vec{a}=\vec{0}$となる。)

(3) 単位ベクトル$\vec{e}$　大きさが1のベクトル

(4) 2つのベクトル$\vec{a}$と$\vec{b}$の平行条件も覚えよう。

共に$\vec{0}$でない2つのベクトル$\vec{a}$と$\vec{b}$が$\vec{a}/\!/\vec{b}$ (平行)となるための必要十分条件は，$\vec{a}=k\vec{b}$　である。(k：0でない実数)

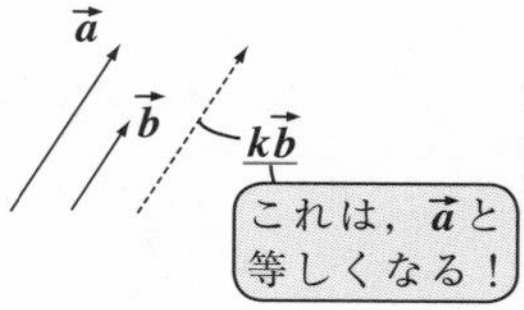

3. まわり道の原理

$\overrightarrow{AB}$に対して何か中継点を“○”とおくと，

(I) たし算形式のまわり道の原理は，

$\overrightarrow{AB}=\overrightarrow{A○}+\overrightarrow{○B}$　となる。

(II) 引き算形式のまわり道の原理は，

$\overrightarrow{AB}=\overrightarrow{○B}-\overrightarrow{○A}$　となる。

Bから Aを引くと覚えよう！

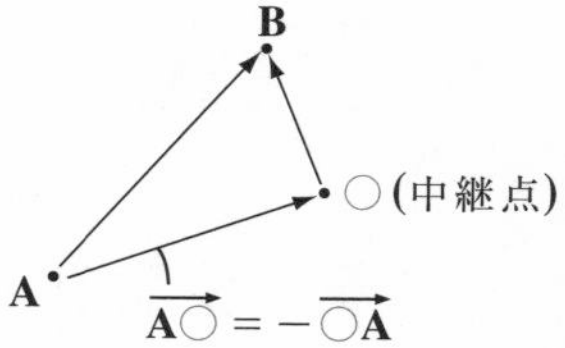

(ex) $\overrightarrow{AB}=\overrightarrow{AP}+\overrightarrow{PB}$，$\overrightarrow{AB}=\overrightarrow{CB}-\overrightarrow{CA}$　などと，変形できる。

4. ベクトルの成分表示と計算公式

$\vec{a}=(x_1,\ y_1)$，$\vec{b}=(x_2,\ y_2)$ のとき，k，l を実数とすると，

(1) $k\cdot\vec{a}=k(x_1,\ y_1)=(kx_1,\ ky_1)$

$\vec{a}$ の x 成分と y 成分のそれぞれに k がかかる！

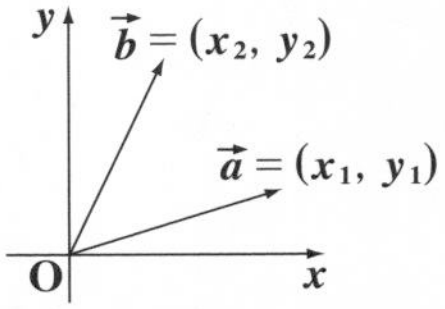

(2) 和 $\vec{a}+\vec{b}=(x_1,\ y_1)+(x_2,\ y_2)=(x_1+x_2,\ y_1+y_2)$

$\vec{a}$ と $\vec{b}$ の x 成分同士，y 成分同士をそれぞれたす！

差 $\vec{a}-\vec{b}=(x_1,\ y_1)-(x_2,\ y_2)=(x_1-x_2,\ y_1-y_2)$

$\vec{a}$ と $\vec{b}$ の x 成分同士，y 成分同士をそれぞれ引く！

(3) $k\vec{a}+l\vec{b}=k(x_1,\ y_1)+l(x_2,\ y_2)$ ← $\vec{a}$ と $\vec{b}$ の1次結合

$=(kx_1,\ ky_1)+(lx_2,\ ly_2)$

$=(kx_1+lx_2,\ ky_1+ly_2)$

始点を原点 O に一致させたときの**終点**の座標がベクトルの成分表示になる。

$|\vec{a}|=\sqrt{x_1{}^2+y_1{}^2}$

$|\vec{b}|=\sqrt{x_2{}^2+y_2{}^2}$

5. ベクトルの内積の定義と直交条件

2つのベクトル $\vec{a}$ と $\vec{b}$ のなす角を θ とおくと，

$\vec{a}$ と $\vec{b}$ の**内積** $\vec{a}\cdot\vec{b}$ は次のように定義される。

$\vec{a}\cdot\vec{b}=|\vec{a}||\vec{b}|\cos\theta$

“(大きさ)×(大きさ)×(なす角の cos)” と覚えよう！

(ただし，$0°\leqq\theta\leqq180°$ とする。)

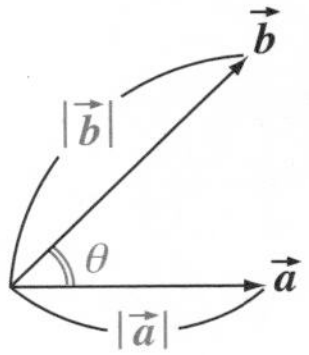

したがって，$\vec{a}\perp\vec{b}$ (直交) のとき，$\vec{a}\cdot\vec{b}=0$ となる。

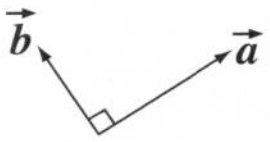

(逆に，$\vec{a}\neq\vec{0}$，$\vec{b}\neq\vec{0}$ のとき，$\vec{a}\cdot\vec{b}=0$ ならば，$\vec{a}\perp\vec{b}$ となる。)

6. 内積の成分表示

(1) 内積は，次のように成分で表される。

$\vec{a}=(x_1,\ y_1)$，$\vec{b}=(x_2,\ y_2)$ のとき，

内積 $\vec{a}\cdot\vec{b}$ は，$\vec{a}\cdot\vec{b}=x_1x_2+y_1y_2$ となる。

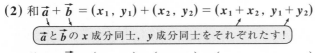

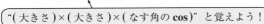

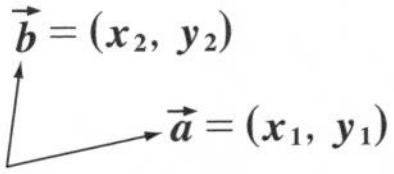

内積は「x 成分同士，y 成分同士の積の和」と覚えよう！

(2) これから，$\vec{a}$ と $\vec{b}$ のなす角 θ の余弦 $\cos\theta$ も，次のように表される。

共に $\vec{0}$ でない2つのベクトル $\vec{a}=(x_1,y_1)$，$\vec{b}=(x_2,y_2)$ のなす角を θ とおくと，

$|\vec{a}|=\sqrt{x_1{}^2+y_1{}^2}$，$|\vec{b}|=\sqrt{x_2{}^2+y_2{}^2}$，$\vec{a}\cdot\vec{b}=x_1x_2+y_1y_2$ より，

$$\cos\theta=\frac{\vec{a}\cdot\vec{b}}{|\vec{a}||\vec{b}|}=\frac{x_1x_2+y_1y_2}{\sqrt{x_1{}^2+y_1{}^2}\sqrt{x_2{}^2+y_2{}^2}}$$ となる。

7. 内分点と外分点の公式

(1) 内分点の公式は“たすきがけ”で覚えよう。

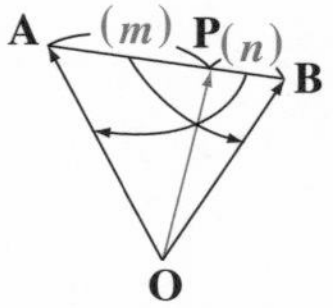

点 $\mathbf{P}$ が線分 $\mathbf{AB}$ を $m:n$ に内分するとき，

$$\overrightarrow{\mathbf{OP}}=\frac{n\overrightarrow{\mathbf{OA}}+m\overrightarrow{\mathbf{OB}}}{m+n}$$ となる。

公式の分子では，n は $\overrightarrow{\mathbf{OA}}$ に，m は $\overrightarrow{\mathbf{OB}}$ に“**たすきがけ**”でかかる！

（特に，点 $\mathbf{P}$ が線分 $\mathbf{AB}$ の中点となるとき，

$$\overrightarrow{\mathbf{OP}}=\frac{\overrightarrow{\mathbf{OA}}+\overrightarrow{\mathbf{OB}}}{2}$$ となる。）

$\overrightarrow{\mathbf{OP}}=\underbrace{\frac{n}{m+n}}_{(1-t)}\overrightarrow{\mathbf{OA}}+\underbrace{\frac{m}{m+n}}_{t}\overrightarrow{\mathbf{OB}}$ とおくと，$\underbrace{\frac{n}{m+n}}_{(1-t)}+\underbrace{\frac{m}{m+n}}_{t}=\frac{m+n}{m+n}=1$ より，

$\frac{m}{m+n}=t$ とおくと，$\frac{n}{m+n}=1-t$ となる。よって，

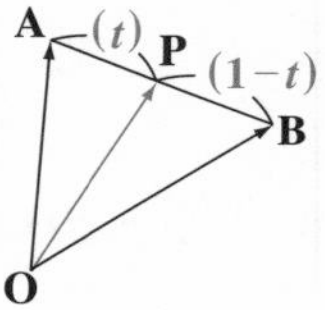

$\overrightarrow{\mathbf{OP}}=(1-t)\overrightarrow{\mathbf{OA}}+t\overrightarrow{\mathbf{OB}}$ とも表せる。

点 $\mathbf{P}$ が線分 $\mathbf{AB}$ を $t:1-t$ に内分するとき

(2) 外分点の公式も同様に覚えよう。

点 $\mathbf{P}$ が線分 $\mathbf{AB}$ を $m:n$ に外分するとき，

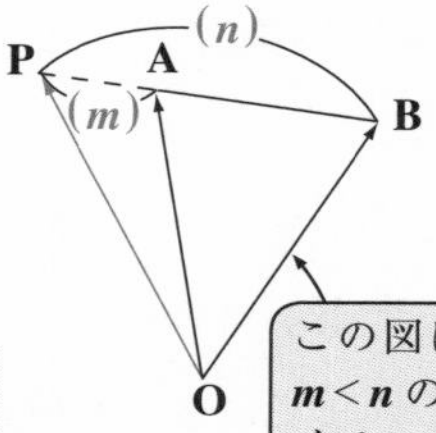

$$\overrightarrow{\mathbf{OP}}=\frac{-n\overrightarrow{\mathbf{OA}}+m\overrightarrow{\mathbf{OB}}}{m-n}$$ となる。

内分点の公式の n が $-n$ になっている！

この図は，$m<n$ のときのイメージだ！

(ex) 点 $\mathbf{P}$ が線分 $\mathbf{AB}$ を $2:1$ に外分するとき，

$$\overrightarrow{\mathbf{OP}}=\frac{-1\cdot\overrightarrow{\mathbf{OA}}+2\cdot\overrightarrow{\mathbf{OB}}}{2-1}=-\overrightarrow{\mathbf{OA}}+2\overrightarrow{\mathbf{OB}}$$

8. 円のベクトル方程式

(1) 点 $\mathbf{A}$ を中心とし，半径 r の円を動点 $\mathbf{P}$ が描くとき，

円の方程式 $|\overrightarrow{\mathbf{OP}}-\overrightarrow{\mathbf{OA}}|=r$ となるんだね。

(2) 線分 $\mathbf{AB}$ を直径にもつ円のベクトル方程式は次式で表される。

$$(\overrightarrow{\mathbf{OP}}-\overrightarrow{\mathbf{OA}})\cdot(\overrightarrow{\mathbf{OP}}-\overrightarrow{\mathbf{OB}})=0$$

（直径 $\mathbf{AB}$ に対する円周角 $\angle\mathbf{APB}=90°$ より，$\overrightarrow{\mathbf{AP}}\perp\overrightarrow{\mathbf{BP}}$ となる。
よって，$\overrightarrow{\mathbf{AP}}\cdot\overrightarrow{\mathbf{BP}}=0$ から $(\overrightarrow{\mathbf{OP}}-\overrightarrow{\mathbf{OA}})\cdot(\overrightarrow{\mathbf{OP}}-\overrightarrow{\mathbf{OB}})=0$ が導けるんだね。）

9. 直線のベクトル方程式

(1) 直線の方程式は，通る点 **A** と**方向ベクトル** $\vec{d}$ で決まる。

点 **A** を通り，方向ベクトル $\vec{d}$ の直線のベクトル方程式は，

“**媒介変数**(ばいかいへんすう)” t を用いて，次式で表される。

$$\overrightarrow{OP} = \overrightarrow{OA} + t\vec{d}$$

(2) 直線の方程式は，成分で表すこともできる。

点 $A(x_1,\ y_1)$ を通り，方向ベクトル $\vec{d} = (l,\ m)$ の直線の方程式は，

(i) 媒介変数 t を用いると，

$$\begin{cases} x = x_1 + tl \\ y = y_1 + tm \end{cases}$$ と表せるし，また，

(ii) $l \neq 0,\ m \neq 0$ のとき，

$$\frac{x - x_1}{l} = \frac{y - y_1}{m}\ (= t)$$ と表せる。

10. 直線，線分，三角形の周と内部のベクトル方程式

(1) 直線 **AB** のベクトル方程式

$$\overrightarrow{OP} = \alpha\overrightarrow{OA} + \beta\overrightarrow{OB} \qquad (\alpha + \beta = 1)$$

(2) 線分 **AB** のベクトル方程式

$$\overrightarrow{OP} = \alpha\overrightarrow{OA} + \beta\overrightarrow{OB} \qquad (\alpha + \beta = 1,\ \underline{\alpha \geqq 0,\ \beta \geqq 0})$$

直線 **AB** に比べて，これが新たに加わる。

(3) $\triangle$**OAB** のベクトル方程式

$$\overrightarrow{OP} = \alpha\overrightarrow{OA} + \beta\overrightarrow{OB} \qquad (\alpha + \beta \leqq 1,\ \alpha \geqq 0,\ \beta \geqq 0)$$

線分 **AB** に比べて，この不等号が新たに加わる。

(i) 直線 **AB**

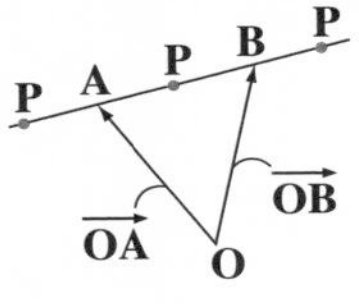

$\overrightarrow{OP} = \alpha\overrightarrow{OA} + \beta\overrightarrow{OB}$
$(\alpha + \beta = 1)$

(ii) 線分 **AB**

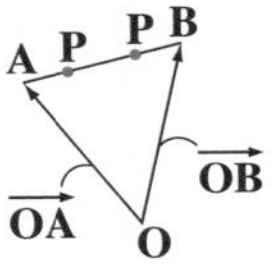

$\overrightarrow{OP} = \alpha\overrightarrow{OA} + \beta\overrightarrow{OB}$
$(\alpha + \beta = 1,\ \alpha \geqq 0,\ \beta \geqq 0)$

(iii) $\triangle$**OAB**

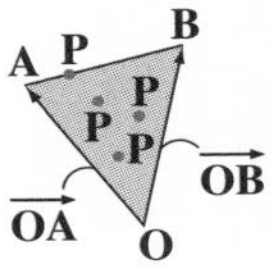

$\overrightarrow{OP} = \alpha\overrightarrow{OA} + \beta\overrightarrow{OB}$
$(\alpha + \beta \leqq 1,\ \alpha \geqq 0,\ \beta \geqq 0)$

まわり道の原理と内分点の公式(Ⅰ)

元気力アップ問題 94 難易度 ☆☆ CHECK 1 CHECK 2 CHECK 3

△ABC とその内部にある点 P が，$7\overrightarrow{PA}+2\overrightarrow{PB}+3\overrightarrow{PC}=\vec{0}$ ……① を満たしている。このとき，(ⅰ) $\overrightarrow{AP}$ を $\overrightarrow{AB}$ と $\overrightarrow{AC}$ で表せ。また，(ⅱ) 直線 AP と辺 BC との交点を Q とおくとき，比 AP：PQ を求めよ。(関西大＊)

ヒント！ (ⅰ)まわり道の原理を利用して，①より $\overrightarrow{AP}$ を $\overrightarrow{AB}$ と $\overrightarrow{AC}$ の式で表そう。(ⅱ) AP：PQ の比は，$\overrightarrow{AP}=k\overrightarrow{AQ}$ として，定数 k の値が分かれば求まるんだね。

解答＆解説

(ⅰ) $7\overrightarrow{PA}+2\overrightarrow{PB}+3\overrightarrow{PC}=\vec{0}$ ……① を変形して，

($\overrightarrow{PA}=-\overrightarrow{AP}$，$\overrightarrow{PB}=\overrightarrow{AB}-\overrightarrow{AP}$，$\overrightarrow{PC}=\overrightarrow{AC}-\overrightarrow{AP}$)

$$-7\overrightarrow{AP}+2(\overrightarrow{AB}-\overrightarrow{AP})+3(\overrightarrow{AC}-\overrightarrow{AP})=\vec{0}$$

$$2\overrightarrow{AB}+3\overrightarrow{AC}-(7+2+3)\overrightarrow{AP}=\vec{0}$$

$$12\overrightarrow{AP}=2\overrightarrow{AB}+3\overrightarrow{AC}$$

$$\therefore \overrightarrow{AP}=\frac{2\overrightarrow{AB}+3\overrightarrow{AC}}{12}=\frac{1}{6}\overrightarrow{AB}+\frac{1}{4}\overrightarrow{AC} \quad \cdots ② \cdots (答)$$

(ⅱ) 直線 AP と辺 BC との交点を Q とおくと，②より，

$$\overrightarrow{AP}=\frac{5}{12}\cdot\underbrace{\frac{2\overrightarrow{AB}+3\overrightarrow{AC}}{5}}_{\overrightarrow{AQ}} \quad \cdots\cdots ③$$ となる。

ここで，$\overrightarrow{AQ}=\dfrac{2\overrightarrow{AB}+3\overrightarrow{AC}}{3+2}$ より，右図のように，点 Q は辺 BC を 3：2 に内分する点である。

よって，③より，

$\overrightarrow{AP}=\dfrac{5}{12}\overrightarrow{AQ}$ であるから，

AP：AQ＝5：12

よって，求める比 AP：PQ は，右図より，

AP：PQ＝5：7 である。…………………………(答)

ココがポイント

⇦ $\overrightarrow{PA}=-\overrightarrow{AP}$
まわり道の原理より，
$\overrightarrow{PB}=\overrightarrow{AB}-\overrightarrow{AP}$
$\overrightarrow{PC}=\overrightarrow{AC}-\overrightarrow{AP}$
となる。

⇦ $\overrightarrow{AQ}=\dfrac{2\overrightarrow{AB}+3\overrightarrow{AC}}{3+2}$ より，
点 Q は辺 BC を 3：2 に内分する点だね。

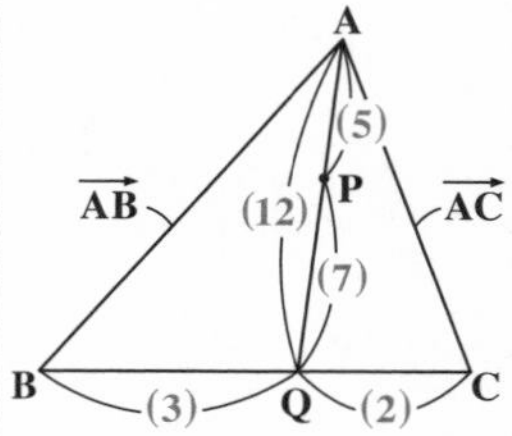

⇦ AP：PQ＝AP：(AQ−AP)
＝5：(12−5)
＝5：7

まわり道の原理と内分点の公式(Ⅱ)

元気力アップ問題 95 　難易度 　CHECK 1　CHECK 2　CHECK 3

平行四辺形 **ABCD** において，辺 **AB** の中点を **E**，辺 **BC** の中点を **F**，辺 **CD** の中点を **G** とおく。線分 **EC** と線分 **FG** の交点を **P** とおく。$\overrightarrow{AB}=\vec{a}$，$\overrightarrow{AD}=\vec{b}$ とおくとき，$\overrightarrow{AP}$ を $\vec{a}$ と $\vec{b}$ を用いて表せ。　(新潟大＊)

ヒント！ まず，図を描いて，$EP:PC=s:1-s$，$FP:PG=t:1-t$ とおいて，$\overrightarrow{AP}$ を $\vec{a}$ と $\vec{b}$ を用いて，2 通りに表し，$\vec{a}$ と $\vec{b}$ の各係数を比較して，s(または t) の値を決定すればいいんだね。

解答＆解説

平行四辺形 **ABCD** において，$\overrightarrow{AB}=\vec{a}$，$\overrightarrow{AD}=\vec{b}$ とおくと，

$\overrightarrow{AE}=\dfrac{1}{2}\vec{a}$ ……①，　$\overrightarrow{AC}=\vec{a}+\vec{b}$ ……②

$\overrightarrow{AF}=\vec{a}+\dfrac{1}{2}\vec{b}$ ……③，　$\overrightarrow{AG}=\dfrac{1}{2}\vec{a}+\vec{b}$ ……④

これから，$\overrightarrow{AP}$ を次の 2 通りの方法で表す。

(ⅰ) $EP:PC=s:1-s$ とおくと，内分点の公式より，

$$\overrightarrow{AP}=(1-s)\overrightarrow{AE}+s\overrightarrow{AC}$$
$$=(1-s)\frac{1}{2}\vec{a}+s(\vec{a}+\vec{b})\quad(①，②より)$$
$$=\left(\frac{1}{2}+\frac{1}{2}s\right)\vec{a}+s\vec{b}\ ……⑤$$

(ⅱ) $FP:PG=t:1-t$ とおくと，内分点の公式より，

$$\overrightarrow{AP}=(1-t)\overrightarrow{AF}+t\overrightarrow{AG}$$
$$=(1-t)\left(\vec{a}+\frac{1}{2}\vec{b}\right)+t\left(\frac{1}{2}\vec{a}+\vec{b}\right)\quad(③，④より)$$
$$=\left(1-\frac{1}{2}t\right)\vec{a}+\left(\frac{1}{2}+\frac{1}{2}t\right)\vec{b}\ ……⑥$$

$\vec{a}$ と $\vec{b}$ は $\vec{a}\neq\vec{0}$，$\vec{b}\neq\vec{0}$ かつ $\vec{a}\not\parallel\vec{b}$ より，⑤と⑥の各係数を比較して，$s=\dfrac{2}{3}$ ……⑦　$\left(t=\dfrac{1}{3}\right)$

⑦を⑤に代入して，

$$\overrightarrow{AP}=\left(\frac{1}{2}+\frac{1}{3}\right)\vec{a}+\frac{2}{3}\vec{b}=\frac{5}{6}\vec{a}+\frac{2}{3}\vec{b}\ \text{である。……(答)}$$

ココがポイント

⇦ 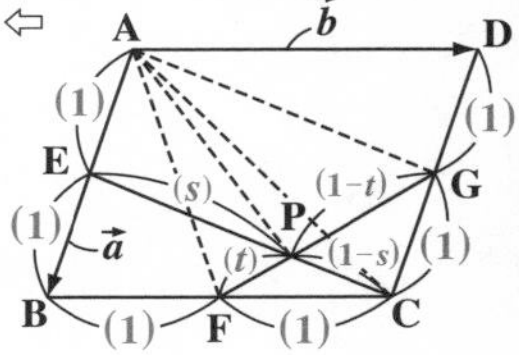

⇦ 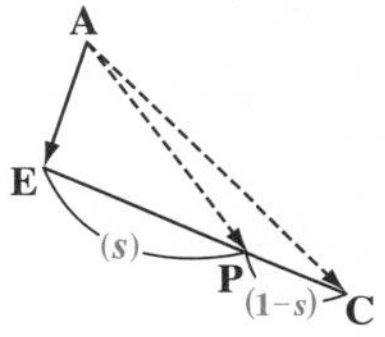

⇦ 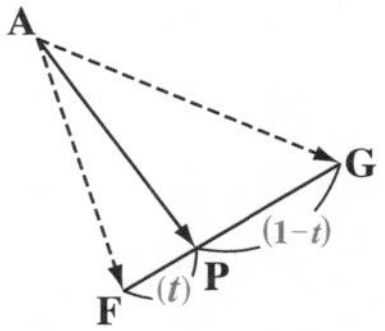

⇦⑤，⑥より各係数を比較して，

$$\begin{cases}\dfrac{1+s}{2}=\dfrac{2-t}{2}\\ s=\dfrac{1+t}{2}\end{cases}$$

よって，$1+\dfrac{1+t}{2}=2-t$

$2+1+t=4-2t$

$3t=1\quad\therefore t=\dfrac{1}{3}$

$s=\dfrac{1}{2}\left(1+\dfrac{1}{3}\right)=\dfrac{2}{3}$

チェバ・メネラウスの定理の応用

元気力アップ問題 96 難易度 ☆☆ CHECK 1 CHECK 2 CHECK 3

△**ABC** について，線分 **AB** を **3**：**1** に内分する点を **D**，線分 **AC** を **2**：**1** に内分する点を **E** とおく。また，**2** つの線分 **CD** と **BE** の交点を **P** とおき，直線 **AP** と辺 **BC** との交点を **Q** とおく。このとき，

(ⅰ) $\overrightarrow{AQ}$ を $\overrightarrow{AB}$ と $\overrightarrow{AC}$ で表せ。　　(ⅱ) $\overrightarrow{AP}$ を $\overrightarrow{AB}$ と $\overrightarrow{AC}$ で表せ。

ヒント！ (ⅰ) チェバの定理により，**BQ**：**QC** が分かり，(ⅱ) メネラウスの定理により，**AP**：**PQ** が分かる。チェバ・メネラウスの定理を使って解く，典型的な平面ベクトルの問題なので，この解法パターンをシッカリ頭に入れておこう！

解答＆解説

(ⅰ) △**ABC** において，**BQ**：**QC** = m：n とおくと，

AD：**DB** = **3**：**1**，**CE**：**EA** = **1**：**2** より，

右図から，チェバの定理を用いて，

$$\frac{n}{m}\times\frac{2}{1}\times\frac{1}{3}=1 \quad \therefore \frac{n}{m}=\frac{3}{2} \text{ より，} m:n=2:3$$

点**Q**は，**BC** を **2**：**3** に内分する。

∴ $\overrightarrow{AQ}$ を $\overrightarrow{AB}$ と $\overrightarrow{AC}$ で表すと，

$$\overrightarrow{AQ}=\frac{3\overrightarrow{AB}+2\overrightarrow{AC}}{2+3}=\frac{3}{5}\overrightarrow{AB}+\frac{2}{5}\overrightarrow{AC} \cdots ① \cdots\cdots (答)$$

(ⅱ) △**ABC** において，**AP**：**PQ** = s：t とおくと，

BQ：**QC** = m：n = **2**：**3**，**BD**：**DA** = **1**：**3** より，

右図から，メネラウスの定理を用いて，

$$\frac{5}{\cancel{3}}\times\frac{\cancel{3}}{1}\times\frac{t}{s}=1 \quad \therefore \frac{t}{s}=\frac{1}{5} \text{ より，} s:t=5:1$$

∴ **AP**：**AQ** = **5**：(**5**+**1**) = **5**：**6** より，① を用いて，

$\overrightarrow{AP}$ を $\overrightarrow{AB}$ と $\overrightarrow{AC}$ で表すと，

$$\overrightarrow{AP}=\frac{5}{6}\overrightarrow{AQ}=\frac{5}{6}\left(\frac{3}{5}\overrightarrow{AB}+\frac{2}{5}\overrightarrow{AC}\right) \quad (①より)$$

$$=\frac{1}{2}\overrightarrow{AB}+\frac{1}{3}\overrightarrow{AC} \cdots\cdots\cdots\cdots (答)$$

ココがポイント

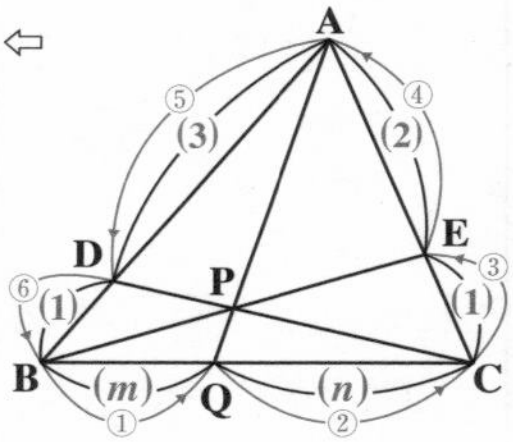

チェバの定理

$$\frac{②}{①}\times\frac{④}{③}\times\frac{⑥}{⑤}=1$$

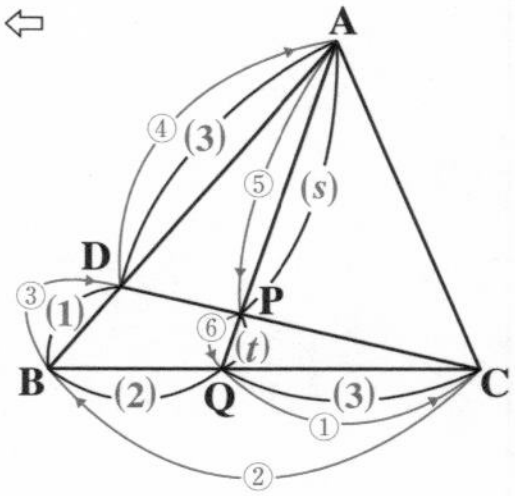

メネラウスの定理

$$\frac{②}{①}\times\frac{④}{③}\times\frac{⑥}{⑤}=1$$

ベクトルの成分表示

元気力アップ問題 97　難易度 ☆☆　CHECK 1　CHECK 2　CHECK 3

(1) $\vec{a}=(\alpha,\ -5)$, $\vec{b}=(-2,\ 3)$ がある。このとき，(ⅰ) $\vec{a}/\!/\vec{b}$ となるような，α の値を求めよ。(ⅱ) $\vec{a}\perp\vec{b}$ となるような，α の値を求めよ。

(2) $\vec{a}=(-7,\ 4)$, $\vec{b}=(2,\ -3)$ と実数 t に対して，$|\vec{a}+t\vec{b}|$ の最小値と，そのときの t の値を求めよ。　(成蹊大)

ヒント！ (1)(ⅰ) $\vec{a}/\!/\vec{b}$ (平行)のとき，$\vec{a}=k\vec{b}$ となり，(ⅱ) $\vec{a}\perp\vec{b}$ (垂直)のとき，$\vec{a}\cdot\vec{b}=0$ となるんだね。(2) $\vec{p}=(x_1,\ y_1)$ のとき，$|\vec{p}|^2=x_1{}^2+y_1{}^2$ となるのも大丈夫だね。

解答＆解説

(1) $\vec{a}=(\alpha,\ -5)$, $\vec{b}=(-2,\ 3)$ について，

(ⅰ) $\vec{a}/\!/\vec{b}$ となるとき，$\vec{a}=k\vec{b}$ (k：実数) より，

$(\alpha,\ -5)=k(-2,\ 3)=(-2k,\ 3k)$

$\therefore \alpha=-2k,\ -5=3k$ より，$\alpha=\dfrac{10}{3}$ ………(答)

(ⅱ) $\vec{a}\perp\vec{b}$ となるとき，$\vec{a}\cdot\vec{b}=|\vec{a}||\vec{b}|\underbrace{\cos 90^\circ}_{0}=0$ より，

$\alpha\cdot(-2)+(-5)\cdot 3=0$　　$2\alpha=-15$

$\therefore \alpha=-\dfrac{15}{2}$ ………………………………(答)

(2) $\vec{a}=(-7,\ 4)$, $\vec{b}=(2,\ -3)$ より，

$\vec{a}+t\vec{b}=(-7,\ 4)+t(2,\ -3)=(2t-7,\ -3t+4)$

ここで，$Y=|\vec{a}+t\vec{b}|^2$ とおくと，

$Y=\underbrace{(2t-7)^2}_{4t^2-28t+49}+\underbrace{(-3t+4)^2}_{9t^2-24t+16}=13t^2-52t+65$

$=13(t-2)^2+13$

よって，$t=2$ のとき，

$Y=|\vec{a}+t\vec{b}|^2$ は最小値 13 をとる。

$\therefore t=2$ のとき，$\underbrace{|\vec{a}+t\vec{b}|}_{0\text{以上}}$ は最小値 $\sqrt{13}$ をとる。…(答)

ココがポイント

⇦ 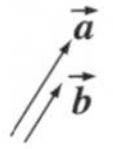

(イメージ)

⇦ $k=-\dfrac{5}{3}$ より，
$\alpha=-2\cdot\left(-\dfrac{5}{3}\right)=\dfrac{10}{3}$

⇦ 

(イメージ)

⇦ $\vec{a}=(x_1,\ y_1)$, $\vec{b}=(x_2,\ y_2)$ について，$\vec{a}\perp\vec{b}$ のとき，
$\vec{a}\cdot\vec{b}=x_1x_2+y_1y_2=0$

⇦ $\vec{p}=(x_1,\ y_1)$ のとき，
$|\vec{p}|^2=x_1{}^2+y_1{}^2$ だからね。

⇦ $13(t^2-4t+4)+65-52$
(2で割って2乗)
$=13(t-2)^2+13$

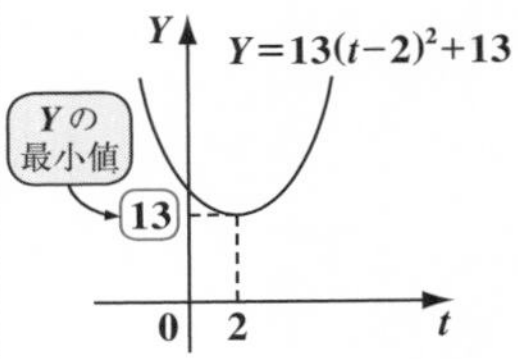

内積と成分表示

元気力アップ問題 98　　難易度 ☆☆　　CHECK 1　　CHECK 2　　CHECK 3

$\vec{a}=(2,\ -1)$ と $\vec{b}=(x,\ 4)$ のなす角を θ とおくと，$\cos\theta=\dfrac{2}{5\sqrt{5}}$ である。このとき，内積 $\vec{a}\cdot\vec{b}$ を求めよ。

ヒント！ $\vec{a}=(x_1,\ y_1)$，$\vec{b}=(x_2,\ y_2)$ のとき，$\vec{a}$ と $\vec{b}$ のなす角を θ とおくと，$\vec{a}\cdot\vec{b}=|\vec{a}||\vec{b}|\cos\theta$ より，$x_1x_2+y_1y_2=\sqrt{x_1{}^2+y_1{}^2}\sqrt{x_2{}^2+y_2{}^2}\cos\theta$ となるんだね。

解答＆解説

$\vec{a}=(2,\ -1)$ と $\vec{b}=(x,\ 4)$ とのなす角を θ とおくと，

$\cos\theta=\dfrac{2}{5\sqrt{5}}$ であり，また，

$$\begin{cases}|\vec{a}|=\sqrt{2^2+(-1)^2}=\sqrt{4+1}=\sqrt{5}\ \cdots① \\ |\vec{b}|=\sqrt{x^2+4^2}=\sqrt{x^2+16}\ \cdots\cdots\cdots② \\ \vec{a}\cdot\vec{b}=2\cdot x+(-1)\cdot 4=2x-4\ \cdots\cdots③\end{cases}$$ となる。よって，

①，②，③を内積の式 $\vec{a}\cdot\vec{b}=|\vec{a}|\cdot|\vec{b}|\cos\theta$ に代入すると，

$$2(x-2)=\sqrt{5}\cdot\sqrt{x^2+16}\cdot\frac{2}{5\sqrt{5}}$$

$5(x-2)=\sqrt{x^2+16}$ ……④　$(x>2)$ となる。（右辺は ⊕）

④の両辺を 2 乗して，

$25(x-2)^2=x^2+16$　　$25(x^2-4x+4)=x^2+16$

これをまとめて，

$6x^2-25x+21=0$　　$(x-3)(6x-7)=0$

1　　$-3\to-18$
6　　$-7\to\ \ -7$

$\therefore x=3$ ……⑤　$\left(x>2 \text{ より，} x=\dfrac{7}{6} \text{は不適}\right)$

よって，⑤を③に代入すると，求める内積 $\vec{a}\cdot\vec{b}$ は，

$\vec{a}\cdot\vec{b}=2\cdot3-4=2$ である。……………………………(答)

ココがポイント

⇦ イメージ

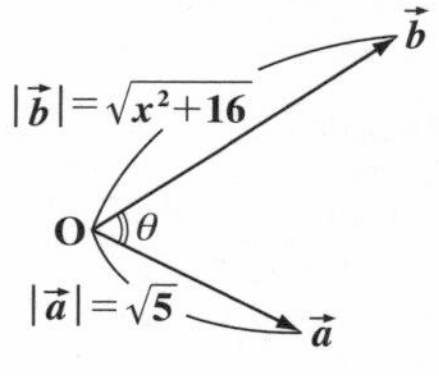

$\vec{a}\cdot\vec{b}=|\vec{a}||\vec{b}|\cos\theta$

⇦ ④の右辺は⊕より，左辺も⊕になる。よって，$x>2$

⇦ $25x^2-100x+100=x^2+16$
$24x^2-100x+84=0$
$6x^2-25x+21=0$

内積の演算 (Ⅰ)

元気力アップ問題 99　難易度 ★★　CHECK 1　CHECK 2　CHECK 3

$|\vec{a}|=2$, $|\vec{b}|=3$, $|2\vec{a}-\vec{b}|=\sqrt{35}$ のとき，$\vec{a}\cdot\vec{b}$ を求めよ。

(1) 2つのベクトル $\vec{a}+s\vec{b}$ と $\vec{a}-\vec{b}$ が垂直であるとき，s の値を求めよ。

(2) t を実数とするとき，$|t\vec{a}+\vec{b}|$ の最小値を求めよ。　(大同大 *)

ヒント！ たとえば，$(a+b)^2=a^2+2ab+b^2$ と同様に，$|\vec{a}+\vec{b}|=|\vec{a}|^2+2\vec{a}\cdot\vec{b}+|\vec{b}|^2$ のように展開できる。つまり，$|$(ベクトルの式)$|$ が出てきたら，2乗して展開すればいいんだね。

解答＆解説

$|\vec{a}|=2$, $|\vec{b}|=3$, $|2\vec{a}-\vec{b}|=\sqrt{35}$ ……① より，

①の両辺を2乗して，$|2\vec{a}-\vec{b}|^2=35$

$4\underbrace{|\vec{a}|^2}_{2^2}-4\vec{a}\cdot\vec{b}+\underbrace{|\vec{b}|^2}_{3^2}=35$ より，$16-4\vec{a}\cdot\vec{b}+9=35$

$4\vec{a}\cdot\vec{b}=-10$　$\therefore \vec{a}\cdot\vec{b}=-\frac{5}{2}$ ……② …………(答)

(1) $(\vec{a}+s\vec{b})\perp(\vec{a}-\vec{b})$ (垂直) のとき，

$(\vec{a}+s\vec{b})\cdot(\vec{a}-\vec{b})=0$

$\underbrace{|\vec{a}|^2}_{2^2}+(s-1)\underbrace{\vec{a}\cdot\vec{b}}_{-\frac{5}{2}\,(②より)}-s\underbrace{|\vec{b}|^2}_{3^2}=0$

$4-\frac{5}{2}(s-1)-9s=0$ より，$s=\frac{13}{23}$ ………(答)

(2) $Y=|t\vec{a}+\vec{b}|^2$ とおくと，

$Y=t^2\underbrace{|\vec{a}|^2}_{2^2}+2t\underbrace{\vec{a}\cdot\vec{b}}_{-\frac{5}{2}\,(②より)}+\underbrace{|\vec{b}|^2}_{3^2}$

$=4t^2-5t+9$

$=4\left(t-\frac{5}{8}\right)^2+\frac{119}{16}$

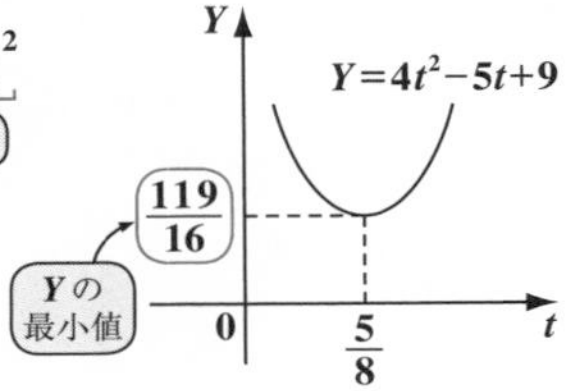

$\therefore t=\frac{5}{8}$ のとき，$Y=|t\vec{a}+\vec{b}|^2$ は最小値 $\frac{119}{16}$ をとる。

$\therefore |t\vec{a}+\vec{b}|$ の最小値は $\sqrt{\frac{119}{16}}=\frac{\sqrt{119}}{4}$ ………(答)

ココがポイント

⇦ $(2a-b)^2=4a^2-4ab+b^2$ と同様に展開できる。

⇦ $\vec{p}\perp\vec{q}$ のとき，$\vec{p}\cdot\vec{q}=0$ だね。

⇦ $(a+sb)(a-b)=a^2+(s-1)ab-sb^2$ と同様だね。

⇦ $8-5(s-1)-18s=0$
$23s=13$　$\therefore s=\frac{13}{23}$

⇦ $|t\vec{a}+\vec{b}|$ ときたら，2乗して展開する。

⇦ $4\left(t^2-\frac{5}{4}t+\frac{25}{64}\right)+9-\frac{25}{16}$ (2で割って2乗)

$=4\left(t-\frac{5}{8}\right)^2+\frac{144-25}{16}$

$=4\left(t-\frac{5}{8}\right)^2+\frac{119}{16}$

内積の演算 (Ⅱ)

元気力アップ問題 100	難易度 ★☆	CHECK 1	CHECK 2	CHECK 3

$3|\vec{a}| = |\vec{b}| \neq 0$ をみたす $\vec{a}$ と $\vec{b}$ について，$3\vec{a} - 2\vec{b}$ と $15\vec{a} + 4\vec{b}$ は垂直である。

(1) $\vec{a}$ と $\vec{b}$ のなす角 θ $(0° \leqq \theta \leqq 180°)$ を求めよ。

(2) $\vec{a} \cdot \vec{b} = -6$ であるとき，$|\vec{a}|$ と $|\vec{b}|$ を求めよ。 (防衛大＊)

> **ヒント!** これも内積の演算の問題で，$(3\vec{a} - 2\vec{b}) \cdot (15\vec{a} + 4\vec{b})$ は，整式の積 $(3a - 2b)(15a + 4b)$ と同様に展開できるんだね。

解答&解説

ココがポイント

(1) $3|\vec{a}| = |\vec{b}| \neq 0$ より，

$|\vec{a}| = k$ ……① とおくと，$|\vec{b}| = 3k$ ……②

$(k：正の定数)$ となる。

ここで，$(3\vec{a} - 2\vec{b}) \perp (15\vec{a} + 4\vec{b})$ より，

⇦ $\vec{p} \perp \vec{q}$ のとき，$\vec{p} \cdot \vec{q} = 0$ となる。

$(3\vec{a} - 2\vec{b}) \cdot (15\vec{a} + 4\vec{b}) = 0$

$45\underbrace{|\vec{a}|^2}_{k^2} - 18\underbrace{\vec{a} \cdot \vec{b}}_{\substack{|\vec{a}||\vec{b}|\cos\theta \\ = k \cdot 3k\cos\theta}} - 8\underbrace{|\vec{b}|^2}_{(3k)^2 = 9k^2} = 0$ ⇦ ①, ②より

⇦ $(3a - 2b)(15a + 4b)$ $= 45a^2 - 18ab - 8b^2$ と同様に展開できる。

$\vec{a}$ と $\vec{b}$ のなす角を θ とおくと，①, ②より，

$45k^2 - 54k^2\cos\theta - 72k^2 = 0$ $(k > 0)$

両辺を $k^2 (>0)$ で割って，

⇦ $45k^2 - 54k^2\cos\theta$ $-72k^2 = 0$ $54\cos\theta = -27$

$54\cos\theta = -27$ より，$\cos\theta = -\dfrac{27}{54} = -\dfrac{1}{2}$

$\therefore \theta = 120°$ ……………………………(答)

(2) $\vec{a} \cdot \vec{b} = \underbrace{|\vec{a}|}_{k} \underbrace{|\vec{b}|}_{3k} \underbrace{\cos 120°}_{-\frac{1}{2}} = \boxed{-\dfrac{3}{2}k^2 = -6}$

のとき，$k^2 = 4$ $\therefore k = 2$ $(\because k > 0)$

よって，①, ②より，$|\vec{a}| = 2$, $|\vec{b}| = 6$ ………(答)

⇦ $|\vec{a}| = k = 2$ $|\vec{b}| = 3k = 6$

ベクトルと平面図形(Ⅰ)

元気力アップ問題 101　難易度 ☆☆　CHECK 1　CHECK 2　CHECK 3

xy 平面上に 3 点 $O(0, 0)$，$A(1, 0)$，$B(-1, 0)$ があり，動点 $P(x, y)$ は，

$\overrightarrow{AP}\cdot\overrightarrow{BP}+3\overrightarrow{OA}\cdot\overrightarrow{OB}=0$ ……① をみたしながら動くものとする。

(1) 動点 P の軌跡の方程式を求めよ。

(2) $|\overrightarrow{AP}||\overrightarrow{BP}|$ の最大値と最小値を求めよ。　(北海道大)

ヒント！ (1) ①を成分表示で表すと，x と y の関係式になり，それが動点 P の軌跡の方程式になるんだね。(2) は，(1) の結果を利用して解こう！

解答＆解説

(1) $\overrightarrow{OA}=(1, 0)$，$\overrightarrow{OB}=(-1, 0)$，$\overrightarrow{OP}=(x, y)$ より，

$$\begin{cases}\overrightarrow{AP}=\overrightarrow{OP}-\overrightarrow{OA}=(x, y)-(1, 0)=(x-1, y)\\ \overrightarrow{BP}=\overrightarrow{OP}-\overrightarrow{OB}=(x, y)-(-1, 0)=(x+1, y)\end{cases}$$

よって，$\overrightarrow{OA}\cdot\overrightarrow{OB}=1\cdot(-1)+0\cdot0=-1$ ……②

$\overrightarrow{AP}\cdot\overrightarrow{BP}=(x-1)\cdot(x+1)+y^2=x^2+y^2-1$ ……③

②, ③を $\underbrace{\overrightarrow{AP}\cdot\overrightarrow{BP}}_{x^2+y^2-1\ (③より)}+3\underbrace{\overrightarrow{OA}\cdot\overrightarrow{OB}}_{-1\ (②より)}=0$ …① に代入して，

$x^2+y^2-1-3=0$　∴ 動点 $P(x, y)$ の軌跡の方程式は，$x^2+y^2=4$ ……④ である。………(答)

(2) $|\overrightarrow{AP}|^2=(x-1)^2+y^2=\underbrace{x^2+y^2}_{4\ (④より)}-2x+1=5-2x$ ……⑤

$|\overrightarrow{BP}|^2=(x+1)^2+y^2=\underbrace{x^2+y^2}_{4\ (④より)}+2x+1=5+2x$ ……⑥

ここで，$Y=|\overrightarrow{AP}|^2\cdot|\overrightarrow{BP}|^2$ とおくと，⑤, ⑥より，

$Y=(5-2x)(5+2x)=25-4x^2$

ここで，④より，$0\leqq x^2\leqq 4$　よって，

$9\leqq\underbrace{25-4x^2}_{Y}\leqq 25$ より，$9\leqq\underbrace{Y}_{|\overrightarrow{AP}|^2|\overrightarrow{BP}|^2}\leqq 25$

∴ $\underbrace{|\overrightarrow{AP}||\overrightarrow{BP}|}_{これは,\ ⊕の値をとる。}$ の最大値は $\sqrt{25}=5$，最小値は $\sqrt{9}=3$

である。……………………………………(答)

ココがポイント

⇦まわり道の原理
$\overrightarrow{AP}=\overrightarrow{OP}-\overrightarrow{OA}$
$\overrightarrow{BP}=\overrightarrow{OP}-\overrightarrow{OB}$

⇦④は，中心 $O(0, 0)$，半径 $r=2$ の円だね。

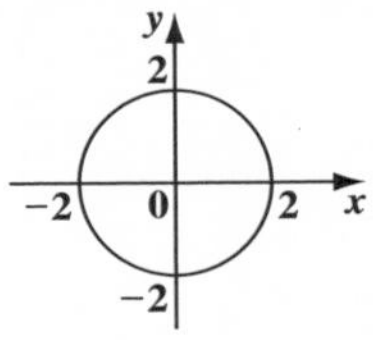

$\therefore -2\leqq x\leqq 2$ より，
$0\leqq x^2\leqq 4$

⇦$0\leqq x^2\leqq 4$ の各辺に -4 をかけて，
$-16\leqq -4x^2\leqq 0$
各辺に 25 をたして，
$9\leqq\underbrace{25-4x^2}_{Y=|\overrightarrow{AP}|^2|\overrightarrow{BP}|^2}\leqq 25$

元気力アップ問題 102

難易度 | CHECK 1 | CHECK 2 | CHECK 3

xy 平面上に 3 点 A(α, -3), B(-1, 4), C(3, 2) がある。

(1) $\angle ABC = 90°$ であるとき，α の値を求めよ。

(2) $\triangle ABC$ の面積が 11 であるとき，α の値を求めよ。

ヒント！ (1) $\overrightarrow{BA} \perp \overrightarrow{BC}$ より，$\overrightarrow{BA}\cdot\overrightarrow{BC} = 0$ から α を求めよう。(2) $\overrightarrow{BA} = (x_1, y_1)$，$\overrightarrow{BC} = (x_2, y_2)$ のとき，$\triangle ABC$ の面積 S は $S = \frac{1}{2}|x_1y_2 - x_2y_1|$ となるんだね。

解答＆解説

$\overrightarrow{OA} = (\alpha, -3)$，$\overrightarrow{OB} = (-1, 4)$，$\overrightarrow{OC} = (3, 2)$ より，

$$\begin{cases} \overrightarrow{BA} = \overrightarrow{OA} - \overrightarrow{OB} = (\alpha, -3) - (-1, 4) = (\alpha+1, -7) \cdots ① \\ \overrightarrow{BC} = \overrightarrow{OC} - \overrightarrow{OB} = (3, 2) - (-1, 4) = (4, -2) \cdots\cdots ② \end{cases}$$

(1) $\angle ABC = 90°$, すなわち $\overrightarrow{BA} \perp \overrightarrow{BC}$ のとき, ①, ②より,

$\overrightarrow{BA}\cdot\overrightarrow{BC} = \boxed{4(\alpha+1) + (-2)\cdot(-7) = 0}$　よって,

$4\alpha + 18 = 0$　　$\alpha = -\frac{18}{4} = -\frac{9}{2}$ ………………(答)

(2) $\triangle ABC$ の面積 $S = 11$ のとき，①，②より，

$S = \frac{1}{2}|(\alpha+1)\times(-2) - 4\cdot(-7)|$

$|-2\alpha - 2 + 28| = |-2\alpha + 26|$
$= |2\alpha - 26| = 2|\alpha - 13|$

絶対値内の符号 (⊕, ⊖) を変えてもかまわない。

$= \boxed{|\alpha - 13| = 11}$

よって，$\alpha - 13 = \pm 11$

$\therefore \alpha = 2$ または 24 である。………………………(答)

ココがポイント

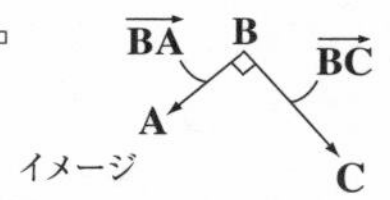

$\overrightarrow{BA} = (x_1, y_1)$，
$\overrightarrow{BC} = (x_2, y_2)$ のとき，
$\overrightarrow{BA} \perp \overrightarrow{BC}$ より，
$\overrightarrow{BA}\cdot\overrightarrow{BC} = x_1x_2 + y_1y_2 = 0$
となる。

⇦ $\overrightarrow{BA} = (x_1, y_1)$，
$\overrightarrow{BC} = (x_2, y_2)$ のとき，
$\triangle ABC$ の面積 S は，
$S = \frac{1}{2}|x_1y_2 - x_2y_1|$
となる。

⇦ ・$\alpha - 13 = -11$ のとき，
$\alpha = 13 - 11 = 2$
・$\alpha - 13 = 11$ のとき，
$\alpha = 13 + 11 = 24$

ベクトルと平面図形 (III)

元気力アップ問題 103　　難易度 ★★　　CHECK1　　CHECK2　　CHECK3

$\triangle ABC$ と点 H があり，$\overrightarrow{HC} \cdot \overrightarrow{HA} = \overrightarrow{HA} \cdot \overrightarrow{HB} = \overrightarrow{HB} \cdot \overrightarrow{HC}$ ……① が

成り立つとき，点 H が $\triangle ABC$ の垂心であることを示せ。

ヒント! ベクトルと平面図形の証明問題にもチャレンジ
しよう。右図から分かるように，点 H が垂心であることを
証明するには，$\overrightarrow{AH} \perp \overrightarrow{BC}$，$\overrightarrow{BH} \perp \overrightarrow{CA}$ を示せばいいんだね。
頑張ろう!

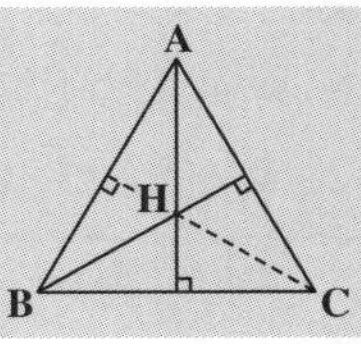

解答 & 解説

$\triangle ABC$ と点 H について，

$\overrightarrow{HC} \cdot \overrightarrow{HA} = \overrightarrow{HA} \cdot \overrightarrow{HB} = \overrightarrow{HB} \cdot \overrightarrow{HC}$ ……① が 成り立つとき，
　(i)　　　　　　 (ii)

点 H が $\triangle ABC$ の垂心であることを示す。

(i) $\overrightarrow{HC} \cdot \overrightarrow{HA} = \overrightarrow{HA} \cdot \overrightarrow{HB}$ ……② 　(①より)
　　　 $-\overrightarrow{AH}$ 　　 $-\overrightarrow{AH}$

　②を変形して，

　$\overrightarrow{AH} \cdot \overrightarrow{HC} - \overrightarrow{AH} \cdot \overrightarrow{HB} = 0$ 　　$\overrightarrow{AH} \cdot (\overrightarrow{HC} - \overrightarrow{HB}) = 0$

　　　　　　　　　　　　　　　　　　　$\overrightarrow{BC}$（まわり道の原理）

　$\therefore \overrightarrow{AH} \cdot \overrightarrow{BC} = 0$ より，$\overrightarrow{AH} \perp \overrightarrow{BC}$

(ii) $\overrightarrow{HA} \cdot \overrightarrow{HB} = \overrightarrow{HB} \cdot \overrightarrow{HC}$ ……③ 　(①より)
　　　 $-\overrightarrow{BH}$ 　 $-\overrightarrow{BH}$

　③を変形して，

　$\overrightarrow{BH} \cdot \overrightarrow{HA} - \overrightarrow{BH} \cdot \overrightarrow{HC} = 0$ 　　$\overrightarrow{BH} \cdot (\overrightarrow{HA} - \overrightarrow{HC}) = 0$

　　　　　　　　　　　　　　　　　　　$\overrightarrow{CA}$（まわり道の原理）

　$\therefore \overrightarrow{BH} \cdot \overrightarrow{CA} = 0$ より，$\overrightarrow{BH} \perp \overrightarrow{CA}$

以上 (i)(ii) より，$\overrightarrow{AH} \perp \overrightarrow{BC}$ かつ $\overrightarrow{BH} \perp \overrightarrow{CA}$ となる
ので，点 H は $\triangle ABC$ の垂心である。……………(終)

ココがポイント

$\Leftarrow \overrightarrow{HA} = -\overrightarrow{AH}$ より，
$-\overrightarrow{AH} \cdot \overrightarrow{HC} = -\overrightarrow{AH} \cdot \overrightarrow{HB}$

　内積のかける順序
　は変えてもいい。

$\overrightarrow{AH} \cdot \overrightarrow{HC} - \overrightarrow{AH} \cdot \overrightarrow{HB} = 0$

$\Leftarrow \overrightarrow{HB} = -\overrightarrow{BH}$ より，
$-\overrightarrow{BH} \cdot \overrightarrow{HA} = -\overrightarrow{BH} \cdot \overrightarrow{HC}$
$\overrightarrow{BH} \cdot \overrightarrow{HA} - \overrightarrow{BH} \cdot \overrightarrow{HC} = 0$

ベクトル方程式(Ⅰ)

元気力アップ問題 104　難易度 ★★　CHECK 1　CHECK 2　CHECK 3

xy 平面上に原点 O, 2 つの定点 A, B と動点 P がある。$\overrightarrow{OA}=\vec{a}$, $\overrightarrow{OB}=\vec{b}$, $\overrightarrow{OP}=\vec{p}$ とおいたとき，これらは次の関係式をみたすものとする。

$|\vec{p}|^2-(\vec{a}+\vec{b})\cdot\vec{p}+\vec{a}\cdot\vec{b}=0$ ……①

(1) 動点 P が円を描くことを示し，この円の中心と半径を求めよ。

(2) A$(-1,\ 2)$, B$(3,\ 0)$ のとき，動点 P$(x,\ y)$ の描く円の方程式を求めよ。

ヒント！ (1) ①をうまく変形すると，$\left|\vec{p}-\frac{\vec{a}+\vec{b}}{2}\right|=\left|\frac{\vec{a}-\vec{b}}{2}\right|$ となるんだね。(2) は，(1) の結果を利用すればいい。頑張ろう！

解答＆解説

(1) $\overrightarrow{OA}=\vec{a}$, $\overrightarrow{OB}=\vec{b}$, $\overrightarrow{OP}=\vec{p}$ とおいたとき，

$|\vec{p}|^2-(\vec{a}+\vec{b})\cdot\vec{p}+\vec{a}\cdot\vec{b}=0$ ……① が成り立つ。

①を変形して，

$$|\vec{p}|^2-(\vec{a}+\vec{b})\cdot\vec{p}=-\vec{a}\cdot\vec{b}$$

$$|\vec{p}|^2-(\vec{a}+\vec{b})\cdot\vec{p}+\frac{|\vec{a}+\vec{b}|^2}{4}=\frac{|\vec{a}+\vec{b}|^2}{4}-\vec{a}\cdot\vec{b}$$

（2で割って2乗）

$$\left|\vec{p}-\frac{\vec{a}+\vec{b}}{2}\right|^2=\frac{|\vec{a}|^2+2\vec{a}\cdot\vec{b}+|\vec{b}|^2-4\vec{a}\cdot\vec{b}}{4}$$

（$=\frac{|\vec{a}|^2-2\vec{a}\cdot\vec{b}+|\vec{b}|^2}{4}=\frac{|\vec{a}-\vec{b}|^2}{4}$）

$$\left|\vec{p}-\frac{\vec{a}+\vec{b}}{2}\right|^2=\left|\frac{\vec{a}-\vec{b}}{2}\right|^2$$

（⊕）（⊕）

両辺の絶対値は共に正より，

$$\left|\vec{p}-\frac{\vec{a}+\vec{b}}{2}\right|=\frac{|\vec{a}-\vec{b}|}{2}\ \text{……②}$$ となる。

（$\frac{\vec{a}+\vec{b}}{2}$：線分 AB の中点を M とおくと，$\overrightarrow{OM}$のこと）（$\frac{|\vec{a}-\vec{b}|}{2}$：$r$（半径））

ココがポイント

⇦ 整式の変形と同様だね。

$p^2-(a+b)p=-ab$

よって，

$p^2-(a+b)p+\frac{(a+b)^2}{4}$（2で割って2乗）

$=\frac{(a+b)^2}{4}-ab$

これから，

$\left(p-\frac{a+b}{2}\right)^2=\frac{(a+b)^2-4ab}{4}$

（$=\frac{a^2+2ab+b^2-4ab}{4}=\frac{a^2-2ab+b^2}{4}=\left(\frac{a-b}{2}\right)^2$）

$\therefore \left(p-\frac{a+b}{2}\right)^2=\left(\frac{a-b}{2}\right)^2$

となるんだね。

よって，線分 AB の中点を M，MA(=MB)$=r$ とおくと，

$$\begin{cases} \overrightarrow{OM} = \dfrac{\overrightarrow{OA}+\overrightarrow{OB}}{2} = \dfrac{\vec{a}+\vec{b}}{2} \\ r = \dfrac{|\overrightarrow{AB}|}{2} = \dfrac{|\overrightarrow{OB}-\overrightarrow{OA}|}{2} = \dfrac{|\overrightarrow{OA}-\overrightarrow{OB}|}{2} = \dfrac{|\vec{a}-\vec{b}|}{2} \end{cases}$$

より，$\vec{p}=\overrightarrow{OP}$ と書き換えると，②は，

$|\overrightarrow{OP}-\overrightarrow{OM}|=r$ ……②′ となり，動点 P は，

線分 AB の中点 M を中心とする半径 $r=\dfrac{AB}{2}$ (直径 AB) の円を描くことが分かる。………………(答)

⇦イメージ

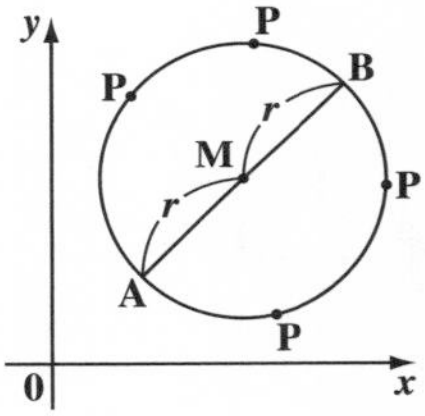

(2) $\overrightarrow{OA}=(-1,\ 2)$，$\overrightarrow{OB}=(3,\ 0)$ より，

線分 AB の中点を M とすると，

$$\overrightarrow{OM}=\frac{1}{2}(\overrightarrow{OA}+\overrightarrow{OB})=\frac{1}{2}\{(-1,\ 2)+(3,\ 0)\}$$
$$=\frac{1}{2}(2,\ 2)=(1,\ 1)$$

$\overrightarrow{MA}=\overrightarrow{OA}-\overrightarrow{OM}=(-1,2)-(1,1)=(-2,1)$ より，

$r=|\overrightarrow{MA}|=\sqrt{(-2)^2+1^2}=\sqrt{4+1}=\sqrt{5}$

⇦

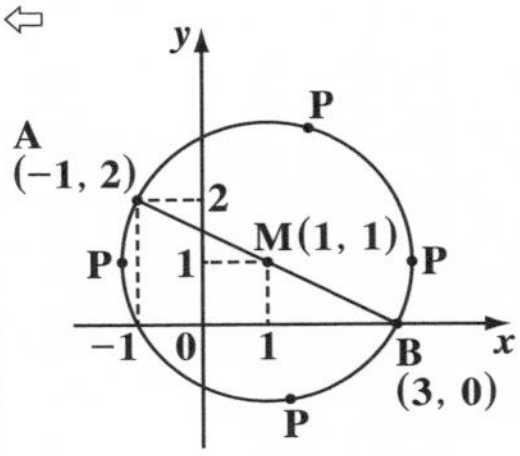

よって，②′より動点 P は，中心 M(1, 1)，半径 $r=\sqrt{5}$ の円を描くので，その方程式は，

$(x-1)^2+(y-1)^2=5$ である。………………(答)

ベクトル方程式(Ⅱ)

元気力アップ問題 105　難易度 ★★　CHECK 1　CHECK 2　CHECK 3

xy 平面上に原点 O，2 点 A$(-2,\ 0)$，C$(3,\ 5)$ と動点 P$(x,\ y)$ がある。
また，$\vec{d}=(1,\ m)$　(m：定数)とおく。
このとき，次の 2 つのベクトル方程式：

$$\begin{cases}\overrightarrow{OP}=\overrightarrow{OA}+t\vec{d} \cdots\cdots① & (t：実数変数)\\ |\overrightarrow{OP}-\overrightarrow{OC}|=3 \cdots\cdots② & \end{cases}$$

で表される 2 つの図形の方程式を x と y の式で表せ。また，これらの図形が互いに接するとき，定数 m の値を求めよ。

ヒント！ ①は点 A を通る傾き m の直線であり，②は点 C を中心とする半径 3 の円であることが分かれば，①の直線が②の円と接するように傾き m を決定すればいいんだね。頑張ろう！

解答＆解説

$\overrightarrow{OA}=(-2,\ 0)$，$\overrightarrow{OC}=(3,\ 5)$，$\vec{d}=(1,\ m)$　であり，
動ベクトル $\overrightarrow{OP}=(x,\ y)$ とおく。

(i) $\overrightarrow{OP}=\overrightarrow{OA}+t\vec{d}$ ……①　を変形して，

$$(x,\ y)=(-2,\ 0)+t(1,\ m)$$
$$=(-2,\ 0)+(t,\ mt)$$
$$=(-2+t,\ mt)$$

$\therefore x=-2+t$ ……③，　$y=mt$ ……④

③より，$t=x+2$ ……③´

③´を④に代入して，

$y=m(x+2)$ ……⑤　となる。………………(答)

(点 A$(-2,\ 0)$を通る，傾き m の直線)

(ii) $|\overrightarrow{OP}-\overrightarrow{OC}|=3$ ……②　より，動点 P$(x,\ y)$ は，中心 C$(3,\ 5)$，半径 $r=3$ の円を描くので，

$(x-3)^2+(y-5)^2=9$ ……⑥ となる。………(答)

ココがポイント

⇦

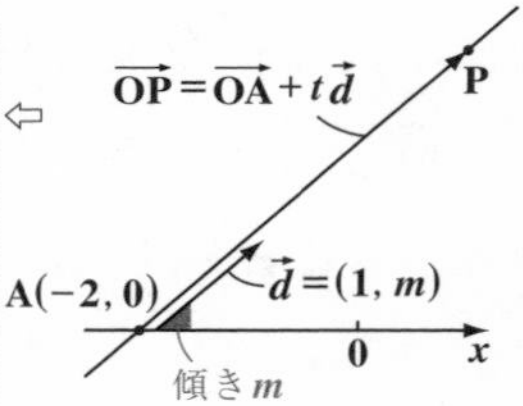

動点 P は，点 A$(-2,\ 0)$ を通り，方向ベクトル $\vec{d}=(1,\ m)$，すなわち傾き m の直線を描くので，
$y=m(x+2)+0$
と求めてもいいよ。

⇦

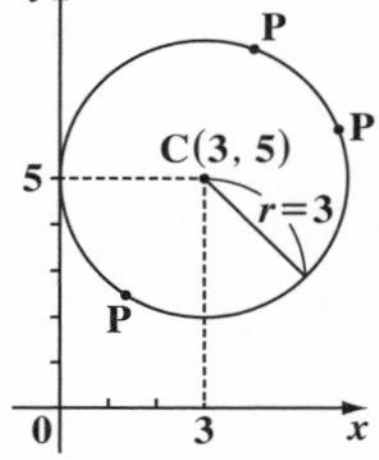

$\overrightarrow{OP}-\overrightarrow{OC}=(x,\ y)-(3,\ 5)=(x-3,\ y-5)$ より，
$|\overrightarrow{OP}-\overrightarrow{OC}|=3$ ……② は，$\sqrt{(x-3)^2+(y-5)^2}=3$ となる。
よって，この両辺を **2** 乗して，
円の方程式 $(x-3)^2+(y-5)^2=9$ ……⑥ を導いても，もちろん構わない。

⑤の直線と⑥の円が接するとき，右図から明らかに，中心 $C(3,\ 5)$ と⑤の直線との間の距離 h は，⑥の円の半径 $r=3$ に等しくなる。

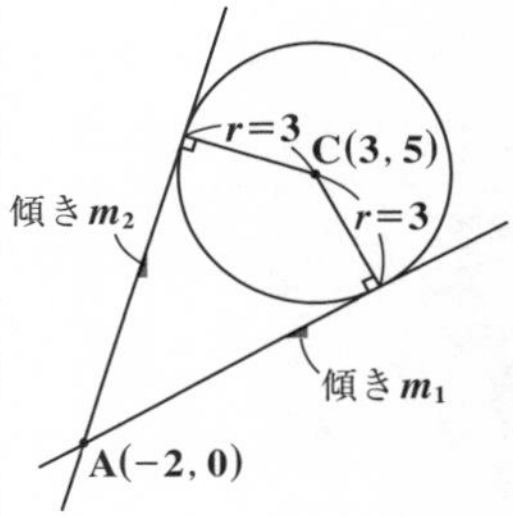

よって，⑤を変形して，$\underset{a}{\underline{m}}x\underset{b}{\underline{-1}}\cdot y+\underset{c}{\underline{2m}}=0$ ……⑤′

とおくと，点 $C(3,\ 5)$ と⑤′の間の距離 h は，

$$h=\frac{|m\cdot3-1\cdot5+2m|}{\sqrt{m^2+(-1)^2}}=3\ (=r)$$ となる。よって，

⇦点 $C(x_1,\ y_1)$ と直線 $ax+by+c=0$ との間の距離 h は，$h=\dfrac{|ax_1+by_1+c|}{\sqrt{a^2+b^2}}$ となる。

$|5m-5|=3\sqrt{m^2+1}$

$5|m-1|=3\sqrt{m^2+1}$ 　この両辺を **2** 乗して，

$25\underbrace{(m-1)^2}_{(m^2-2m+1)}=9(m^2+1)$

$25m^2-50m+25=9m^2+9$

$16m^2-50m+16=0$

$8m^2-25m+8=0$ 　これを解いて，

$$m=\frac{25\pm\sqrt{25^2-4\times8\times8}}{16}$$

$$=\frac{25\pm3\sqrt{41}}{16}$$ となる。…………………………(答)

⇦ $25^2-4\times8\times8$
$=25^2-16^2$
$=(25-16)(25+16)$
$=9\times41=3^2\cdot41$

図のイメージ通り，傾き m は，m_1 と m_2 の **2** 通りが存在するんだね。

ベクトル方程式(Ⅲ)

元気力アップ問題 106	難易度	CHECK 1	CHECK 2	CHECK 3

原点 O(0, 0)，$\overrightarrow{OA}=(2,\ 1)$，$\overrightarrow{OB}=(-1,\ 3)$ について，$\overrightarrow{OP}$ を
$\overrightarrow{OP}=\alpha\overrightarrow{OA}+\beta\overrightarrow{OB}$ ……① で定める。α, β が次の各条件をみたすとき，
動点 P の描く図形を図示せよ。

(1) $\alpha-\beta=-1$

(2) $2\alpha-3\beta=6$，$\alpha\geqq 0$，$\beta\leqq 0$

(3) $-2\alpha+3\beta\leqq 6$，$\alpha\leqq 0$，$\beta\geqq 0$

ヒント！ (i) 直線 AB，(ii) 線分 AB，(iii) △OAB のベクトル方程式の公式は次の通りだ。今回は符号に気を付けながら，これらの公式をウマク利用して解いていこう。

(i) 直線 AB

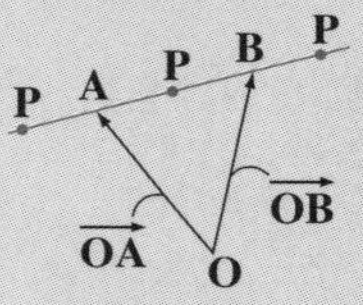

$\overrightarrow{OP}=\alpha\overrightarrow{OA}+\beta\overrightarrow{OB}$
$(\alpha+\beta=1)$

(ii) 線分 AB

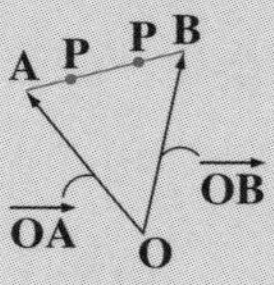

$\overrightarrow{OP}=\alpha\overrightarrow{OA}+\beta\overrightarrow{OB}$
$(\alpha+\beta=1,\ \alpha\geqq 0,\ \beta\geqq 0)$

(iii) △OAB

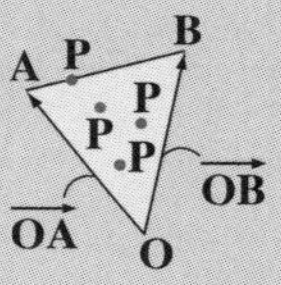

$\overrightarrow{OP}=\alpha\overrightarrow{OA}+\beta\overrightarrow{OB}$
$(\alpha+\beta\leqq 1,\ \alpha\geqq 0,\ \beta\geqq 0)$

解答＆解説

$\overrightarrow{OA}=(2,\ 1)$，$\overrightarrow{OB}=(-1,\ 3)$ のとき，$\overrightarrow{OP}$ を
$\overrightarrow{OP}=\alpha\overrightarrow{OA}+\beta\overrightarrow{OB}$ ……① と定める。

(1) $\alpha-\beta=-1$ ……② のとき，

②の両辺に -1 をかけて，

$-\alpha+\beta=1$ ……②′ （α'）

よって，$-\alpha=\alpha'$，$-\overrightarrow{OA}=\overrightarrow{OA'}$ とおくと，①，②′より，

$\overrightarrow{OP}=-\alpha\cdot(-\overrightarrow{OA})+\beta\overrightarrow{OB}$

$=\alpha'\cdot\overrightarrow{OA'}+\beta\overrightarrow{OB}$ $(\alpha'+\beta=1)$ となる。

よって，動点 P は，$\overrightarrow{OA'}=-\overrightarrow{OA}=(-2,\ -1)$ と $\overrightarrow{OB}=(-1,\ 3)$ の 2 つの終点 A′と B を通る，右図のような直線を描く。……………………………(答)

ココがポイント

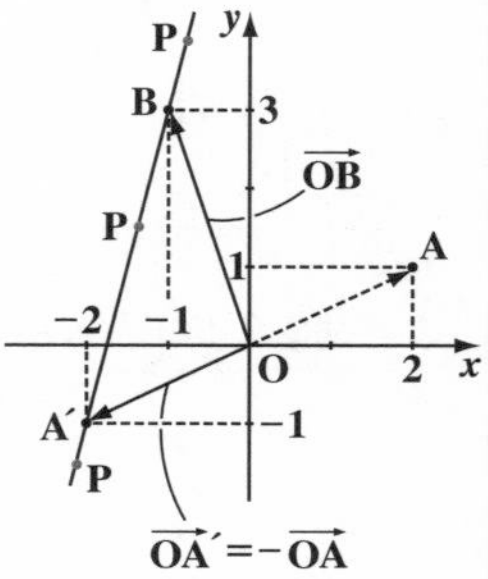

(2) $2\alpha-3\beta=6$ ……③, $\alpha\geqq 0$, $\beta\leqq 0$ のとき,

③の両辺を 6 で割って,

$\underbrace{\frac{1}{3}\alpha}_{\alpha''}-\underbrace{\frac{1}{2}\beta}_{\beta''}=1$ ……③′

⇦ $\alpha\geqq 0$ より, $\alpha''=\frac{1}{3}\alpha\geqq 0$

$\beta\leqq 0$ より, $\beta''=-\frac{1}{2}\beta\geqq 0$

よって, $\frac{1}{3}\alpha=\alpha''$, $-\frac{1}{2}\beta=\beta''$, $3\overrightarrow{OA}=\overrightarrow{OA''}$,

$-2\overrightarrow{OB}=\overrightarrow{OB''}$ とおくと, ①と③′より,

$\overrightarrow{OP}=\underbrace{\frac{1}{3}\alpha}_{\alpha''}\cdot\underbrace{3\overrightarrow{OA}}_{\overrightarrow{OA''}}+\underbrace{\left(-\frac{1}{2}\beta\right)}_{\beta''}\cdot(\underbrace{-2\overrightarrow{OB}}_{\overrightarrow{OB''}})$

$=\alpha''\overrightarrow{OA''}+\beta''\overrightarrow{OB''}$ $(\alpha''+\beta''=1,\ \alpha''\geqq 0,\ \beta''\geqq 0)$

よって, 動点 P は, 右図に示すように,

$\overrightarrow{OA''}=3\overrightarrow{OA}=(6,\ 3)$ と $\overrightarrow{OB''}=-2\overrightarrow{OB}=(2,\ -6)$

の 2 つの終点 A″ と B″ でできる線分 A″B″ を

描く。……………………………………………(答)

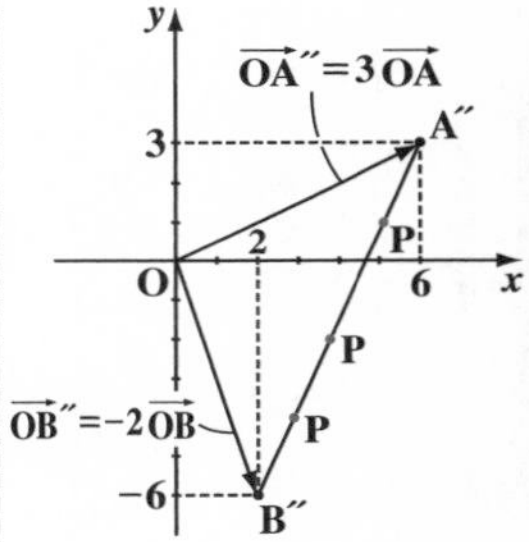

(3) $-2\alpha+3\beta\leqq 6$ ……④, $\alpha\leqq 0$, $\beta\geqq 0$ のとき,

④の両辺を 6 で割って,

$\underbrace{-\frac{1}{3}\alpha}_{\alpha'''}+\underbrace{\frac{1}{2}\beta}_{\beta'''}\leqq 1$ ……④′

⇦ $\alpha\leqq 0$ より, $\alpha'''=-\frac{1}{3}\alpha\geqq 0$

$\beta\geqq 0$ より, $\beta'''=\frac{1}{2}\beta\geqq 0$

よって, $-\frac{1}{3}\alpha=\alpha'''$, $\frac{1}{2}\beta=\beta'''$, $-3\overrightarrow{OA}=\overrightarrow{OA'''}$,

$2\overrightarrow{OB}=\overrightarrow{OB'''}$ とおくと, ①と④′より,

$\overrightarrow{OP}=\underbrace{-\frac{1}{3}\alpha}_{\alpha'''}\cdot(\underbrace{-3\overrightarrow{OA}}_{\overrightarrow{OA'''}})+\underbrace{\frac{1}{2}\beta}_{\beta'''}\cdot\underbrace{2\overrightarrow{OB}}_{\overrightarrow{OB'''}}$

$=\alpha'''\overrightarrow{OA'''}+\beta'''\overrightarrow{OB'''}$ $(\alpha'''+\beta'''\leqq 1,\ \alpha'''\geqq 0,\ \beta'''\geqq 0)$

よって, 動点 P は, 右図に示すように,

$\overrightarrow{OA'''}=-3\overrightarrow{OA}=(-6,\ -3)$ と $\overrightarrow{OB'''}=2\overrightarrow{OB}=(-2,\ 6)$

の終点 A‴ と B‴, および O でできる △OA‴B‴

の周およびその内部を描く。…………………(答)

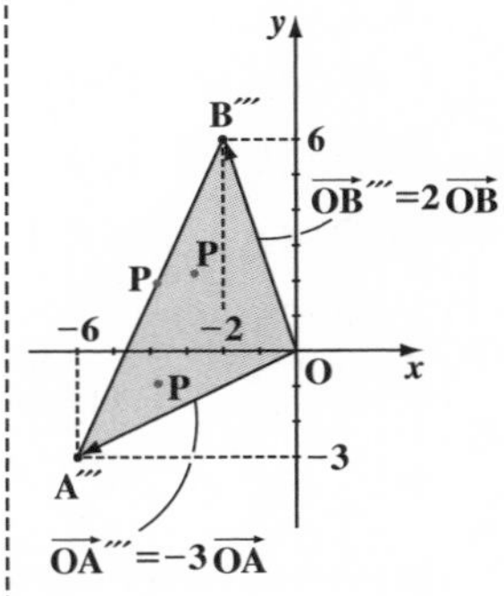

第6章 ● 平面ベクトルの公式の復習

1. $\vec{a}$ と $\vec{b}$ の内積の定義

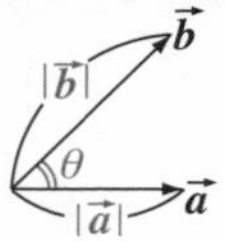

$\vec{a}\cdot\vec{b}=|\vec{a}||\vec{b}|\cos\theta$ （θ：$\vec{a}$ と $\vec{b}$ のなす角）

2. ベクトルの平行・直交条件 （$\vec{a}\neq\vec{0}$, $\vec{b}\neq\vec{0}$, $k\neq0$）（平面・空間共通）

（i）平行条件：$\vec{a}/\!/\vec{b} \Longleftrightarrow \vec{a}=k\vec{b}$ （ii）直交条件：$\vec{a}\perp\vec{b} \Longleftrightarrow \vec{a}\cdot\vec{b}=0$

3. 内積の成分表示

$\vec{a}=(x_1,\ y_1)$, $\vec{b}=(x_2,\ y_2)$ のとき，

注意 空間ベクトルでは，z **成分**の項が新たに加わる。

（i）$\vec{a}\cdot\vec{b}=x_1x_2+y_1y_2$

（ii）$\cos\theta=\dfrac{\vec{a}\cdot\vec{b}}{|\vec{a}||\vec{b}|}=\dfrac{x_1x_2+y_1y_2}{\sqrt{x_1^2+y_1^2}\sqrt{x_2^2+y_2^2}}$ （$\because\ \vec{a}\cdot\vec{b}=|\vec{a}||\vec{b}|\cos\theta$）

4. 内分点の公式

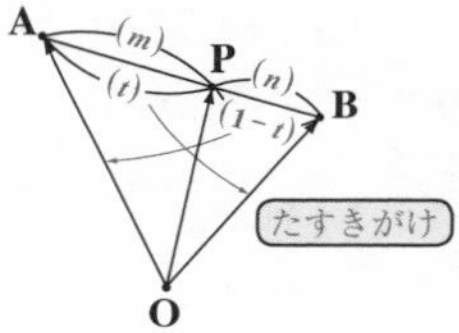

（i）点 **P** が線分 **AB** を $m:n$ に内分するとき，

$$\overrightarrow{OP}=\frac{n\overrightarrow{OA}+m\overrightarrow{OB}}{m+n}$$

（ii）点 **P** が線分 **AB** を $t:1-t$ に内分するとき，

$$\overrightarrow{OP}=(1-t)\overrightarrow{OA}+t\overrightarrow{OB}\quad(0<t<1)$$

5. 外分点の公式

点 **Q** が線分 **AB** を $m:n$ に外分するとき，

$$\overrightarrow{OQ}=\frac{-n\overrightarrow{OA}+m\overrightarrow{OB}}{m-n}$$

6. △ABC の重心 G に関するベクトル公式（平面・空間共通）

（i）$\overrightarrow{OG}=\dfrac{1}{3}(\overrightarrow{OA}+\overrightarrow{OB}+\overrightarrow{OC})$ （ii）$\overrightarrow{AG}=\dfrac{1}{3}(\overrightarrow{AB}+\overrightarrow{AC})$ （iii）$\overrightarrow{GA}+\overrightarrow{GB}+\overrightarrow{GC}=\vec{0}$

7. 様々な図形のベクトル方程式

(1) 円：$|\overrightarrow{OP}-\overrightarrow{OA}|=r$, $(\overrightarrow{OP}-\overrightarrow{OA})\cdot(\overrightarrow{OP}-\overrightarrow{OB})=0$

(2) 直線：$\overrightarrow{OP}=\overrightarrow{OA}+t\vec{d}$, $\vec{n}\cdot(\overrightarrow{OP}-\overrightarrow{OA})=0$

(3) 直線 AB：$\overrightarrow{OP}=\alpha\overrightarrow{OA}+\beta\overrightarrow{OB}$ $(\alpha+\beta=1)$

(4) 線分 AB：$\overrightarrow{OP}=\alpha\overrightarrow{OA}+\beta\overrightarrow{OB}$ $(\alpha+\beta=1,\ \alpha\geqq0,\ \beta\geqq0)$

(5) △OAB：$\overrightarrow{OP}=\alpha\overrightarrow{OA}+\beta\overrightarrow{OB}$ $(\alpha+\beta\leqq1,\ \alpha\geqq0,\ \beta\geqq0)$

第7章
CHAPTER

7 空間ベクトル

テーマ

▶ 空間図形と空間座標の基本

$\left(\mathbf{AB}=\sqrt{(x_1-x_2)^2+(y_1-y_2)^2+(z_1-z_2)^2}\right)$

▶ 空間ベクトルの基本

$(\vec{p}=s\vec{a}+t\vec{b}+u\vec{c},\ \overrightarrow{\mathrm{OA}}=(x_1,\ y_1,\ z_1))$

▶ 空間における図形のベクトル方程式

$\left(\overrightarrow{\mathrm{OP}}=\overrightarrow{\mathrm{OA}}+t\vec{d},\ \dfrac{x-x_1}{l}=\dfrac{y-y_1}{m}=\dfrac{z-z_1}{n}\right)$

第7章 空間ベクトル ●公式&解法パターン

1. 空間座標の基本

(1) 簡単な平面の **3** つの方程式を覚えよう。

(i) yz 平面と平行 (x 軸と垂直) で，x 切片 a の平面の方程式は，
$x=a$ である。 ← ($a=0$ のとき，yz 平面：$x=0$ になる)

(ii) zx 平面と平行 (y 軸と垂直) で，y 切片 b の平面の方程式は，
$y=b$ である。 ← ($b=0$ のとき，zx 平面：$y=0$ になる)

(iii) xy 平面と平行 (z 軸と垂直) で，z 切片 c の平面の方程式は，
$z=c$ である。 ← ($c=0$ のとき，xy 平面：$z=0$ になる)

(2) **2** 点間の距離 (線分の長さ) の公式も頭に入れよう。

(i) 2点 $\mathrm{O}(0,\ 0,\ 0)$，$\mathrm{A}(x_1,\ y_1,\ z_1)$ の間の距離 OA は，
$\mathrm{OA}=\sqrt{x_1{}^2+y_1{}^2+z_1{}^2}$ となる。 ← (線分OAの長さの公式でもある)

(ii) 2点 $\mathrm{A}(x_1,\ y_1,\ z_1)$，$\mathrm{B}(x_2,\ y_2,\ z_2)$ の間の距離 AB は，
$\mathrm{AB}=\sqrt{(x_2-x_1)^2+(y_2-y_1)^2+(z_2-z_1)^2}$ となる。 ← (線分ABの長さの公式)

2. 空間ベクトルと平面ベクトルの比較

(I) **空間ベクトル**と平面ベクトルで，公式や考え方の同じものを示そう。

(1) ベクトルの実数倍

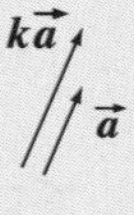

(2) ベクトルの和と差

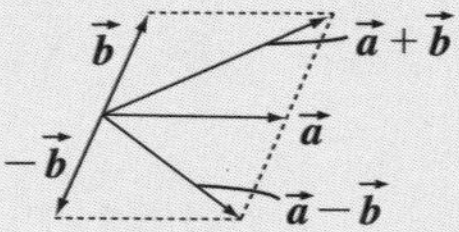

(3) まわり道の原理

・たし算形式
$\overrightarrow{\mathrm{AB}}=\overrightarrow{\mathrm{AC}}+\overrightarrow{\mathrm{CB}}$ など

・引き算形式
$\overrightarrow{\mathrm{AB}}=\overrightarrow{\mathrm{OB}}-\overrightarrow{\mathrm{OA}}$ など

(4) ベクトルの計算

$2(\vec{a}-\vec{b})-3\vec{c}$
$=2\vec{a}-2\vec{b}-3\vec{c}$
などの計算

(5) 内積の定義

$\vec{a}\cdot\vec{b}=|\vec{a}||\vec{b}|\cos\theta$

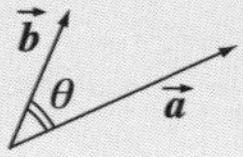

(6) 内積の演算

・$(\vec{a}-\vec{b})\cdot(2\vec{b}+\vec{c})$
などの計算

・$|\vec{a}+\vec{b}|^2$ などの計算

(7) 三角形の面積 S

$S=\frac{1}{2}\sqrt{|\vec{a}|^2|\vec{b}|^2-(\vec{a}\cdot\vec{b})^2}$

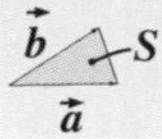

(8) 内分点の公式

点 P が線分 AB を $m:n$ に内分するとき，

$\overrightarrow{\mathrm{OP}}=\dfrac{n\overrightarrow{\mathrm{OA}}+m\overrightarrow{\mathrm{OB}}}{m+n}$

(9) 外分点の公式

点 P が線分 AB を $m:n$ に外分するとき，

$\overrightarrow{\mathrm{OP}}=\dfrac{-n\overrightarrow{\mathrm{OA}}+m\overrightarrow{\mathrm{OB}}}{m-n}$

(10) ベクトルの平行・直交条件

・$\vec{a}\,/\!/\,\vec{b}$ のとき，
$\vec{a}=k\vec{b}\ (k\neq0)$
・$\vec{a}\perp\vec{b}$ のとき，
$\vec{a}\cdot\vec{b}=0$

(11) 3点が同一直線上

3点 A, B, C が同一直線上にあるとき，
$\overrightarrow{\mathrm{AC}}=k\overrightarrow{\mathrm{AB}}\quad(k\neq0)$

(12) 直線の方程式

$\overrightarrow{\mathrm{OP}}=\overrightarrow{\mathrm{OA}}+t\vec{d}$
（A：通る点
$\vec{d}$：方向ベクトル）

(Ⅱ) 空間ベクトルと平面ベクトルで，異なるものは次の通りだ。

(1) どんな空間ベクトル $\vec{p}$ も，1次独立な3つのベクトル $\vec{a}$, $\vec{b}$, $\vec{c}$ の1次結合：

$\vec{p}=s\vec{a}+t\vec{b}+u\vec{c}$ (s, t, u：実数) で表せる。

（1次独立な：$\vec{0}$ でなく，かつ同一平面上にない）
（$+u\vec{c}$：これが，空間ベクトルでは加わる）

(2) 空間ベクトル $\vec{a}$ を成分表示すると，$\vec{a}=(x_1,\ y_1,\ z_1)$ となる。（z_1：これが，空間ベクトルでは加わる）

3. 空間ベクトルの大きさと内積

(1) $\vec{a}=(x_1,\ y_1,\ z_1)$ の大きさ $|\vec{a}|$ は，$|\vec{a}|=\sqrt{x_1^2+y_1^2+z_1^2}$ となる。

(2) $\overrightarrow{\mathrm{OA}}=(x_1,\ y_1,\ z_1)$，$\overrightarrow{\mathrm{OB}}=(x_2,\ y_2,\ z_2)$ のとき，$\overrightarrow{\mathrm{AB}}$ の大きさ $|\overrightarrow{\mathrm{AB}}|$ は，

$|\overrightarrow{\mathrm{AB}}|=\sqrt{(x_2-x_1)^2+(y_2-y_1)^2+(z_2-z_1)^2}$ となる。

(3) $\vec{a}$ と $\vec{b}$ の内積 $\vec{a}\cdot\vec{b}$ は，$\vec{a}$ と $\vec{b}$ のなす角 $\theta\ (0\leqq\theta\leqq\pi)$ を用いて，

$\vec{a}\cdot\vec{b}=|\vec{a}||\vec{b}|\cos\theta$ で定義される。

ここで，$\vec{a}=(x_1,\ y_1,\ z_1)$，$\vec{b}=(x_2,\ y_2,\ z_2)$ のとき，

(ⅰ) $\vec{a}\cdot\vec{b}=x_1x_2+y_1y_2+z_1z_2$

(ⅱ) $\cos\theta=\dfrac{\vec{a}\cdot\vec{b}}{|\vec{a}||\vec{b}|}=\dfrac{x_1x_2+y_1y_2+z_1z_2}{\sqrt{x_1^2+y_1^2+y_1^2}\sqrt{x_2^2+y_2^2+z_2^2}}$ である。

(*ex*) $\vec{a}=(2,0,-1)$，$\vec{b}=(1,-3,0)$ のとき，$\vec{a}$ と $\vec{b}$ のなす角を θ とおいて，$\cos\theta$ を求めると，

$$\cos\theta=\frac{2\cdot1+\cancel{0\cdot(-3)}+\cancel{(-1)\cdot0}}{\sqrt{2^2+\cancel{0^2}+(-1)^2}\cdot\sqrt{1^2+(-3)^2+\cancel{0^2}}}=\frac{2}{\sqrt{5}\cdot\sqrt{10}}=\frac{2}{5\sqrt{2}}=\frac{\sqrt{2}}{5}$$

4. 空間ベクトルの内分点・外分点の公式

xyz 座標空間上に 2 点 $A(x_1, y_1, z_1)$，$B(x_2, y_2, z_2)$ がある。

（これから，$\overrightarrow{OA}=(x_1, y_1, z_1)$）（$\overrightarrow{OB}=(x_2, y_2, z_2)$とおける。）

(1) 点 P が線分 AB を $m:n$ に内分するとき，

$$\overrightarrow{OP}=\frac{n\overrightarrow{OA}+m\overrightarrow{OB}}{m+n}$$

$$\overrightarrow{OP}=\left(\frac{nx_1+mx_2}{m+n},\ \frac{ny_1+my_2}{m+n},\ \frac{nz_1+mz_2}{m+n}\right)$$

（上の式を成分表示したもの）

（平面ベクトルのときに比べて，この z 成分が加わる。）

(2) 点 P が線分 AB を $m:n$ に外分するとき，

$$\overrightarrow{OP}=\frac{-n\overrightarrow{OA}+m\overrightarrow{OB}}{m-n}$$

$$\overrightarrow{OP}=\left(\frac{-nx_1+mx_2}{m-n},\ \frac{-ny_1+my_2}{m-n},\ \frac{-nz_1+mz_2}{m-n}\right)$$

（上の式を成分表示したもの）

5. 球面のベクトル方程式

点 A を中心とし，半径 r の球面のベクトル方程式は，

$|\overrightarrow{OP}-\overrightarrow{OA}|=r$ となる。（これは，平面ベクトルの円のベクトル方程式と同じだ。）

ここで，$\overrightarrow{OP}=(x, y, z)$，$\overrightarrow{OA}=(a, b, c)$ とすると，球面の方程式は，

$(x-a)^2+(y-b)^2+(z-c)^2=r^2$ となる。

6. 空間における直線のベクトル方程式

(1) 点 A を通り，方向ベクトル $\vec{d}$ の直線のベクトル方程式：

$\overrightarrow{OP}=\overrightarrow{OA}+t\vec{d}$ ………$(*)$ （t：媒介変数）

(2) 直線 AB のベクトル方程式：

$\overrightarrow{OP}=\alpha\overrightarrow{OA}+\beta\overrightarrow{OB}$ $(\alpha+\beta=1)$

(1) の $(*)$ の式で，$\overrightarrow{OP}=(x, y, z)$，$\overrightarrow{OA}=(x_1, y_1, z_1)$，$\vec{d}=(l, m, n)$ とおくと，直線の方程式は，次式で表されることも覚えておこう。

$\frac{x-x_1}{l}=\frac{y-y_1}{m}=\frac{z-z_1}{n}\ (=t)$ （l, m, n は，すべて 0 でない）

(ex) 点 $A(-1, 2, -3)$ を通り，方向ベクトル $\vec{d}=(5, -4, 2)$ の直線の方程式は，$\frac{x+1}{5}=\frac{y-2}{-4}=\frac{z+3}{2}$ である。

7. 空間における平面のベクトル方程式

(1) 同一直線上にない 3 点 A，B，C を通る平面のベクトル方程式：

$\overrightarrow{OP} = \overrightarrow{OA} + s\overrightarrow{AB} + t\overrightarrow{AC}$ ………(＊＊)　(s，t：実数変数)

(2) 点 A を通り，1 次独立な 2 つの方向ベクトル $\vec{d_1}$，$\vec{d_2}$ をもつ平面のベクトル方程式：

$\overrightarrow{OP} = \overrightarrow{OA} + s\vec{d_1} + t\vec{d_2}$ …………(＊＊)′　(s，t：媒介変数)

(1)の 3 点 A，B，C を通る平面の方程式(＊＊)は，まわり道の原理を使って変形すると，

$$\overrightarrow{OP} = \overrightarrow{OA} + s(\overrightarrow{OB} - \overrightarrow{OA}) + t(\overrightarrow{OC} - \overrightarrow{OA})$$

$$= \underbrace{(1-s-t)}_{\alpha}\overrightarrow{OA} + \underbrace{s}_{\beta}\overrightarrow{OB} + \underbrace{t}_{\gamma}\overrightarrow{OC}$$ となるので，

$1-s-t=\alpha$，$s=\beta$，$t=\gamma$　とおくと，

$\overrightarrow{OP} = \alpha\overrightarrow{OA} + \beta\overrightarrow{OB} + \gamma\overrightarrow{OC}$　$(\alpha+\beta+\gamma=1)$ となることも覚えておこう。

(3) 法線ベクトル $\vec{n}$ を使った平面の方程式も頻出だ。

点 $A(x_1, y_1, z_1)$ を通り，

法線ベクトル $\vec{n} = (a, b, c)$ （平面と垂直なベクトル）

をもつ平面の方程式は，

$$a(x-x_1)+b(y-y_1)+c(z-z_1)=0$$

………(＊＊)″

となる。これをさらに変形して，

$ax+by+cz\underbrace{-ax_1-by_1-cz_1}_{\text{これを，定数 } d \text{ とおく}}=0$

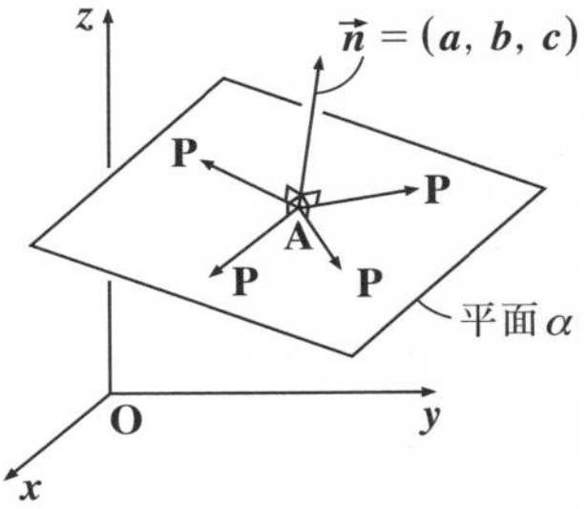

$-ax_1-by_1-cz_1=d$ (定数) とおくと，見なれた平面の方程式

$ax+by+cz+d=0$ が導けるんだね。

> (ex) 点 $A(1, -2, \sqrt{3})$ を通り，法線ベクトル $\vec{n}=(2, -5, \sqrt{3})$ の平面の方程式は，
>
> $2(x-1)-5(y+2)+\sqrt{3}(z-\sqrt{3})=0$ より，$2x-5y+\sqrt{3}z-2-10-3=0$
>
> $\therefore 2x-5y+\sqrt{3}z-15=0$　である。

空間上の2点間の距離

元気力アップ問題 107　難易度 ☆☆　CHECK 1　CHECK 2　CHECK 3

xyz 座標空間上に点 $\mathbf{A(2,\ 1,\ 0)}$ と，平面 π_1：$x=-2$ および平面 π_2：$z=3$ がある。2 平面 π_1 と π_2 の交線上の点を $\mathbf{B}$ とおく。$\mathbf{AB}=\sqrt{34}$ となるとき，点 $\mathbf{B}$ の座標を求めよ。

ヒント！ 点 B は，平面 π_1：$x=-2$ と平面 π_2：$z=3$ の交線上の点なので，その座標は $\mathbf{B(-2,\ y,\ 3)}$ となる。後は，$\mathbf{AB}=\sqrt{34}$ から，y 座標を求めればいい。

解答＆解説

ココがポイント

右図に示すように，

平面 π_1：$x=-2$ と平面 π_2：$z=3$ の
（x 軸に垂直な平面）（z 軸に垂直な平面）

交線を l とおくと，点 B は l 上の点より，$\mathbf{B(-2,\ y,\ 3)}$ となる。

（$x=-2$ と $z=3$ は固定されていて，y 座標のみ変化する。）

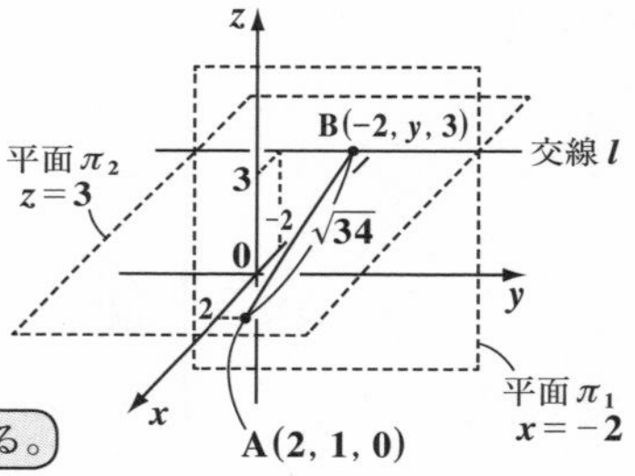

ここで，点 $\mathbf{A(2,1,0)}$ より，線分 AB の長さが $\sqrt{34}$ から，

$\mathbf{AB}=\sqrt{34}$　　両辺を 2 乗して，

$\mathbf{AB}^2=34$　　$4^2+(y-1)^2+3^2=34$

⇦ $\mathbf{AB}^2=\{2-(-2)\}^2+(1-y)^2+(0-3)^2$

$(y-1)^2+25=34$　　$(y-1)^2=9$

$y-1=\pm\sqrt{9}=\pm3$ より，$y=3+1$ または $-3+1$

$\therefore\ y=4$ または -2

⇦ $(y-1)^2=9$
$y^2-2y+1=9$
$y^2-2y-8=0$
$(y-4)(y+2)=0$
$\therefore\ y=4,\ -2$ と
解いてももちろんいいよ。

以上より，$\mathbf{AB}=\sqrt{34}$ をみたす点 B の座標は，

$\mathbf{B(-2,\ 4,\ 3)}$ または $(-2,\ -2,\ 3)$ である。……(答)

空間ベクトルの計算(I)

元気力アップ問題 108　難易度 ☆☆　CHECK 1　CHECK 2　CHECK 3

1 辺の長さが **1** の正四面体 **OABC** があり，辺 **AB** の中点を **M** とおく。ここで，$\overrightarrow{OA}=\vec{a}$，$\overrightarrow{OB}=\vec{b}$，$\overrightarrow{OC}=\vec{c}$ とおく。

(1) 内積 $\vec{a}\cdot\vec{c}$ と $\vec{b}\cdot\vec{c}$ を求めよ。

(2) 内積 $\overrightarrow{OM}\cdot\overrightarrow{OC}$ と $\overrightarrow{MO}\cdot\overrightarrow{MC}$ を求めよ。　(成蹊大＊)

ヒント！ 内分点の公式やまわり道の原理，それに内積の演算など…，平面ベクトルのときと同様に計算できる。図を描きながら解いていこう。

解答＆解説

(1) (i) △**OAC** は **1** 辺の長さが **1** の正三角形より，

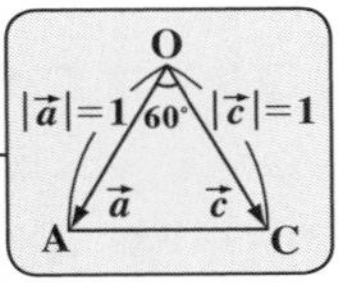

$$\vec{a}\cdot\vec{c}=\underbrace{|\vec{a}|}_{1}\underbrace{|\vec{c}|}_{1}\underbrace{\cos60^\circ}_{\frac{1}{2}}=1\cdot1\cdot\frac{1}{2}=\frac{1}{2}$$

……① ……(答)

(ii) △**OBC** も **1** 辺の長さが **1** の正三角形より，同様に，

$$\vec{b}\cdot\vec{c}=|\vec{b}||\vec{c}|\cos60^\circ=1\cdot1\cdot\frac{1}{2}=\frac{1}{2}\ \cdots②\ \cdots\cdots(答)$$

(2) (i) 点 **M** は線分 **AB** の中点より，

$$\overrightarrow{OM}=\frac{1}{2}(\overrightarrow{OA}+\overrightarrow{OB})=\frac{1}{2}(\vec{a}+\vec{b})\ \cdots\cdots③ \text{ となる。}$$

よって，③を用いると，

$$\overrightarrow{OM}\cdot\overrightarrow{OC}=\frac{1}{2}(\vec{a}+\vec{b})\cdot\vec{c}=\frac{1}{2}(\underbrace{\vec{a}\cdot\vec{c}}_{\frac{1}{2}(①より)}+\underbrace{\vec{b}\cdot\vec{c}}_{\frac{1}{2}(②より)})$$

$$=\frac{1}{2}\times1=\frac{1}{2}\ \cdots\cdots④\ \cdots\cdots(答)$$

(ii)
$$\underbrace{\overrightarrow{MO}}_{-\overrightarrow{OM}}\cdot\underbrace{\overrightarrow{MC}}_{(\overrightarrow{OC}-\overrightarrow{OM})}=-\overrightarrow{OM}\cdot(\overrightarrow{OC}-\overrightarrow{OM})=-\underbrace{\overrightarrow{OM}\cdot\overrightarrow{OC}}_{\frac{1}{2}(④より)}+\underbrace{|\overrightarrow{OM}|^2}_{\left(\frac{\sqrt{3}}{2}\right)^2}$$

←まわり道の原理

$$=-\frac{1}{2}+\frac{3}{4}=\frac{1}{4}\ \cdots\cdots(答)$$

ココがポイント

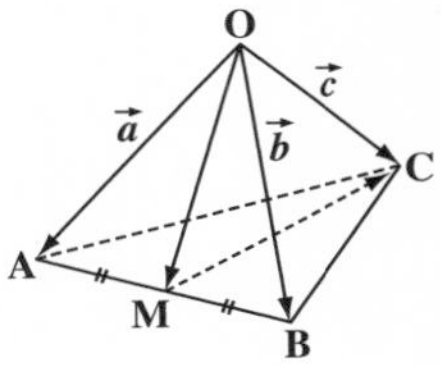

⇦
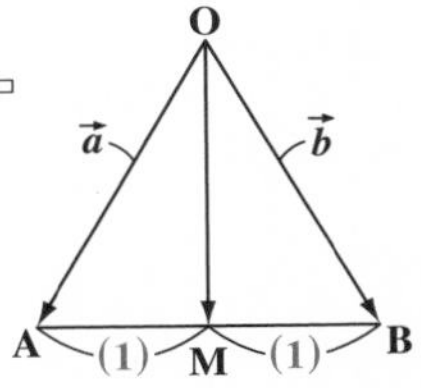

⇦
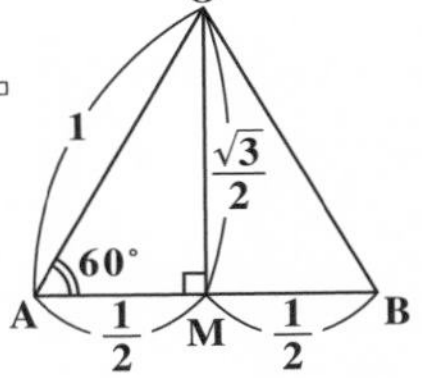

$\therefore OM=|\overrightarrow{OM}|=\frac{\sqrt{3}}{2}$

空間ベクトルの計算(Ⅱ)

元気力アップ問題 109　難易度 ★★　CHECK 1　CHECK 2　CHECK 3

1辺の長さが1の正四面体OABCがあり，頂点Oから△ABCに下ろした垂線の足をHとおく。また，$\overrightarrow{OA}=\vec{a}$，$\overrightarrow{OB}=\vec{b}$，$\overrightarrow{OC}=\vec{c}$ とおく。

(1) $\overrightarrow{OH}$ を $\vec{a}$，$\vec{b}$，$\vec{c}$ で表し，$|\overrightarrow{OH}|$ を求めよ。

(2) 四面体OABCの体積 V を求めよ。　　(佐賀大＊)

ヒント！ (1) 点Hが△ABCの重心Gであることに気付けばいいね。(2)の体積 V は，△ABCの面積を S，$|\overrightarrow{OH}|=h$ とおいて求めよう。

解答＆解説

(1) 四面体OABCは1辺の長さ1の正四面体より，Oから△ABCに下ろした垂線の足Hは，正四面体の対称性により△ABCの重心になる。よって，

$$\overrightarrow{OH}=\frac{1}{3}(\overrightarrow{OA}+\overrightarrow{OB}+\overrightarrow{OC})=\frac{1}{3}(\vec{a}+\vec{b}+\vec{c})\ \cdots\cdots①$$

………(答)

ここで，$|\vec{a}|=|\vec{b}|=|\vec{c}|=1$　また，△OAB，△OBC，△OCAは正三角形より，

$$\vec{a}\cdot\vec{b}=\vec{b}\cdot\vec{c}=\vec{c}\cdot\vec{a}=1\times1\times\frac{1}{2}=\frac{1}{2}$$

よって，①より，$|\overrightarrow{OH}|^2$ は，

$$|\overrightarrow{OH}|^2=\frac{1}{9}|\vec{a}+\vec{b}+\vec{c}|^2$$

$(a+b+c)^2$
$=a^2+b^2+c^2+2ab+2bc+2ca$
と同様

$$=\frac{1}{9}(|\vec{a}|^2+|\vec{b}|^2+|\vec{c}|^2+2\vec{a}\cdot\vec{b}+2\vec{b}\cdot\vec{c}+2\vec{c}\cdot\vec{a})$$

$\therefore |\overrightarrow{OH}|^2=\frac{6}{9}$ より，$|\overrightarrow{OH}|=\sqrt{\frac{6}{9}}=\frac{\sqrt{6}}{3}$ …………(答)

(2) △ABCの面積を S とおき，高さを $h=|\overrightarrow{OH}|$ とおくと，正四面体OABCの体積 V は，

$$V=\frac{1}{3}\cdot S\cdot h=\frac{1}{3}\cdot\frac{\sqrt{3}}{4}\cdot\frac{\sqrt{6}}{3}=\frac{\cancel{3}\sqrt{2}}{\cancel{3}\cdot3\cdot4}=\frac{\sqrt{2}}{12}\ \cdots\cdots(答)$$

ココがポイント

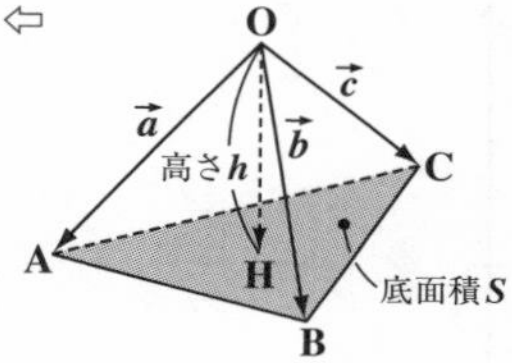

Hは△ABCの重心だね。

⇦ $\vec{a}\cdot\vec{b}=|\vec{a}|\cdot|\vec{b}|\cdot\cos60°$（$|\vec{a}|=1$，$|\vec{b}|=1$，$\cos60°=\frac{1}{2}$）
$\vec{b}\cdot\vec{c}$，$\vec{c}\cdot\vec{a}$ も同様。

⇦ $\frac{1}{9}\left(1^2+1^2+1^2+2\cdot\frac{1}{2}+2\cdot\frac{1}{2}+2\cdot\frac{1}{2}\right)=\frac{6}{9}$

⇦ ・1辺の長さが1の正三角形の面積 S は，
$S=\frac{\sqrt{3}}{4}\cdot1^2=\frac{\sqrt{3}}{4}$
・$h=|\overrightarrow{OH}|=\frac{\sqrt{6}}{3}$

空間ベクトルの成分表示(Ⅰ)

元気力アップ問題 110　難易度 ☆☆　CHECK 1　CHECK 2　CHECK 3

座標空間上の **3** 点 **A(1, −1, 2)**, **B(2, 1, 4)**, **C(−1, 2, 5)** について，$\overrightarrow{AB}$ と $\overrightarrow{AC}$ の両方に直交する単位ベクトル $\vec{e}$ を求めよ。　(東京都市大)

ヒント！ $\vec{p}=(x_1, y_1, z_1)$ と $\vec{q}=(x_2, y_2, z_2)$ が，$\vec{p}\perp\vec{q}$ (垂直) であるための条件は，$\vec{p}\cdot\vec{q}=x_1x_2+y_1y_2+z_1z_2=0$ なんだね。これを利用しよう。

解答＆解説

原点を O とおくと，

$\overrightarrow{OA}=(1,-1,2)$, $\overrightarrow{OB}=(2,1,4)$, $\overrightarrow{OC}=(-1,2,5)$ より，

$$\begin{cases}\cdot\overrightarrow{AB}=\overrightarrow{OB}-\overrightarrow{OA}=(2,1,4)-(1,-1,2)=(1,2,2)\\ \cdot\overrightarrow{AC}=\overrightarrow{OC}-\overrightarrow{OA}=(-1,2,5)-(1,-1,2)=(-2,3,3)\end{cases}$$

ここで，$\overrightarrow{AB}$ と $\overrightarrow{AC}$ の両方に直交する単位ベクトル $\vec{e}$ を $\vec{e}=(x, y, z)$ とおくと，

$|\vec{e}|^2=x^2+y^2+z^2=1$ ……① である。

(i) $\overrightarrow{AB}\perp\vec{e}$ より，

$\overrightarrow{AB}\cdot\vec{e}=1\cdot x+2\cdot y+2\cdot z=0$

$\therefore x+2y+2z=0$ ………②

(ii) $\overrightarrow{AC}\perp\vec{e}$ より，

$\overrightarrow{AC}\cdot\vec{e}=-2\cdot x+3\cdot y+3\cdot z=0$

$\therefore -2x+3y+3z=0$ ……③

> $\cdot\overrightarrow{AB}\cdot\vec{e}=|\overrightarrow{AB}||\vec{e}|\cdot\cos 90^\circ$ （$|\vec{e}|=1$，$\cos 90^\circ=0$）
> $=0$ となる。
> ・同様に，$\overrightarrow{AC}\cdot\vec{e}=0$ となる。

ここで，②×3 − ③×2 より，$x=0$ ……………④

④を②に代入して，$2y+2z=0$　$\therefore z=-y$ ……⑤

④，⑤を①に代入して，$0^2+y^2+(-y)^2=1$

$2y^2=1$　　$y^2=\dfrac{1}{2}$　　$\therefore y=\pm\dfrac{1}{\sqrt{2}}$

⑤より，$z=\mp\dfrac{1}{\sqrt{2}}$ (複号同順)

以上より，求める単位ベクトル $\vec{e}$ は，

$\vec{e}=\left(0, \dfrac{1}{\sqrt{2}}, -\dfrac{1}{\sqrt{2}}\right), \left(0, -\dfrac{1}{\sqrt{2}}, \dfrac{1}{\sqrt{2}}\right)$ である。……(答)

ココがポイント

⇦まわり道の原理
・$\overrightarrow{AB}=\overrightarrow{OB}-\overrightarrow{OA}$
・$\overrightarrow{AC}=\overrightarrow{OC}-\overrightarrow{OA}$

⇦単位ベクトルとは，大きさが **1** のベクトルのこと。
よって，
$|\vec{e}|=1$ より，$|\vec{e}|^2=1$

⇦イメージ

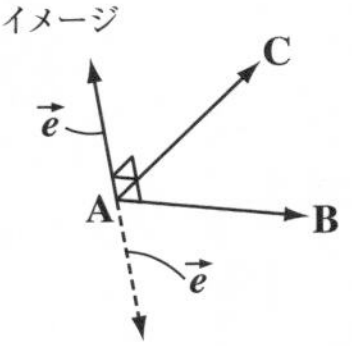

これから，$\vec{e}$ は **2** 通り存在する。

⇦②×3 − ③×2 より，
$3x-2\cdot(-2)x=0$
$7x=0$　$\therefore x=0$

⇦$\cdot y=\dfrac{1}{\sqrt{2}}$ のとき，$z=-\dfrac{1}{\sqrt{2}}$
$\cdot y=-\dfrac{1}{\sqrt{2}}$ のとき，$z=\dfrac{1}{\sqrt{2}}$
となる。

空間ベクトルの成分表示(Ⅱ)

元気力アップ問題 111　難易度 ★★　CHECK 1　CHECK 2　CHECK 3

座標空間上に 4 点 A(1, 0, 1), B(2, 1, −1), C(0, 2, 2), D(4, α, −3) がある。4 点 A, B, C, D が同一平面上にあるとき，α の値を求めよ。また，$|\overrightarrow{AD}|$ を求めよ。

ヒント！ 4 点 A, B, C, D が同一平面上にあるとき，$\overrightarrow{AD}=s\overrightarrow{AB}+t\overrightarrow{AC}$ をみたす実数 s, t が存在する。これは，図のイメージからすぐに分かるはずだ。

解答＆解説

原点を O とおくと，

$\overrightarrow{OA}=(1, 0, 1)$, $\overrightarrow{OB}=(2, 1, -1)$, $\overrightarrow{OC}=(0, 2, 2)$,

$\overrightarrow{OD}=(4, \alpha, -3)$ より，

$$\begin{cases} \cdot\overrightarrow{AB}=\overrightarrow{OB}-\overrightarrow{OA}=(2, 1, -1)-(1, 0, 1)=(1, 1, -2) \\ \cdot\overrightarrow{AC}=\overrightarrow{OC}-\overrightarrow{OA}=(0, 2, 2)-(1, 0, 1)=(-1, 2, 1) \\ \cdot\overrightarrow{AD}=\overrightarrow{OD}-\overrightarrow{OA}=(4, \alpha, -3)-(1, 0, 1)=(3, \alpha, -4) \end{cases}$$

⇦まわり道の原理

となる。ここで，4 点 A, B, C, D が同一平面上にあるとき，右図より，次式をみたす実数 s と t が必ず存在する。

⇦ イメージ

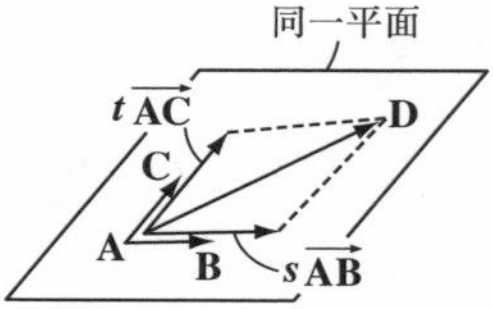

$$\overrightarrow{AD}=s\overrightarrow{AB}+t\overrightarrow{AC}$$

$$(3, \alpha, -4)=s(1, 1, -2)+t(-1, 2, 1)$$
$$=(s-t, s+2t, -2s+t)$$

$\therefore 3=s-t$ …………①　　$\alpha=s+2t$ ……②

$-4=-2s+t$ ……③

①, ②, ③を解いて，$s=1$, $t=-2$, $\alpha=-3$ となる。

………(答)

⇦①＋③より，
$-1=-s$　$\therefore s=1$
これを③に代入して，
$-4=-2+t$　$\therefore t=-2$
よって，②より
$\alpha=1+2\cdot(-2)=-3$

よって，$\overrightarrow{AD}=(3, \alpha, -4)=(3, -3, -4)$ より，

$|\overrightarrow{AD}|$ は，次のように求められる。

$$|\overrightarrow{AD}|=\sqrt{3^2+(-3)^2+(-4)^2}=\sqrt{9+9+16}=\sqrt{34}$$ ……(答)

ココがポイント

空間上の三角形の面積

元気力アップ問題 112　難易度 ★★　CHECK 1　CHECK 2　CHECK 3

座標空間上に3点 $\mathrm{A}(2,\ 1,\ 1)$, $\mathrm{B}(x,\ 0,\ 2)$, $\mathrm{C}(3,\ 2,\ 0)$ があり，$|\overrightarrow{\mathrm{AB}}|=\sqrt{11}$ である。このとき，x の値を求めよ。ただし，$x<0$ とする。また，$\triangle\mathrm{ABC}$ の面積 S を求めよ。

ヒント！ 空間ベクトルにおいても，$\triangle\mathrm{ABC}$ の面積 S は，$S=\frac{1}{2}\sqrt{|\overrightarrow{\mathrm{AB}}|^2\cdot|\overrightarrow{\mathrm{AC}}|^2-(\overrightarrow{\mathrm{AB}}\cdot\overrightarrow{\mathrm{AC}})^2}$ で求めることができる。だから，まず，$|\overrightarrow{\mathrm{AB}}|^2$, $|\overrightarrow{\mathrm{AC}}|^2$, $\overrightarrow{\mathrm{AB}}\cdot\overrightarrow{\mathrm{AC}}$ を求めよう。

解答＆解説

原点を O とおくと，

$\overrightarrow{\mathrm{OA}}=(2,\ 1,\ 1)$, $\overrightarrow{\mathrm{OB}}=(x,\ 0,\ 2)$, $\overrightarrow{\mathrm{OC}}=(3,\ 2,\ 0)$ より，

$$\begin{cases}\cdot\ \overrightarrow{\mathrm{AB}}=\overrightarrow{\mathrm{OB}}-\overrightarrow{\mathrm{OA}}=(x,\ 0,\ 2)-(2,\ 1,\ 1)=(x-2,\ -1,\ 1)\\ \cdot\ \overrightarrow{\mathrm{AC}}=\overrightarrow{\mathrm{OC}}-\overrightarrow{\mathrm{OA}}=(3,\ 2,\ 0)-(2,\ 1,\ 1)=(1,\ 1,\ -1)\end{cases}$$

ここで，$|\overrightarrow{\mathrm{AB}}|=\sqrt{11}$，すなわち，$|\overrightarrow{\mathrm{AB}}|^2=11$ より，

$$|\overrightarrow{\mathrm{AB}}|^2=(x-2)^2+(-1)^2+1^2=11\quad(\text{ただし，}x<0)$$

これを解いて，$x=-1$

よって，$\overrightarrow{\mathrm{AB}}=(-3,\ -1,\ 1)$, $\overrightarrow{\mathrm{AC}}=(1,\ 1,\ -1)$ より，

$\cdot\ |\overrightarrow{\mathrm{AB}}|^2=(-3)^2+(-1)^2+1^2=11$ ………………………①

$\cdot\ |\overrightarrow{\mathrm{AC}}|^2=1^2+1^2+(-1)^2=3$ ……………………………②

$\cdot\ \overrightarrow{\mathrm{AB}}\cdot\overrightarrow{\mathrm{AC}}=-3\cdot1+(-1)\cdot1+1\cdot(-1)=-5$ ………③

①，②，③より，$\triangle\mathrm{ABC}$ の面積 S は，

$$S=\frac{1}{2}\sqrt{\underbrace{|\overrightarrow{\mathrm{AB}}|^2}_{11}\cdot\underbrace{|\overrightarrow{\mathrm{AC}}|^2}_{3}-\underbrace{(\overrightarrow{\mathrm{AB}}\cdot\overrightarrow{\mathrm{AC}})^2}_{(-5)^2}}=\frac{1}{2}\sqrt{33-25}$$

$$=\frac{1}{2}\cdot\sqrt{8}=\frac{1}{2}\times2\sqrt{2}=\sqrt{2}\ \text{である。}\ \cdots\cdots\cdots(\text{答})$$

ココがポイント

⇦まわり道の原理だね。

⇦ $(x-2)^2+1+1=11$
$x^2-4x+4+2-11=0$
$x^2-4x-5=0$
$(x+1)(x-5)=0$
$\therefore x=-1$
$(\because x<0$ より，$x\neq5)$

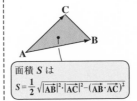

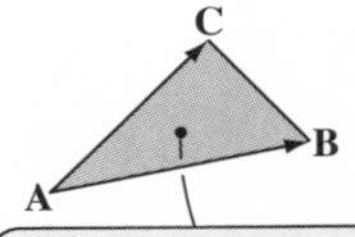

面積 S は
$S=\frac{1}{2}\sqrt{|\overrightarrow{\mathrm{AB}}|^2\cdot|\overrightarrow{\mathrm{AC}}|^2-(\overrightarrow{\mathrm{AB}}\cdot\overrightarrow{\mathrm{AC}})^2}$

空間ベクトルのなす角(I)

元気力アップ問題 113　難易度 ★★　CHECK 1　CHECK 2　CHECK 3

座標空間上に 3 点 A(−2, 1, 3), B(−3, 1, 4), C(−3, 3, 5) がある。

(1) $\overrightarrow{AB}$ と $\overrightarrow{AC}$ のなす角 θ ($0° \leqq \theta \leqq 180°$) を求めよ。

(2) △ABC の面積 S を求めよ。　(宮城教育大*)

ヒント！ (1) は，内積の公式 $\overrightarrow{AB}\cdot\overrightarrow{AC}=|\overrightarrow{AB}||\overrightarrow{AC}|\cos\theta$ から，θ を求めよう。(2) の △ABC の面積 S は，今回は，公式 $S=\frac{1}{2}|\overrightarrow{AB}||\overrightarrow{AC}|\sin\theta$ で求めよう。

解答＆解説

(1) 原点を O とおくと，$\overrightarrow{OA}=(-2, 1, 3)$,

$\overrightarrow{OB}=(-3, 1, 4)$, $\overrightarrow{OC}=(-3, 3, 5)$ より，

・$\overrightarrow{AB}=\overrightarrow{OB}-\overrightarrow{OA}=(-3,1,4)-(-2,1,3)=(-1,0,1)$　⇦まわり道の原理だね。

・$\overrightarrow{AC}=\overrightarrow{OC}-\overrightarrow{OA}=(-3,3,5)-(-2,1,3)=(-1,2,2)$

これから，$|\overrightarrow{AB}|=\sqrt{(-1)^2+0^2+1^2}=\sqrt{2}$ ……①

$|\overrightarrow{AC}|=\sqrt{(-1)^2+2^2+2^2}=\sqrt{9}=3$ ……②

$\overrightarrow{AB}\cdot\overrightarrow{AC}=(-1)^2+\cancel{0\cdot 2}+1\cdot 2=3$ ……③

よって，$\overrightarrow{AB}$ と $\overrightarrow{AC}$ のなす角を θ とおくと，①,②,③より，

$$\cos\theta=\frac{\overrightarrow{AB}\cdot\overrightarrow{AC}}{|\overrightarrow{AB}||\overrightarrow{AC}|}=\frac{3}{\sqrt{2}\cdot 3}=\frac{1}{\sqrt{2}}$$

ここで，$0° \leqq \theta \leqq 180°$ より，$\theta=45°$ である。……(答)

⇦ $\overrightarrow{AB}$ と $\overrightarrow{AC}$ のなす角 θ は，$\cos\theta=\frac{\overrightarrow{AB}\cdot\overrightarrow{AC}}{|\overrightarrow{AB}||\overrightarrow{AC}|}$ から求められる。

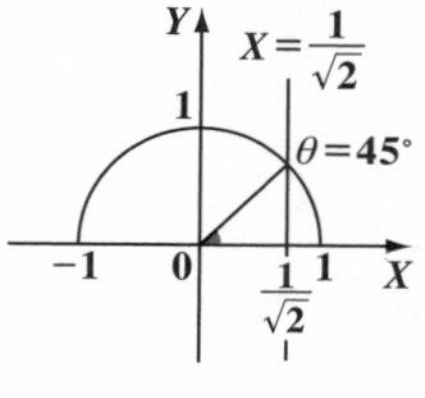

(2) (1) の結果より，

$|\overrightarrow{AB}|=\sqrt{2}$，$|\overrightarrow{AC}|=3$，$\overrightarrow{AB}$ と $\overrightarrow{AC}$ のなす角 $\theta=45°$

より，求める △ABC の面積 S は，

$$S=\frac{1}{2}\underbrace{|\overrightarrow{AB}|}_{\sqrt{2}}\underbrace{|\overrightarrow{AC}|}_{3}\underbrace{\sin 45°}_{\frac{1}{\sqrt{2}}}=\frac{1}{2}\times\cancel{\sqrt{2}}\times 3\times\frac{1}{\cancel{\sqrt{2}}}=\frac{3}{2}$$

………(答)

⇦ イメージ

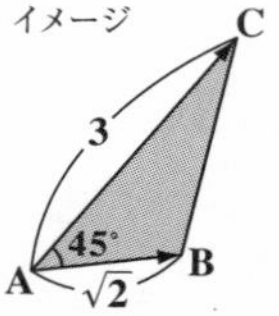

面積 S は，

$S=\frac{1}{2}|\overrightarrow{AB}||\overrightarrow{AC}|\sin\theta$

$S=\frac{1}{2}\sqrt{|\overrightarrow{AB}|^2\cdot|\overrightarrow{AC}|^2-(\overrightarrow{AB}\cdot\overrightarrow{AC})^2}=\frac{1}{2}\sqrt{(\sqrt{2})^2\cdot 3^2-3^2}$

$=\frac{1}{2}\sqrt{18-9}=\frac{3}{2}$ と求めても，もちろんいいよ。

空間ベクトルのなす角(Ⅱ)

元気力アップ問題 114　難易度 ★★　CHECK 1　CHECK 2　CHECK 3

1 辺の長さが **1** の正四面体 **OABC** があり，辺 **AB** を $t:1-t$ に内分する点を **P** とおく。また，$\overrightarrow{OC}$ と $\overrightarrow{OP}$ のなす角を θ とおく。$\cos\theta=\dfrac{3}{2\sqrt{7}}$ であるとき，t の値を求めよ。ただし，$0<t<1$ とする。

ヒント！ 内積の公式 $\overrightarrow{OC}\cdot\overrightarrow{OP}=|\overrightarrow{OC}||\overrightarrow{OP}|\cos\theta$ を利用して，解いていこう。

解答＆解説

1辺の長さ1の正四面体OABCについて，3つのベクトル $\overrightarrow{OA}=\vec{a}$，$\overrightarrow{OB}=\vec{b}$，$\overrightarrow{OC}=\vec{c}$ とおき，また，$\overrightarrow{OP}=\vec{p}$ とおくと，$|\vec{a}|=|\vec{b}|=|\vec{c}|=1$，$\vec{a}\cdot\vec{b}=\vec{b}\cdot\vec{c}=\vec{c}\cdot\vec{a}=\dfrac{1}{2}$ である。

AP：PB $=t:1-t$ より，内分点の公式を用いると，

$\overrightarrow{OP}=\vec{p}=(1-t)\vec{a}+t\vec{b}$ となる。よって，

$|\vec{p}|^2=|(1-t)\vec{a}+t\vec{b}|^2$ ⟶ $\{(1-t)a+tb\}^2$ の展開と同様

$=(1-t)^2\underbrace{|\vec{a}|^2}_{1^2}+2t(1-t)\underbrace{\vec{a}\cdot\vec{b}}_{\frac{1}{2}}+t^2\underbrace{|\vec{b}|^2}_{1^2}$

$=(1-t)^2+t(1-t)+t^2=t^2-t+1$ より，

$|\vec{p}|=\sqrt{t^2-t+1}$ ……①　また，$|\vec{c}|=1$ ……②

$\vec{c}\cdot\vec{p}=\vec{c}\cdot\{(1-t)\vec{a}+t\vec{b}\}=(1-t)\underbrace{\dfrac{1}{2}}_{\vec{c}\cdot\vec{a}}+t\cdot\underbrace{\dfrac{1}{2}}_{\vec{b}\cdot\vec{c}}=\dfrac{1}{2}$ ……③

以上①，②，③を $\underbrace{\vec{c}\cdot\vec{p}}_{\frac{1}{2}}=\underbrace{|\vec{c}|}_{1}\underbrace{|\vec{p}|}_{\sqrt{t^2-t+1}}\cdot\underbrace{\cos\theta}_{\frac{3}{2\sqrt{7}}}$ に代入して，

$\dfrac{1}{2}=1\cdot\sqrt{t^2-t+1}\cdot\dfrac{3}{2\sqrt{7}}$　　$3\sqrt{t^2-t+1}=\sqrt{7}$

これをまとめて，$(3t-1)(3t-2)=0$

$\therefore\ t=\dfrac{1}{3}$ または $\dfrac{2}{3}$ である。…………………………(答)

ココがポイント

⇦ 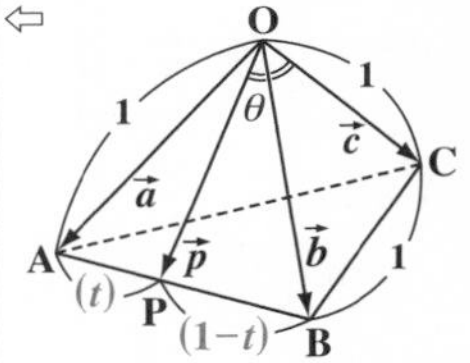

たとえば，
$\vec{a}\cdot\vec{b}=|\vec{a}||\vec{b}|\cos60°$
$=1\cdot1\cdot\dfrac{1}{2}=\dfrac{1}{2}$
$\vec{b}\cdot\vec{c}=\vec{c}\cdot\vec{a}=\dfrac{1}{2}$ も同様だね。

⇦ $1-2t+t^2+t-t^2+t^2$
$=t^2-t+1$

⇦ $\cos\theta=\dfrac{3}{2\sqrt{7}}$ は問題文で与えられている。

⇦ 両辺を2乗して，
$9(t^2-t+1)=7$
$9t^2-9t+2=0$
3 ╲╱ −1
3 ╱╲ −2
$(3t-1)(3t-2)=0$

球面の方程式

元気力アップ問題 115　難易度 ★★　CHECK 1　CHECK 2　CHECK 3

座標空間に，$x^2+y^2+z^2=16$ で表される球面 S_1 と，中心が $A(2,\ -4,\ 4)$ で S_1 と外接する球面 S_2 がある。

(1) 球面 S_2 の方程式を求めよ。

(2) 球面 S_2 と平面 $z=5$ との交わりの円 C の半径を求めよ。

ヒント！ (1) 球面 S_2 の中心は A であり，半径 $r_2=OA-4$ となる。(2) は，(1) で求めた球面 S_2 の方程式に $z=5$ を代入して，交わりの円 C の方程式を求めよう。

解答&解説

(1) 球面 S_1：$x^2+y^2+z^2=16$

（中心 $O(0,\ 0,\ 0)$，半径 $r_1=4$ の球面 S_1）

球面 S_2 は，中心が $A(2,\ -4,\ 4)$ であり，その半径を r_2 とおくと，

球面 S_2：$(x-2)^2+(y+4)^2+(z-4)^2=r_2^2$ ……① となる。

右図に示すように，S_1 と S_2 が外接するとき，

$r_1+r_2=OA$ ……② となる。ここで，$r_1=4$　また，

$OA=\sqrt{2^2+(-4)^2+4^2}=\sqrt{4+16+16}=\sqrt{36}=6$ より，

②は，$4+r_2=6$　$\therefore r_2=2$

これを①に代入して，求める球面 S_2 の方程式は，

$(x-2)^2+(y+4)^2+(z-4)^2=4$ ……①′ …………(答)

(2) ①′の球面 S_2 と平面 $z=5$ ……③ との交わりの円

（z 座標が 5 で，xy 平面と平行な平面のこと）

C の方程式は，③を①′に代入して，

$(x-2)^2+(y+4)^2+\underbrace{(5-4)^2}_{1^2=1}=4$

$(x-2)^2+(y+4)^2=3$ （および，$z=5$）　となる。

（平面 $z=5$ 上の中心 $A'(2,\ -4,\ 5)$，半径 $r'=\sqrt{3}$ の円 C）

よって，求める交わりの円 C の半径 r' は，

$r'=\sqrt{3}$　である。…………………………(答)

ココがポイント

⇦ 中心 $(a,\ b,\ c)$，半径 r の球面の方程式：
$(x-a)^2+(y-b)^2+(z-c)^2=r^2$

⇦
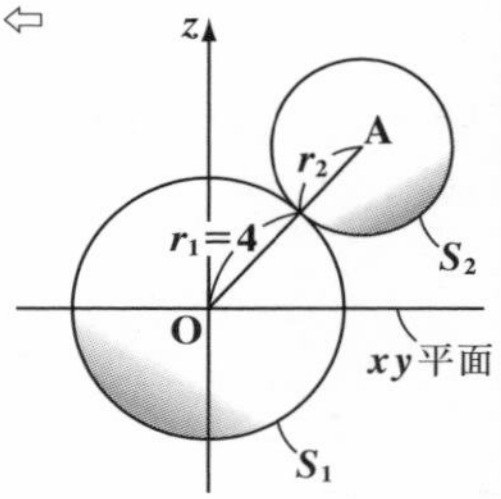

⇦
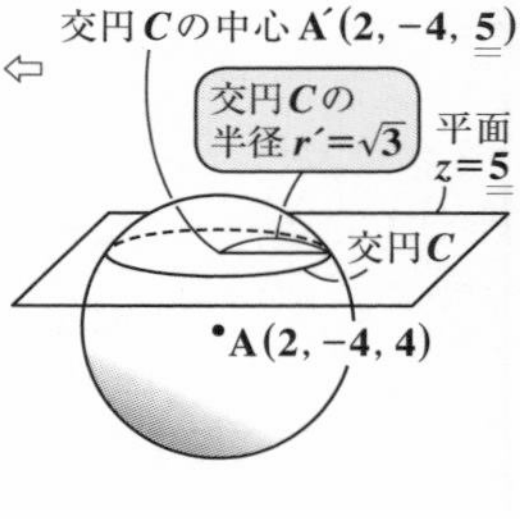

直線の方程式

元気力アップ問題 116　難易度 ☆☆　CHECK 1　CHECK 2　CHECK 3

座標空間に，点 $\mathbf{A}(\mathbf{1},\ -\mathbf{2},\ \mathbf{2})$ を通り，方向ベクトル $\vec{d}=(\mathbf{2},\ -\mathbf{1},\ \mathbf{1})$ の直線 l がある。

(1) 点 $\mathbf{P}(\alpha,\ \beta,\ \mathbf{4})$ が l 上の点であるとき，α と β の値を求めよ。

(2) l 上の点を $\mathbf{Q}$ とする。$\mathbf{OQ}$ と l が直交するとき，点 $\mathbf{Q}$ の座標を求めよ。

ヒント！ 点 $\mathbf{A}(a,\ b,\ c)$ を通り，方向ベクトル $\vec{d}=(l,\ m,\ n)$ の直線の方程式は，$\dfrac{x-a}{l}=\dfrac{y-b}{m}=\dfrac{z-c}{n}\ (=t)$ と表されるんだね。これを利用しよう！

解答＆解説

(1) 点 $\mathbf{A}(\mathbf{1},\ -\mathbf{2},\ \mathbf{2})$ を通り，方向ベクトル $\vec{d}=(\mathbf{2},\ -\mathbf{1},\ \mathbf{1})$ の直線 l の方程式は，$\dfrac{x-1}{2}=\dfrac{y+2}{-1}=\dfrac{z-2}{1}$ ……① となる。

よって，点 $\mathbf{P}(\alpha,\ \beta,\ \mathbf{4})$ が l 上の点のとき，これらの座標を①に代入して成り立つので，

$\dfrac{\alpha-1}{2}=\dfrac{\beta+2}{-1}=\dfrac{4-2}{1}$（$=2$）より，$\alpha=5,\ \beta=-4$ ……（答）

(2) 点 $\mathbf{Q}$ は l 上の点より，①$=t$（媒介変数）とおくと，

$\dfrac{x-1}{2}=\dfrac{y+2}{-1}=\dfrac{z-2}{1}=t$ から，

$\mathbf{Q}(2t+1,\ -t-2,\ t+2)$ となる。

・$\dfrac{x-1}{2}=t$ より，$x=2t+1$
・$\dfrac{y+2}{-1}=t$ より，$y=-t-2$
・$\dfrac{z-2}{1}=t$ より，$z=t+2$

よって，$\overrightarrow{OQ}=(2t+1,\ -t-2,\ t+2)$

と l，すなわち $\vec{d}=(2,\ -1,\ 1)$ が垂直になるとき，

$\vec{d}\cdot\overrightarrow{OQ}=(2,\ -1,\ 1)\cdot(2t+1,\ -t-2,\ t+2)$

$=2(2t+1)-1\cdot(-t-2)+1\cdot(t+2)$

$=4t+2+t+2+t+2=6t+6=0$

$\therefore 6t=-6$ より，$t=-1$

これを点 $\mathbf{Q}$ の座標に代入して，

$\mathbf{Q}(-1,\ -1,\ 1)$ となる。……（答）

ココがポイント

⇦ $\dfrac{x-1}{2}=\dfrac{y-(-2)}{-1}=\dfrac{z-2}{1}$

⇦ $\dfrac{\alpha-1}{2}=2$ より，$\alpha=5$
$\dfrac{\beta+2}{-1}=2$ より，$\beta=-4$

⇦ イメージ

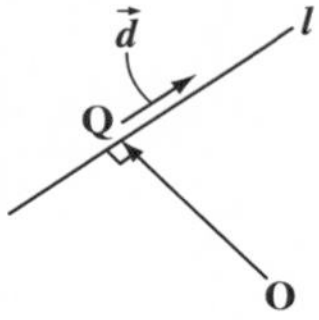

$\vec{d}\perp\overrightarrow{OQ}$ のとき，
$\vec{d}\cdot\overrightarrow{OQ}=|\vec{d}||\overrightarrow{OQ}|\underbrace{\cos 90^\circ}_{0}$
$=0$ となる。

⇦ $\mathbf{Q}(2\cdot(-1)+1,\ -(-1)-2,\ -1+2)$

直線と球面

元気力アップ問題 117 難易度 ☆☆ CHECK 1 CHECK 2 CHECK 3

点 $\mathbf{C}(1,\ -2,\ 3)$ を中心とし，半径 $r=3$ の球面 S と，点 $\mathbf{A}(1,\ -1,\ 1)$ を通り，方向ベクトル $\vec{d}=(2,\ 1,\ 1)$ の直線 l がある。球面 S と直線 l の 2 つの交点の座標を求めよ。

ヒント！ (直線 l の方程式) $=t$ とおいて，l と S の交点 $\mathbf{P}$ の各座標を t で表す。そして，これは S 上の点でもあるので，S の方程式に代入して，t の値を求めればいいんだね。

解答＆解説

・中心 $\mathbf{C}(1,\ -2,\ 3)$，半径 $r=3$ の球面 S の方程式は，

$(x-1)^2+(y+2)^2+(z-3)^2=9$ ……① である。

・点 $\mathbf{A}(1,\ -1,\ 1)$ を通り，方向ベクトル $\vec{d}=(2,\ 1,\ 1)$ の直線 l の方程式は，

$\dfrac{x-1}{2}=\dfrac{y+1}{1}=\dfrac{z-1}{1}\ (=t)$ ……② である。

ここで，S と l の交点を $\mathbf{P}$ とおくと，$\mathbf{P}$ は l 上の点より，

$\mathbf{P}(2t+1,\ t-1,\ t+1)$

②から $\cdot\dfrac{x-1}{2}=t$ より，$x=2t+1$
$\cdot\dfrac{y+1}{1}=t$ より，$y=t-1$
$\cdot\dfrac{z-1}{1}=t$ より，$z=t+1$

となる。また，交点 $\mathbf{P}$ は，S 上の点でもあるので，この座標を球面 S の方程式①に代入しても成り立つ。

$(2t)^2+(t+1)^2+(t-2)^2=9$ これをまとめて，

$4t^2+t^2+2t+1+t^2-4t+4=9$

$6t^2-2t-4=0$ 　 $3t^2-t-2=0$ ← t の 2 次方程式

3 ╲╱ 2
1 ╱╲ −1 ← たすきがけ

$(t-1)(3t+2)=0$ 　 $\therefore t=1$ または $-\dfrac{2}{3}$

これらを，$\mathbf{P}(2t+1,\ t-1,\ t+1)$ に代入して，

求める 2 交点の座標は，

$(3,\ 0,\ 2)$，$\left(-\dfrac{1}{3},\ -\dfrac{5}{3},\ \dfrac{1}{3}\right)$ である。……………(答)

ココがポイント

⇦ $(x-1)^2+\{y-(-2)\}^2+(z-3)^2=3^2$

⇦ $\dfrac{x-1}{2}=\dfrac{y-(-1)}{1}=\dfrac{z-1}{1}$

⇦ イメージ

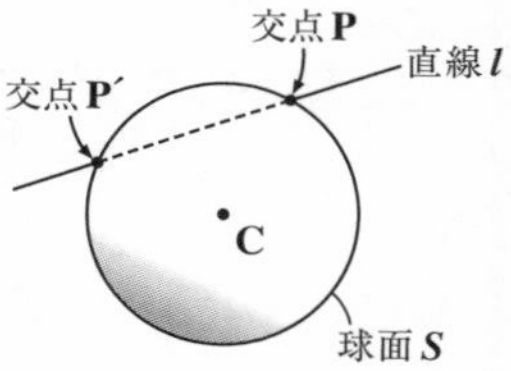

⇦ $(2t+1-1)^2+(t-1+2)^2+(t+1-3)^2=9$

⇦ $\mathbf{P}(2\cdot1+1,\ 1-1,\ 1+1)$
または，
$\left(2\cdot\left(-\dfrac{2}{3}\right)+1,\ -\dfrac{2}{3}-1,\ -\dfrac{2}{3}+1\right)$

平面の方程式

元気力アップ問題 118　難易度 ☆☆　CHECK 1　CHECK 2　CHECK 3

座標空間に，3点 $A(1,\ 0,\ 1)$，$B(2,\ 1,\ -1)$，$C(0,\ 2,\ 2)$ を通る平面 π がある。平面 π の方程式を求めよ。また，点 $D(4,\ \alpha,\ -3)$ が平面 π 上の点であるとき，α の値を求めよ。

ヒント！ 平面 π の方程式を $ax+by+cz+d=0$ とおいて，これに3点A，B，Cの座標を代入すればいい。点Dは平面 π 上の点より，Dの座標を平面 π の方程式に代入すればいい。これは，解法パターンは異なるけれど，元気力アップ問題111と類似問題なんだね。

解答＆解説

3点A，B，Cを通る平面 π の方程式を

$ax+by+cz+d=0$ ……① とおくと，

①に $A(1,\ 0,\ 1)$，$B(2,\ 1,\ -1)$，$C(0,\ 2,\ 2)$ の各座標を代入して成り立つので，

$$\begin{cases} a \qquad +c+d=0 \quad \cdots\cdots ② \\ 2a+b \quad -c+d=0 \quad \cdots\cdots ③ \\ \qquad 2b+2c+d=0 \quad \cdots\cdots ④ \end{cases}$$ となる。

（未知数 $a,\ b,\ c,\ d$ の4つに対して，方程式は3つしかないけれど，これでいいんだね。）

③－②より，$a+b-2c=0$ ……⑤

②－④より，$a-2b-c=0$ ……⑥

（d を消去した）

⑤－⑥より，$3b-c=0$　$\therefore c=3b$ ……⑦（a を消去した）

⑦を⑤に代入して，$a+b-6b=0$　$\therefore a=5b$ ……⑧

⑦と⑧を②に代入して，

$5b+3b+d=0$　$\therefore d=-8b$ ……⑨

以上⑦，⑧，⑨を①に代入して，

$5bx+by+3bz-8b=0$　両辺を $b(\neq 0)$ で割って，

求める π の方程式は，$5x+y+3z-8=0$ ……⑩ …(答)

点 $D(4,\ \alpha,\ -3)$ は，平面 π 上の点より，この座標を⑩に代入して，$5\cdot 4+\alpha+3\cdot(-3)-8=0$

$\alpha+\underbrace{20-9-8}_{3}=0$　$\therefore \alpha=-3$ ……………………(答)

ココがポイント

⇦ イメージ

平面 π：$ax+by+cz+d=0$

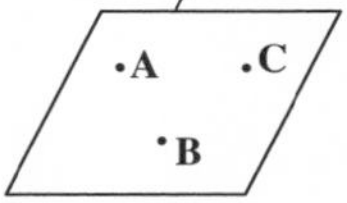

⇦ $\begin{cases} 1\cdot a+0\cdot b+1\cdot c+d=0 \\ 2\cdot a+1\cdot b-1\cdot c+d=0 \\ 0\cdot a+2b+2c+d=0 \end{cases}$

⇦ $c=3b$ …⑦ より，a と d も b で表そう！

⇦ $b=0$ とすると，$0=0$ となって，平面の方程式にならない。よって，$b\neq 0$ なんだね。

直線と平面

元気力アップ問題 119　難易度　CHECK 1　CHECK 2　CHECK 3

座標空間に，点 $\mathbf{A}(-2, 4, 2)$ を通り，方向ベクトル $\vec{d}=(-1, 3, -2)$ の直線 l と，平面 π：$2x+3y+4z-12=0$ がある。

(1) 直線 l と平面 π の交点 $\mathbf{P}$ の座標を求めよ。

(2) 点 $\mathbf{P}$ を通り，平面 π と垂直な直線 m の方程式を求めよ。

ヒント！ (1)(直線 l の方程式)$=t$ とおいて，交点 P の座標を t で表し，P は平面 π 上の点でもあるので，これらの座標を π の方程式に代入すればいいんだね。(2) の平面 π の垂線 m の方向ベクトルとして，平面 π の法線ベクトルを使えるんだね。

解答＆解説

(1) 点 $\mathbf{A}(-2, 4, 2)$ を通り，方向ベクトル $\vec{d}=(-1, 3, -2)$ の直線 l の方程式は，

$$\frac{x+2}{-1}=\frac{y-4}{3}=\frac{z-2}{-2}\ (=t)\ \cdots\cdots ①\ \text{である。}$$

平面 π：$2x+3y+4z-12=0$ ……② とおく。

直線 l と平面 π の交点 P の座標は，P が直線 l 上の点より，媒介変数 t を用いて，

$\mathbf{P}(-t-2,\ 3t+4,\ -2t+2)$ と表せる。

点 P は，平面 π 上の点でもあるので，これらの座標を②に代入して，成り立つ。よって，

$$2(-t-2)+3(3t+4)+4(-2t+2)-12=0$$

これを解いて，$t=4$　$\mathbf{P}(-4-2,\ 3\cdot4+4,\ -2\cdot4+2)$

$\therefore$ P の座標は，$\mathbf{P}(-6,\ 16,\ -6)$ である。……(答)

(2) 点 $\mathbf{P}(-6, 16, -6)$ を通り，平面 π に垂直な直線 m の方向ベクトルとして，②の平面 π の法線ベクトル $\vec{n}=(2, 3, 4)$ を用いることができる。よって，P を通り，平面 π と垂線な直線 m の方程式は，

$$\frac{x+6}{2}=\frac{y-16}{3}=\frac{z+6}{4}\ \text{である。}\ \cdots\cdots\cdots\cdots(\text{答})$$

ココがポイント

⇐ $\dfrac{x-(-2)}{-1}=\dfrac{y-4}{3}=\dfrac{z-2}{-2}$

⇐ ①から，$\dfrac{x+2}{-1}=t$ より，$x=-t-2$

$\dfrac{y-4}{3}=t$ より，$y=3t+4$

$\dfrac{z-2}{-2}=t$ より，$z=-2t+2$

⇐ $-2t-4+9t+12$
$-8t+8-12=0$
$-t+4=0$
$\therefore t=4$

⇐ イメージ

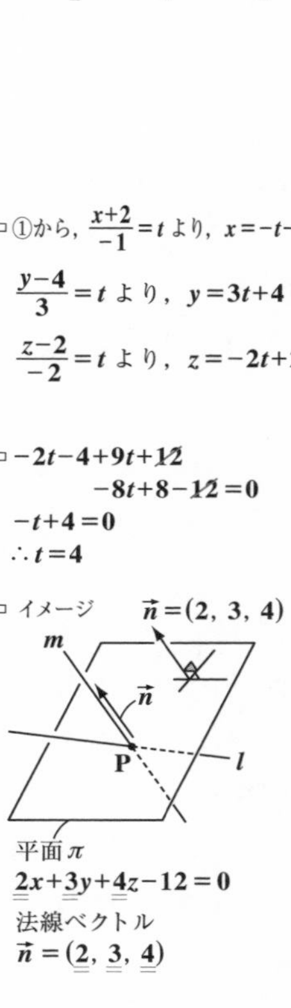

平面 π
$2x+3y+4z-12=0$
法線ベクトル
$\vec{n}=(2, 3, 4)$

球面と平面

元気力アップ問題 120　難易度 ☆☆　CHECK 1　CHECK 2　CHECK 3

座標空間に，中心 $\mathbf{A(2,\ 3,\ 3)}$，半径 r の球面 S と，平面 α : $2x-2y+z+8=0$ がある。球面 S と平面 α の交わりの円 C の半径 r' が $r'=4$ のとき，球面 S の方程式を求めよ。

ヒント！ 球面 S の中心 A と平面 α との間の距離 h を求めると，三平方の定理から，$r^2=r'^2+h^2$ となって，球面 S の半径 r が求まるので，S の方程式が決定できるんだね。

解答＆解説

・中心 $\mathbf{A(2,\ 3,\ 3)}$，半径 r の球面 S の方程式は，

$(x-2)^2+(y-3)^2+(z-3)^2=r^2$ ……① となる。

・平面 α : $2x-2y+1\cdot z+8=0$ ……② とおく。そして，球面 S と平面 α の交わりの円 C の半径 $r'=4$ ……③ である。

ここで，球面 S の中心 $\mathbf{A(2,\ 3,\ 3)}$ と平面 α との間の距離を h とおくと，

$$h=\frac{|2\cdot2-2\cdot3+1\cdot3+8|}{\sqrt{2^2+(-2)^2+1^2}}=\frac{|4-6+3+8|}{\sqrt{9}}=\frac{9}{3}=3 \quad ……④$$

また，交円 C の中心を A′，C の周上のある点を P とおくと，△AA′P は ∠A′$=90°$ の直角三角形となる。よって，三平方の定理より，

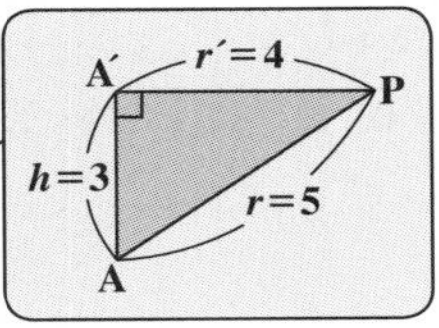

$r^2=\underbrace{r'^2}_{4^2(③より)}+\underbrace{h^2}_{3^2(④より)}=4^2+3^2=16+9=25$ （③，④より）

∴ $r^2=25$ を①に代入して，求める球面 S の方程式は，

$(x-2)^2+(y-3)^2+(z-3)^2=25$ である。…………(答)

（これは，中心 $\mathbf{A(2,\ 3,\ 3)}$，半径 $r=5$ の球面である。）

ココがポイント

⇦ イメージ

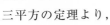

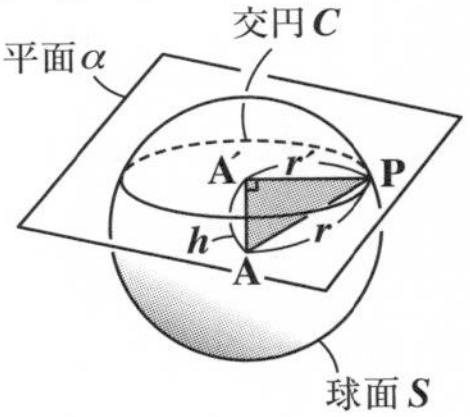

⇦ 点 $\mathbf{A}(x_1,\ y_1,\ z_1)$ と平面 $ax+by+cz+d=0$ との間の距離 h は，

$$h=\frac{|ax_1+by_1+cz_1+d|}{\sqrt{a^2+b^2+c^2}}$$

となるんだね。

第7章 ● 空間ベクトルの公式の復習

1. 2点 $A(x_1, y_1, z_1)$, $B(x_2, y_2, z_2)$ 間の距離 AB

$$AB = \sqrt{(x_1-x_2)^2+(y_1-y_2)^2+(z_1-z_2)^2}$$

2. 空間ベクトルの1次結合

任意の空間ベクトル $\overrightarrow{OP}$ は，3つの1次独立なベクトル $\overrightarrow{OA}$，$\overrightarrow{OB}$，$\overrightarrow{OC}$ の1次結合：$\overrightarrow{OP} = s\overrightarrow{OA}+t\overrightarrow{OB}+u\overrightarrow{OC}$ （s，t，u：実数）で表される。

3. 内積の成分表示

$\vec{a}=(x_1, y_1, z_1)$，$\vec{b}=(x_2, y_2, z_2)$ のとき，

(i) $a \cdot b = x_1x_2+y_1y_2+z_1z_2$

(ii) $\cos\theta = \dfrac{\vec{a}\cdot\vec{b}}{|\vec{a}||\vec{b}|} = \dfrac{x_1x_2+y_1y_2+z_1z_2}{\sqrt{x_1^2+y_1^2+z_1^2}\sqrt{x_2^2+y_2^2+z_2^2}}$

4. △ABC の面積 S

$$S = \frac{1}{2}\sqrt{|\overrightarrow{AB}|^2|\overrightarrow{AC}|^2-(\overrightarrow{AB}\cdot\overrightarrow{AC})^2}$$

5. 球面の方程式

(i) $|\overrightarrow{OP}-\overrightarrow{OA}| = r$ （中心 A，半径 r の球面）

(ii) $(x-a)^2+(y-b)^2+(z-c)^2 = r^2$

6. 平面の方程式

(i) $\overrightarrow{OP} = \overrightarrow{OA}+s\vec{d_1}+t\vec{d_2}$

(ii) $\vec{n}\cdot(\overrightarrow{OP}-\overrightarrow{OA}) = 0$ （法線ベクトル：$\vec{n}=(a, b, c)$）

$a(x-x_1)+b(y-y_1)+c(z-z_1)=0$

$ax+by+cz+d=0$

7. 直線の方程式

(i) $\overrightarrow{OP} = \overrightarrow{OA}+t\vec{d}$ （方向ベクトル：$\vec{d}=(l, m, n)$）

(ii) $\dfrac{x-a}{l} = \dfrac{y-b}{m} = \dfrac{z-c}{n}$ $(=t)$

（または，$x=lt+a$，$y=mt+b$，$z=nt+c$）

第8章
CHAPTER

8 数列

テーマ

▶ 等差数列・等比数列

$\left(a_n = a_1 + (n-1)d,\ a_n = a_1 \cdot r^{n-1}\right)$

▶ Σ 計算とその応用

$\left(\sum_{k=1}^{n} k^2 = \frac{1}{6}n(n+1)(2n+1)\right)$

▶ 漸化式

$\left(F(n+1) = r \cdot F(n)\right.$ のとき, $\left.F(n) = F(1) \cdot r^{n-1}\right)$

▶ 数学的帰納法

第8章 数列 ●公式&解法パターン

1. 等差数列

(1) 等差数列の一般項は初項と公差から求まる。

初項 a，公差 d の等差数列の一般項 a_n は，

$$a_n = a + (n-1)d \quad (n = 1,\ 2,\ 3,\ \cdots)$$ となる。

(2) 等差数列の和の公式も押さえよう。

初項 a，公差 d の等差数列 $\{a_n\}$ の初項から第 n 項までの和 S_n は，

$$S_n = \frac{n(a+a_n)}{2} = \frac{n\{2a+(n-1)d\}}{2} \quad (n = 1,\ 2,\ 3,\ \cdots)$$ となる。

これは，「(初項＋末項)×(項数)÷2」と覚えよう！

(ex) 初項 $a=6$，公差 $d=-2$ の等差数列の一般項 a_n と数列の和 S_n は，

$$a_n = 6+(n-1)\cdot(-2) = 6-2n+2 = -2n+8$$

$$S_n = \frac{n\{2\cdot 6+(n-1)\cdot(-2)\}}{2} = \frac{n(-2n+14)}{2} = -n(n-7)$$

2. 等比数列

初項 a，公比 r の等比数列について，

(1) 一般項は，$a_n = a\cdot r^{n-1}$ $(n = 1,\ 2,\ 3,\ \cdots)$ となる。

(2) 初項から第 n 項までの数列の和 S_n は，

$$S_n = \begin{cases} \dfrac{a(1-r^n)}{1-r} & (r \neq 1 \text{ のとき}) \\ na & (r = 1 \text{ のとき}) \end{cases} \quad (n = 1,\ 2,\ 3,\ \cdots)$$ となる。

(ex) 初項 $a=9$，公比 $r=3$ の等比数列の一般項 a_n と数列の和 S_n は，

$$a_n = 9\cdot 3^{n-1} = 3^2\cdot 3^{n-1} = 3^{n+1}$$

$$S_n = \frac{9(1-3^n)}{1-3} = \frac{9(1-3^n)}{-2} = \frac{9}{2}(3^n-1)$$

3. Σ 計算

(1) Σ 計算の 6 つの公式

(i) $\sum_{k=1}^{n} k = 1+2+3+\cdots+n = \frac{1}{2}n(n+1)$

(ii) $\sum_{k=1}^{n} k^2 = 1^2+2^2+3^2+\cdots+n^2 = \frac{1}{6}n(n+1)(2n+1)$

(iii) $\sum_{k=1}^{n} k^3 = 1^3+2^3+3^3+\cdots+n^3 = \frac{1}{4}n^2(n+1)^2$ (n：自然数)

(iv) $\sum_{k=1}^{n} c = c+c+c+\cdots+c = nc$ (c：定数)

(v) $\sum_{k=1}^{n} ar^{k-1} = a+ar+ar^2+\cdots+ar^{n-1} = \frac{a(1-r^n)}{1-r}$ ($r \neq 1$ のとき)

(vi) $\sum_{k=1}^{n} (I_k - I_{k+1}) = (I_1 - I_2) + (I_2 - I_3) + \cdots + (I_n - I_{n+1})$
$= I_1 - I_{n+1}$ (n：自然数)

(2) Σ 計算の次の 2 つの性質も重要だ。

(i) $\sum_{k=1}^{n} (a_k + b_k) = \sum_{k=1}^{n} a_k + \sum_{k=1}^{n} b_k$ ← これは引き算でも同様に成り立つ。$\sum_{k=1}^{n} (a_k - b_k) = \sum_{k=1}^{n} a_k - \sum_{k=1}^{n} b_k$

(ii) $\sum_{k=1}^{n} c \cdot a_k = c\sum_{k=1}^{n} a_k$ (c：定数)

(ex) $\sum_{k=1}^{n}(4k^3+2k) = 4\sum_{k=1}^{n} k^3 + 2\sum_{k=1}^{n} k = 4\cdot\frac{1}{4}n^2(n+1)^2 + 2\cdot\frac{1}{2}n(n+1)$
$= n(n+1)\{n(n+1)+1\} = n(n+1)(n^2+n+1)$

4. S_n から一般項 a_n を求めることができる。

$S_n = a_1 + a_2 + \cdots + a_n = f(n)$ ($n = 1, 2, 3, \cdots$) が与えられた場合，

（これは，n^2-n や，2^n など，何か (n の式) のことだ。）

(i) $a_1 = S_1$

(ii) $n \geqq 2$ のとき，$a_n = S_n - S_{n-1}$ となる。

(ex) $S_n = 2^n$ のとき，

(i) $a_1 = S_1 = 2^1 = 2$

(ii) $n \geqq 2$ のとき，

$a_n = S_n - S_{n-1} = 2^n - 2^{n-1} = 2^{n-1}\cdot(2-1) = 2^{n-1}$

(これは，$n=1$ のとき $a_1 = 2^{1-1} = 2^0 = 1$ となって，$a_1 = 2$ をみたさない。)

$\therefore a_1 = 2$，$n \geqq 2$ のとき，$a_n = 2^{n-1}$

5. 等差・等比・階差数列型の漸化式

(1) 等差数列型の**漸化式**と**解**は次の通りだ。

$a_1 = a,\ a_{n+1} = a_n + d \quad (n = 1, 2, 3, \cdots)$ のとき， ← 漸化式

一般項 $a_n = a + (n-1)d \quad (n = 1, 2, 3, \cdots)$ となる。 ← 解

(2) 等比数列型の漸化式と解も押さえよう。

$a_1 = a,\ a_{n+1} = r \cdot a_n \quad (n = 1, 2, 3, \cdots)$ のとき， ← 漸化式

一般項 $a_n = a \cdot r^{n-1} \quad (n = 1, 2, 3, \cdots)$ となる。 ← 解

(3) 階差数列型の漸化式の解では a_1 は別扱いになる。

$a_1 = a,\ a_{n+1} - a_n = b_n \quad (n = 1, 2, 3, \cdots)$ のとき， ← 漸化式

$n \geqq 2$ で，$a_n = a_1 + \sum_{k=1}^{n-1} b_k$ となる。 ← 解 ― ただし，a_1 は別扱い

(ex) $a_1 = 4,\ a_{n+1} = \frac{1}{2}a_n$ のとき，一般項 $a_n = 4 \cdot \left(\frac{1}{2}\right)^{n-1} = 2^2 \cdot 2^{1-n} = 2^{3-n}$

6. 等比関数列型漸化式

・等比関数列型漸化式

$F(n+1) = r \cdot F(n)$ ならば，

$F(n) = F(1) \cdot r^{n-1}$ と変形できる。

$(n = 1, 2, 3, \cdots)$

・等比数列型漸化式

$a_{n+1} = r \cdot a_n$ のとき，

$a_n = a_1 \cdot r^{n-1}$ となる。

$(n = 1, 2, 3, \cdots)$

(ex) $a_1 = 7,\ a_{n+1} - 3 = 2(a_n - 3)$ のとき，

$[F(n+1) = 2 \cdot F(n)]$

$a_n - 3 = (a_1 - 3) \cdot 2^{n-1} = (7-3) \cdot 2^{n-1} = 2^2 \cdot 2^{n-1} = 2^{n+1}$

$[F(n) = F(1) \cdot 2^{n-1}]$

∴ 一般項 $a_n = 2^{n+1} + 3 \quad (n = 1, 2, 3, \cdots)$ となる。

(ex) $a_1 = 4,\ a_{n+1} + (n+1)^2 = 5(a_n + n^2)$ のとき，

$[F(n+1) = 5 \cdot F(n)]$

$a_n + n^2 = (a_1 + 1^2) \cdot 5^{n-1} = (4+1) \cdot 5^{n-1} = 5^n$

$[F(n) = F(1) \cdot 5^{n-1}]$

∴ 一般項 $a_n = 5^n - n^2 \quad (n = 1, 2, 3, \cdots)$ となる。

7. 数学的帰納法

(1) まず，ドミノ倒し理論を押さえよう。

(i) まず，**1** 番目のドミノを倒す。

(ii) 次に，k 番目のドミノが倒れるとしたら，

$k+1$ 番目のドミノが倒れる。

(i) **1** 番目のドミノを倒す。

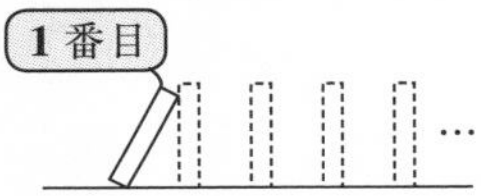

(ii) k 番目のドミノが倒れるとしたら，$k+1$ 番目のドミノが倒れる。

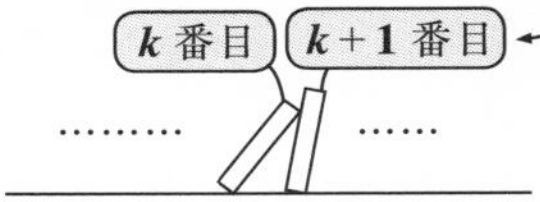

このkは，1, 2, 3, …のなんでもかまわない。

これで，**1** 番目のドミノが倒れたら，**2** 番目のドミノが倒れる。そして，**2** 番目が倒れたら，**3** 番目が倒れる。さらに，**3** 番目が倒れたら，**4** 番目が倒れる…，と同様の操作が繰り返されるので，$n=1, 2, 3, \cdots$ と並んだすべてのドミノを倒すことができるんだね。

(2) 数学的帰納法

(n の命題) ……(＊)　($n=1, 2, 3, \cdots$)

が成り立つことを数学的帰納法により示す。

(i) $n=1$ のとき，……　∴成り立つ。

(ii) $n=k$　($k=1, 2, 3, \cdots$) のとき (＊) が成り立つと仮定して，$n=k+1$ のときについて調べる。

…………………………………………………

∴ $n=k+1$ のときも成り立つ。

以上 (i)(ii) より，任意の自然数 n に対して (＊) は成り立つ。

これは (i) **1** 番目のドミノを倒すことと同じだね。

これは (ii) k 番目のドミノが倒れるとしたら，$k+1$ 番目のドミノも倒れることと同じだね。

等差数列

元気力アップ問題 121 難易度 ☆ CHECK 1 CHECK 2 CHECK 3

等差数列 $\{a_n\}$ の初項から第 **5** 項までの和は **50** で，$a_5=16$ である。このとき，一般項 a_n と，初項から第 $2n$ 項までの和 S_{2n} を求めよ。

（慶応大＊）

ヒント！ 初項 a，公差 d の等差数列 $\{a_n\}$ の一般項 a_n は $a_n=a+(n-1)d$ であり，初項 a から第 $2n$ 項までの数列の和 $S_{2n}=\dfrac{2n(a+a_{2n})}{2}$ となるんだね。

解答＆解説

等差数列 $\{a_n\}$ の初項を a，公差を d とおくと，

一般項 $a_n=a+(n-1)d$ ……① となり，

初項 a から第 n 項までの数列の和 S_n は，

$S_n=\dfrac{n(a+a_n)}{2}$ ……② である。

与えられた条件より，

$a_5=\boxed{a+4d=16}$ ……………………①′（①より）

$S_5=\dfrac{5(a+a_5)}{2}=\boxed{\dfrac{5(a+16)}{2}=50}$ ……②′（②より）（a_5 に 16）

となる。②′より，$a+16=20$　$\therefore a=4$ ……③

③を①′に代入して，$4+4d=16$

$4d=12$　$\therefore d=3$ ……………………④

③，④を①に代入して，一般項 a_n は，

$a_n=4+(n-1)\cdot 3=3n+1$ ……⑤ $(n=1,2,\cdots)$ ……（答）

次に，初項 a から第 $2n$ 項までの和 S_{2n} は，

$S_{2n}=\dfrac{2n(a+a_{2n})}{2}=n(4+6n+1)$（$a$ に 4，a_{2n} に $3\cdot 2n+1$（⑤の n に $2n$ を代入したもの））

$=n(6n+5)$　$(n=1,2,\cdots)$ ……………………（答）

ココがポイント

⇦ $S_n=\dfrac{n(a+a_n)}{2}$（n：項数，a：初項，a_n：末項）

「(初項＋末項)×項数÷2」と覚えよう！

もちろん，

$S_n=\dfrac{n\{2a+(n-1)d\}}{2}$

でもいい。

⇦ ②′より，

$a+16=50\times\dfrac{2}{5}=20$

⇦ 数列の和は，

$\dfrac{(項数)\{(初項)+(末項)\}}{2}$

等比数列

元気力アップ問題 122 難易度 ☆☆ CHECK 1 CHECK 2 CHECK 3

(1) 3つの数 2, $\sqrt[3]{4}$, 16^x がこの順で等比数列になるとき，x の値を求めよ。 (東京都市大)

(2) 初項 4，公比 2 の等比数列 $\{a_n\}$ について，次の式の値を求めよ。

(i) $2^{a_1}\cdot 2^{a_2}\cdot\cdots\cdot 2^{a_n}$　(ii) $\log_2 a_1+\log_2 a_2+\cdots+\log_2 a_n$ (関西大*)

ヒント！ (1) a, b, c がこの順に等比数列となるとき，$b^2=ac$ が成り立つ。これは等比数列の3項問題だね。(2) は等比数列と等差数列の和の問題になる。

解答＆解説

(1) 2, $\sqrt[3]{4}$, 16^x が，この順に等比数列のとき，

$(\sqrt[3]{4})^2=2\cdot 16^x$ より，$2^{\frac{4}{3}}=2^{4x+1}$ ← 指数部を比較するタイプの指数方程式

$(2^2)^{\frac{2}{3}}=2^{\frac{4}{3}}$　$(2^4)^x=2^{4x}$

$4x+1=\dfrac{4}{3}$，$4x=\dfrac{1}{3}$　$\therefore x=\dfrac{1}{12}$ ………………(答)

(2) $\{a_n\}$ は初項 $a=4$，公比 $r=2$ の等比数列より，

$a_n=a\cdot r^{n-1}=4\cdot 2^{n-1}=2^{n+1}$ ……①

また，a から a_n までの和 S_n は，

$S_n=a+a_2+\cdots+a_n=\dfrac{a(1-r^n)}{1-r}=\dfrac{4(1-2^n)}{1-2}$ より，

$S_n=4(2^n-1)$ ……② $(n=1,2,\cdots)$ となる。よって，

(i) $2^{a_1}\cdot 2^{a_2}\cdot\cdots\cdot 2^{a_n}=2^{a_1+a_2+\cdots+a_n}$ （$a_1=a$）

$=2^{S_n}=2^{4(2^n-1)}$ (②より) $(n=1,2,\cdots)$ …(答)

(ii) $\log_2 a_1+\log_2 a_2+\cdots+\log_2 a_n$

（$a_1=2^2$，$a_2=2^3$，$a_n=2^{n+1}$（①より））

$=\log_2 2^2+\log_2 2^3+\cdots+\log_2 2^{n+1}$　（$\log_2 2=1$）

$=2+3+4+\cdots+(n+1)$　（2：最初の数，$n+1$：最後の数）

$\dfrac{(項数)\{(初項)+(末項)\}}{2}$

$=\dfrac{n(2+n+1)}{2}=\dfrac{1}{2}n(n+3)$ ………………(答)

ココがポイント

⇦ 3つの数 a, b, c が
(i) この順に等差数列のとき，$2b=a+c$
(ii) この順に等比数列のとき，$b^2=ac$

⇦ $4\cdot 2^{n-1}=2^2\cdot 2^{n-1}$
$=2^{n-1+2}=2^{n+1}$

⇦ $a_n=2^{n+1}$ …① より，
$a_1=2^{1+1}=2^2$
$a_2=2^{2+1}=2^3$
………………

⇦ 初項 2，末項 $n+1$，
項数 $n\ (=n+1-2+1)$（$n+1$：最後の数，2：最初の数）
の等差数列の和

Σ計算(I)

元気力アップ問題 123　難易度 ☆☆　CHECK 1　CHECK 2　CHECK 3

初項 **5**，公差 **4** の等差数列 $\{a_n\}$ がある。

(1) 数列 $\{a_n\}$ の一般項 a_n を求めよ。

(2) $S_n=\sum_{k=1}^{n}a_ka_{k+1}$ と $T_n=\sum_{k=1}^{n}\frac{1}{a_ka_{k+1}}$ を求めよ。　(兵庫県大＊)

ヒント！ (1)は，等差数列の一般項の公式：$a_n=a+(n-1)\cdot d$ ですぐに求まるね。(2)は，Σ計算の問題で，T_n の計算は，部分分数分解の形に持ち込める。

解答＆解説

(1) $\{a_n\}$は，初項 $a=5$，公差 $d=4$ の等差数列より，

$a_n=5+(n-1)\cdot 4$　$\therefore a_n=4n+1$ ……① ………(答)

(2) ①より，$a_k=4k+1$，$a_{k+1}=4k+5$ となる。よって，

$\cdot\ S_n=\sum_{k=1}^{n}a_ka_{k+1}=\sum_{k=1}^{n}\underbrace{(4k+1)(4k+5)}_{16k^2+24k+5}$

$=16\underbrace{\sum_{k=1}^{n}k^2}_{\frac{1}{6}n(n+1)(2n+1)}+24\underbrace{\sum_{k=1}^{n}k}_{\frac{1}{2}n(n+1)}+\underbrace{\sum_{k=1}^{n}5}_{5n}$ ←公式通り

$=\frac{n}{3}(16n^2+60n+59)$ ………………………(答)

$\cdot\ T_n=\sum_{k=1}^{n}\frac{1}{a_ka_{k+1}}=\sum_{k=1}^{n}\frac{1}{(4k+1)(4k+5)}$

$=\frac{1}{4}\sum_{k=1}^{n}\Bigl(\underbrace{\frac{1}{4k+1}}_{I_k}-\underbrace{\frac{1}{4k+5}}_{I_{k+1}}\Bigr)=\frac{1}{4}\Bigl(\underbrace{\frac{1}{5}}_{I_1}-\underbrace{\frac{1}{4n+5}}_{I_{n+1}}\Bigr)$

$=\frac{1}{4}\cdot\frac{4n+5-5}{5(4n+5)}$

$=\frac{n}{5(4n+5)}$ ………………………………(答)

ココがポイント

⇦ $a_k=4k+1$ より，このkに $k+1$ を代入して，$a_{k+1}=4(k+1)+1$ $=4k+5$ だね。

⇦ $\frac{8}{3}n(n+1)(2n+1)+12n(n+1)+5n$
$=\frac{n}{3}\{8(2n^2+3n+1)+36(n+1)+15\}$
$=\frac{n}{3}(16n^2+60n+59)$

⇦ $\frac{1}{4k+1}-\frac{1}{4k+5}=\frac{4}{(4k+1)(4k+5)}$

⇦ $\sum_{k=1}^{n}(I_k-I_{k+1})$
$=(I_1-I_2)+(I_2-I_3)+(I_3-I_4)+\cdots+(I_n-I_{n+1})$
$=I_1-I_{n+1}$
(途中が全部消去できる!)

Σ計算(Ⅱ)

元気力アップ問題 124　難易度 ☆☆　CHECK 1　CHECK 2　CHECK 3

次の式を計算せよ。

(1) $\sum_{k=1}^{n}\log_2\frac{k}{k+1}$　　(2) $\sum_{k=1}^{n}\cos kx\cdot\sin\frac{x}{2}$　(関西大＊)

ヒント！ (1), (2) 共に，$\sum_{k=1}^{n}(I_k-I_{k+1})=(I_1-I_2)+(I_2-I_3)+(I_3-I_4)+\cdots+(I_n-I_{n+1})$ $=I_1-I_{n+1}$ の形の $\sum$ 計算にもち込めるんだね。頑張ろう！

解答＆解説

(1) $\sum_{k=1}^{n}\log_2\frac{k}{k+1}=\sum_{k=1}^{n}\{\underbrace{\log_2 k}_{I_k}-\underbrace{\log_2(k+1)}_{I_{k+1}}\}$

$=(\log_2 1-\log_2 2)+(\log_2 2-\log_2 3)+(\log_2 3-\log_2 4)+\cdots+\{\log_2 n-\log_2(n+1)\}$

$=\underbrace{\log_2 1}_{0\,(\because 2^0=1)}-\log_2(n+1)=-\log_2(n+1)$ ………(答)

(2) $\sum_{k=1}^{n}\cos\underbrace{kx}_{\alpha}\cdot\sin\underbrace{\frac{x}{2}}_{\beta}=\frac{1}{2}\sum_{k=1}^{n}\left\{\sin\underbrace{\left(kx+\frac{x}{2}\right)}_{(\alpha+\beta)}-\sin\underbrace{\left(kx-\frac{x}{2}\right)}_{(\alpha-\beta)}\right\}$

$=-\frac{1}{2}\sum_{k=1}^{n}\left\{\underbrace{\sin\left(k-\frac{1}{2}\right)x}_{I_k}-\underbrace{\sin\left(k+\frac{1}{2}\right)x}_{I_{k+1}}\right\}$

$=-\frac{1}{2}\left\{\underbrace{\sin\frac{1}{2}x}_{I_1}-\underbrace{\sin\left(n+\frac{1}{2}\right)x}_{I_{n+1}}\right\}$ ← 途中の項が消えて I_1-I_{n+1} のみが残る。

$=\frac{1}{2}\left\{\sin\left(n+\frac{1}{2}\right)x-\sin\frac{x}{2}\right\}$ ………………………(答)

(または，$\cos\frac{n+1}{2}x\sin\frac{n}{2}x$ ……(答) としてもよい。)

↑ 差→積の公式 $\sin A-\sin B=2\cos\frac{A+B}{2}\sin\frac{A-B}{2}$ より

ココがポイント

⇦ $\log_2\frac{k}{k+1}=\log_2 k-\log_2(k+1)$ $[=\ I_k\ -\ I_{k+1}\ ]$ となる。

⇦ $\sum_{k=1}^{n}(I_k-I_{k+1})=I_1-I_{n+1}$ となる。

⇦ $\cos\alpha\sin\beta=\frac{1}{2}\{\sin(\alpha+\beta)-\sin(\alpha-\beta)\}$ (積→和の公式だね。)

⇦ $I_k=\sin\left(k-\frac{1}{2}\right)x$ とおくと，kの代わりに$k+1$を代入して，
$I_{k+1}=\sin\left\{(k+1)-\frac{1}{2}\right\}x$
$=\sin\left(k+\frac{1}{2}\right)x$ となる。
よって，
$\sum_{k=1}^{n}(I_k-I_{k+1})=I_1-I_{n+1}$
となるね。

Σ計算(Ⅲ)

元気力アップ問題 125　難易度　CHECK 1　CHECK 2　CHECK 3

数列$\{a_n\}$の初項から第n項までの和S_nが，$S_n=n^2+n$である。このとき，一般項a_nを求め，$T_n=\sum_{k=1}^{n}a_k\cdot 2^{k-1}$ $(n=1,\ 2,\ 3,\ \cdots)$を求めよ。

ヒント！ $S_n=f(n)$のとき，(i)$a_1=S_1$，(ii)$n\geqq 2$のとき，$a_n=S_n-S_{n-1}$から，一般項a_nを求めよう。T_nは，等差数列と等比数列の積の和の計算になるんだね。

解答＆解説

$S_n=a_1+a_2+\cdots+a_n=n^2+n$ ……① $(n=1,\ 2,\ 3,\ \cdots)$

とおいて，一般項a_nを求める。

(i) $n=1$のとき，$a_1=S_1=1^2+1=2$

(ii) $n\geqq 2$のとき，$a_n=S_n-S_{n-1}$

$=n^2+n-\{(n-1)^2+(n-1)\}$ (①より)　（S_nのnに$n-1$を代入したもの）

$=n^2+n-(n^2-2n+1)-(n-1)$

$=2n$ となる。

(これは，$a_1=2$となって，$n=1$のときもみたす。)

∴ 一般項 $a_n=2n$ ……② $(n=1,\ 2,\ \cdots)$ ……………(答)

次に，$T_n=\sum_{k=1}^{n}a_k\cdot 2^{k-1}=\sum_{k=1}^{n}k\cdot 2^k$ を求める。

（a_k：$2k$ (②より)，k：等差数列，2^k：等比数列）

$T_n=1\cdot 2^1+2\cdot 2^2+3\cdot 2^3+\cdots+n\cdot 2^n$ ……………………③

$2\cdot T_n=\qquad 1\cdot 2^2+2\cdot 2^3+\cdots+(n-1)\cdot 2^n+n\cdot 2^{n+1}$ …④

（2：公比）

よって，③－④を求めると，

$-T_n=1\cdot 2^1+1\cdot 2^2+1\cdot 2^3+\cdots+1\cdot 2^n-n\cdot 2^{n+1}$

（$-T_n$：T_n-2T_n，　$2+2^2+2^3+\cdots+2^n=\dfrac{2\cdot(1-2^n)}{1-2}=2(2^n-1)$）

$=2\cdot(2^n-1)-n\cdot 2^{n+1}=2^{n+1}-2-n\cdot 2^{n+1}$

∴ $T_n=(n-1)\cdot 2^{n+1}+2$ $(n=1,2,\cdots)$ となる。………(答)

ココがポイント

⇦ $a_n=S_n-S_{n-1}$

$S_n=(a_1+a_2+\cdots+a_{n-1}+a_n)$，$S_{n-1}=(a_1+a_2+\cdots+a_{n-1})$

となるが，これは，S_{n-1}があるため$n\geqq 2$でしか定義できない。よって，$n=1$のときのみは，別扱いなんだね。

⇦ T_nは等差数列kと等比数列2^kの積の和になっている。この場合，$T_n-2\cdot T_n$（2：公比）を計算するとうまくいく。この解法パターンも覚えておこう。

⇦ $2^1+2^2+2^3+\cdots+2^n$は，初項$a=2$，公比$r=2$，項数nの等比数列の和より，

$\dfrac{a(1-r^n)}{1-r}=\dfrac{2(1-2^n)}{1-2}$

となる。

群数列（Ⅰ）

元気力アップ問題 126 難易度 ☆☆ CHECK 1 CHECK 2 CHECK 3

自然数の列を次のような群に分ける。

$1 \mid 2,\ 3 \mid 4,\ 5,\ 6 \mid 7,\ 8,\ 9,\ 10 \mid 11,\ 12,\ 13,\ 14,\ 15 \mid 16,\ 17,\ \cdots$

(1) 第 n 群の初項を b_n とおく。b_n を求めよ。

(2) 第 n 群の項の総和を S_n とおく。S_n を求めよ。　　（東北学院大＊）

ヒント！ 自然数の列なので，全体の中の何番目かが分かれば，その数がそのままその項の数になる。つまり，$a_n=n$ なんだね。よって，(1)の $b_n=$ 第 $n-1$ 群までの各群の項数の和 $+1$ となる。

解答＆解説

$\underset{b_1}{1} \mid \underset{b_2}{2},\ 3 \mid \underset{b_3}{4},\ 5,\ 6 \mid \underset{b_4}{7},\ 8,\ 9,\ 10 \mid \underset{b_5}{11},\ 12,\ 13,\ \cdots$

第1群(1項)　第2群(2項)　第3群(3項)　第4群(4項)　第5群(5項)

(1) 第 n 群の初項を b_n とおくと，これは，第 $n-1$ 群までの各群の項数の和に1をたしたものなので，

$$b_n=\underbrace{1+2+3+\cdots+(n-1)}+1$$

第 $n-1$ 群までの各群の項数の和 $\displaystyle\sum_{k=1}^{n-1}k=\frac{1}{2}n(n-1)$

$$\therefore b_n=\frac{1}{2}(n^2-n)+1 \ \cdots\cdots① \ (n=1,2,\cdots) \ \cdots\cdots(\text{答})$$

(2) 第 n 群は $\mid \underbrace{b_n,\ b_n+1,\ b_n+2,\ \cdots,\ b_{n+1}-1}_{n\text{項}} \mid b_{n+1}$（第 $n+1$ 群の初項）

よって，第 n 群の項の総和 S_n は，初項 b_n，公差1，項数 n の等差数列の和より，

$$S_n=\frac{n\{2b_n+(n-1)\cdot 1\}}{2}=\frac{n\{(n^2-\cancel{n}+2)+\cancel{n}-1\}}{2}$$

（n^2-n+2 は $2b_n$（①より））

$$=\frac{1}{2}n(n^2+1) \ (n=1,\ 2,\ 3\cdots) \ \cdots\cdots\cdots\cdots(\text{答})$$

ココがポイント

⇦ 第 n 群の初項が b_n より，$b_1=1$，$b_2=2$，$b_3=4$，$b_4=7$，$b_5=11$，$\cdots$ となる。

⇦ $\displaystyle\sum_{k=1}^{n}k=\frac{1}{2}n(n+1)$ より，このnに $n-1$ を代入して，
$\displaystyle\sum_{k=1}^{n-1}k=\frac{1}{2}(n-1)(n\cancel{-1}\cancel{+1})=\frac{1}{2}n(n-1)$ となる。

⇦ 等差数列の和 $S_n=\dfrac{n\{2a+(n-1)\cdot d\}}{2}$

群数列(Ⅱ)

元気力アップ問題 127 難易度 ☆☆ CHECK 1 CHECK 2 CHECK 3

数列$\{a_n\}$が, $\frac{1}{2}, \frac{1}{4}, \frac{3}{4}, \frac{1}{8}, \frac{3}{8}, \frac{5}{8}, \frac{7}{8}, \frac{1}{16}, \frac{3}{16}, \cdots$と与えられている。

$a_m=\frac{1}{128}$のとき, mの値を求めよ。また$S_m=\sum_{n=1}^{m} a_n$を求めよ。

ヒント! これは, 分母$2^1, 2^2, 2^3, \cdots$によって, 群数列に分けて考えるとうまくいくんだね。

解答&解説

数列$\{a_n\}$を次のように群に分けて考える。(第7群の初項)

$$a_1 \mid a_2, a_3 \mid a_4, a_5, a_6, a_7 \mid a_8, \cdots \mid a_m, \cdots$$

$$\frac{1}{2} \mid \frac{1}{2^2}\ \frac{3}{2^2} \mid \frac{1}{2^3}\ \frac{3}{2^3}\ \frac{5}{2^3}\ \frac{7}{2^3} \mid \frac{1}{2^4} \cdots \mid \frac{1}{2^7} \cdots$$

第1群(1項)　第2群(2項)　第3群($4=2^2$項)　第4群($8=2^3$項)　第7群(2^6項)

ここで, $a_m=\frac{1}{128}=\frac{1}{2^7}$は, 第7群の初項なので,

$m=1+2+2^2+\cdots+2^5+1=63+1=64$ ……………(答)

(第6群までの各群の項数の和 $\frac{1\cdot(1-2^6)}{1-2}=2^6-1=64-1=63$)

次に, 第n群の数列の和をT_nとおくと,

$$T_n=\underbrace{\frac{1}{2^n}+\frac{3}{2^n}+\cdots+\frac{2^n-1}{2^n}}_{2^{n-1}\text{項}}=\frac{1}{2^n}\cdot\{1+3+5+\cdots+(2^n-1)\}$$

($1+3+5+\cdots+(2^n-1)=\frac{2^{n-1}(1+2^n-1)}{2}=\frac{2^{n-1}\cdot 2^n}{2}$)

$$=\frac{1}{2^n}\times\frac{2^{n-1}\cdot 2^n}{2}=2^{n-2} \text{ となる。}$$

$$\therefore S_m=\sum_{n=1}^{m}a_n=\sum_{n=1}^{6}T_n+a_{64}=\sum_{n=1}^{6}2^{n-2}+\frac{1}{128}$$

(第6群までの数列の和)(第7群の初項$a_m=a_{64}$)

$$=\frac{63}{2}+\frac{1}{128}=\frac{63\times 64+1}{128}=\frac{4033}{128}$$ ……………(答)

ココがポイント

⇦ $a_m=\frac{1}{128}=\frac{1}{2^7}$は, 第7群の初項だね。よって, mは第6群までの各群の項数の和に1をたしたものだね。

⇦ $1+2+2^2+\cdots+2^5$は (最初の数 2^0)(最後の数 2^5)
初項$a=1$, 公比$r=2$,
項数$n=6\ (=5-0+1)$ (最後の数)(最初の数)
の等比数列の和だね。

⇦ $1+3+5+\cdots+(2^n-1)$は,
初項1, 末項2^n-1,
項数2^{n-1}の等差数列の和より,
$\frac{2^{n-1}(1+(2^n-1))}{2}$ (項数)(初項)(末項)

⇦ $\sum_{n=1}^{6}T_n=\sum_{n=1}^{6}2^{n-2}$
$=\frac{2^{-1}\cdot(1-2^6)}{1-2}=\frac{63}{2}$
($a=2^{-1}$, $r=2$, $n=6$の等比数列の和)

漸化式(I)

元気力アップ問題 128　難易度　CHECK 1　CHECK 2　CHECK 3

次の漸化式を解け。

(1) $a_1=0$, $a_{n+1}-a_n=6n^2$ $(n=1, 2, 3, \cdots)$ (広島市大*)

(2) $a_1=3$, $a_{n+1}=3a_n+9^{n+1}$ $(n=1, 2, 3, \cdots)$

ヒント！ (1), (2)いずれも，階差数列型の漸化式の問題だ。$a_{n+1}-a_n=b_n$ のとき，$n\geqq 2$ で，$a_n=a_1+\sum_{k=1}^{n-1}b_k$ として解くんだね。(2)は少し応用問題になっている。

解答＆解説

(1) $a_1=0$, $a_{n+1}-a_n=\underbrace{6n^2}_{b_n}$

$n\geqq 2$ で，$a_n=\underbrace{a_1}_{0}+\sum_{k=1}^{n-1}6k^2=6\sum_{k=1}^{n-1}k^2$

$=6\cdot\frac{1}{6}n(n-1)(2n-1)=n(n-1)(2n-1)$

これは，$n=1$ のとき，$a_1=0$ となって成り立つ。

$\therefore a_n=n(n-1)(2n-1)$ $(n=1, 2, 3, \cdots)$ ……(答)

(2) $a_1=3$, $a_{n+1}=3a_n+9^{n+1}$ ……①

①の両辺を 3^{n+1} で割って，$b_n=\frac{a_n}{3^n}$ とおくと，

$\underbrace{\frac{a_{n+1}}{3^{n+1}}}_{b_{n+1}}=\underbrace{\frac{a_n}{3^n}}_{b_n}+3^{n+1}$ $\therefore b_{n+1}-b_n=3^{n+1}$ ← 階差数列型漸化式

ここで，$b_1=\frac{a_1}{3^1}=\frac{3}{3}=1$

$\therefore n\geqq 2$ で，$b_n=\underbrace{b_1}_{1}+\sum_{k=1}^{n-1}3^{k+1}=1+\frac{9}{2}(3^{n-1}-1)$

$=\frac{1}{2}(2+3^{n+1}-9)=\frac{1}{2}(3^{n+1}-7)\left(=\frac{a_n}{3^n}\right)$

(これは，$b_1=\frac{1}{2}(9-7)=1$ をみたす。)

$\therefore a_n=\frac{1}{2}\cdot 3^n(3^{n+1}-7)$ $(n=1, 2, \cdots)$ ………(答)

ココがポイント

⇦ 階差数列型漸化式
$a_{n+1}-a_n=b_n$ のとき，
$n\geqq 2$ で，$a_n=a_1+\sum_{k=1}^{n-1}b_k$

⇦ $\sum_{k=1}^{n}k^2=\frac{1}{6}n(n+1)(2n+1)$
の n に $n-1$ を代入して，
$\sum_{k=1}^{n-1}k^2=\frac{1}{6}n(n-1)(2n-1)$
となる。

⇦ $\frac{a_{n+1}}{3^{n+1}}=\underbrace{\frac{3a_n}{3^{n+1}}}_{\frac{a_n}{3^n}}+\underbrace{\frac{9^{n+1}}{3^{n+1}}}_{\left(\frac{9}{3}\right)^{n+1}=3^{n+1}}$

⇦ $\sum_{k=1}^{n-1}3^{k+1}=3^2+3^3+\cdots+3^n$
$=\frac{3^2\cdot(1-3^{n-1})}{1-3}$
$a=3^2$, $r=3$, 項数 $n-1$ の等比数列の和

漸化式（Ⅱ）

元気力アップ問題 129　難易度 ☆☆　CHECK 1　CHECK 2　CHECK 3

次の漸化式を解け。

(1) $a_1=-1$，$a_{n+1}=-3a_n+8$　$(n=1,\ 2,\ 3,\ \cdots)$

(2) $a_1=2$，$3a_{n+1}-4a_n+1=0$　$(n=1,\ 2,\ 3,\ \cdots)$　（福井大＊）

ヒント！ (1), (2) 共に $a_{n+1}=pa_n+q$ の形の漸化式だね。特性方程式 $x=px+q$ の解を用いて，等比関数列型漸化式 $F(n+1)=rF(n)$ に持ち込んで解けばいいんだね。

解答＆解説

(1) $a_1=-1$，$a_{n+1}=\underline{\underline{-3}}a_n+8$ ……① $(n=1,\ 2,\ 3,\ \cdots)$

とおく。①を変形して，

$a_{n+1}-2=-3(a_n-2)$ より，

$[F(n+1)=-3\cdot F(n)]$

アッという間！

$a_n-2=(\overset{-1}{a_1}-2)\cdot(-3)^{n-1}=(-3)^n$

$[\ F(n)\ =\ F(1)\ \cdot(-3)^{n-1}\ ]$

∴一般項 $a_n=(-3)^n+2$　$(n=1,\ 2,\ \cdots)$ ………(答)

(2) $a_1=2$，$a_{n+1}=\dfrac{4}{3}a_n-\dfrac{1}{3}$ ……② $(n=1,\ 2,\ 3,\ \cdots)$

とおく。②を変形して，

$a_{n+1}-1=\dfrac{4}{3}\cdot(a_n-1)$

$\left[F(n+1)=\dfrac{4}{3}\cdot F(n)\right]$

アッ！

$a_n-1=(\overset{2}{a_1}-1)\cdot\left(\dfrac{4}{3}\right)^{n-1}=\left(\dfrac{4}{3}\right)^{n-1}$

$\left[\ F(n)\ =\ F(1)\ \cdot\left(\dfrac{4}{3}\right)^{n-1}\ \right]$

∴一般項 $a_n=\left(\dfrac{4}{3}\right)^{n-1}+1$　$(n=1,2,\cdots)$ ………(答)

ココがポイント

⇦特性方程式
$x=-3x+8$
$4x=8$　∴ $x=2$

⇦$F(n)=a_n-2$ とおくと，
$F(n+1)=a_{n+1}-2$
$F(1)=a_1-2$ だね。

⇦$F(n+1)=-3\cdot F(n)$ より，
$F(n)=F(1)\cdot(-3)^{n-1}$
と変形できる。

⇦$3a_{n+1}=4a_n-1$
$a_{n+1}=\dfrac{4}{3}a_n-\dfrac{1}{3}$
この特性方程式は，
$x=\dfrac{4}{3}x-\dfrac{1}{3}$
$\dfrac{1}{3}x=\dfrac{1}{3}$　∴ $x=1$

漸化式(Ⅲ)

元気力アップ問題 130	難易度 ☆☆	CHECK 1	CHECK 2	CHECK 3

次の連立漸化式を解いて，一般項 a_n と b_n を求めよ。

$a_1=-2$，$b_1=4$

$$\begin{cases} a_{n+1}=-2a_n+4b_n \quad \cdots\cdots ① \\ b_{n+1}=\quad 4a_n-2b_n \quad \cdots\cdots ② \quad (n=1,\ 2,\ 3,\ \cdots) \end{cases}$$

ヒント！ 対称形の連立漸化式：$a_{n+1}=pa_n+qb_n$ ……㋐，$b_{n+1}=qa_n+pb_n$ ……㋑ の場合㋐＋㋑と㋐－㋑から，2つの等比関数列型漸化式 $F(n+1)=rF(n)$ を導くことができる。後は，アッ！という間に解けるんだね。頑張ろう！

解答＆解説

$a_1=-2$，$b_1=4$

$$\begin{cases} a_{n+1}=-2a_n+4b_n \quad \cdots\cdots ① \\ b_{n+1}=\quad 4a_n-2b_n \quad \cdots\cdots ② \quad (n=1,\ 2,\ 3,\ \cdots) \end{cases}$$

①＋②より，$a_{n+1}+b_{n+1}=2(a_n+b_n)$ ………③

$[\ F(n+1)\ =2\cdot F(n)\ ]$

①－②より，$a_{n+1}-b_{n+1}=-6(a_n-b_n)$ ……④

$[\ G(n+1)\ =-6\cdot G(n)\ ]$

アッ！

③，④より，$a_n+b_n=(\overset{-2}{a_1}+\overset{4}{b_1})\cdot 2^{n-1}=2^n$ ……⑤

$[\ F(n)=\quad F(1)\quad \cdot 2^{n-1}\ ]$

$a_n-b_n=(\overset{-2}{a_1}-\overset{4}{b_1})\cdot(-6)^{n-1}=(-6)^n$ ……⑥

$[\ G(n)=\quad G(1)\quad \cdot(-6)^{n-1}\ ]$

$\dfrac{⑤+⑥}{2}$ より，$a_n=\dfrac{1}{2}\{2^n+(-6)^n\}$ ……………………(答)

$\dfrac{⑤-⑥}{2}$ より，$b_n=\dfrac{1}{2}\{2^n-(-6)^n\}$ ……………………(答)

ココがポイント

対称形の連立漸化式

⇦ $\begin{cases} a_{n+1}=pa_n+qb_n \cdots\cdots ㋐ \\ b_{n+1}=qa_n+pb_n \cdots\cdots ㋑ \end{cases}$

㋐＋㋑と㋐－㋑を求めれば，2つの $F(n+1)=r\cdot F(n)$ の形に持ち込める。

⇦ ・$F(n)=a_n+b_n$ とおくと，
$F(n+1)=a_{n+1}+b_{n+1}$
$F(1)=a_1+b_1$ となるね。

・$G(n)=a_n-b_n$ とおくと，
$G(n+1)=a_{n+1}-b_{n+1}$
$G(1)=a_1-b_1$ となる。

漸化式(IV)

元気力アップ問題 131　難易度 ☆☆　CHECK 1　CHECK 2　CHECK 3

次の漸化式を解け。

(1) $a_1=1$，$a_2=7$，$a_{n+2}-7a_{n+1}+12a_n=0$　$(n=1, 2, 3, \cdots)$

(2) $a_1=1$，$a_2=6$，$a_{n+2}-6a_{n+1}+9a_n=0$　$(n=1, 2, 3, \cdots)$

ヒント！ いずれも，3 項間の漸化式 $a_{n+2}+pa_{n+1}+qa_n=0$ の問題だね。この場合，特性方程式 $x^2+px+q=0$ の解 α，β を用いて，2 つの $F(n+1)=rF(n)$ の形の式を導けばいいんだね。ただし，(2) はその例外で，応用問題となっている。頑張ろう！

解答＆解説

(1) $a_1=1$，$a_2=7$，$a_{n+2}-7a_{n+1}+12a_n=0$ ……①

とおく。①を変形して，

$$a_{n+2}-3a_{n+1}=4(a_{n+1}-3a_n)$$
$$[\ F(n+1)\ =4\cdot\ F(n)\ ]$$
$$a_{n+2}-4a_{n+1}=3(a_{n+1}-4a_n)$$
$$[\ G(n+1)\ =3\cdot\ G(n)\ ]$$

アッ！

よって，

$$a_{n+1}-3a_n=(\overset{7}{a_2}-3\overset{1}{a_1})\cdot 4^{n-1}$$
$$[\ F(n)\ =\ F(1)\ \cdot 4^{n-1}\ ]$$
$$a_{n+1}-4a_n=(\overset{7}{a_2}-4\overset{1}{a_1})\cdot 3^{n-1}$$
$$[\ G(n)\ =\ G(1)\ \cdot 3^{n-1}\ ]$$

これから，$a_1=1$，$a_2=7$ を代入して，

$$\begin{cases} a_{n+1}-3a_n=4^n & \cdots\cdots② \\ a_{n+1}-4a_n=3^n & \cdots\cdots③ \end{cases}$$

②－③より，求める一般項 a_n は，

$a_n=4^n-3^n$　$(n=1, 2, 3, \cdots)$ ……………………(答)

ココがポイント

⇦①の特性方程式
$x^2-7x+12=0$ より，
$(x-3)(x-4)=0$
$\therefore x=3,\ 4$ となる。
これから，等比関数列型漸化式：$F(n+1)=rF(n)$ の形の式を 2 つ作れるんだね。

⇦・$F(n)=a_{n+1}-3a_n$ とおくと，
$F(n+1)=a_{n+2}-3a_{n+1}$
$F(1)=a_2-3a_1$ となる。
・$G(n)=a_{n+1}-4a_n$ とおくと，
$G(n+1)=a_{n+2}-4a_{n+1}$
$G(1)=a_2-4a_1$ となる。

(2) $a_1=1$，$a_2=6$，　$a_{n+2}-6a_{n+1}+9a_n=0$ ……④

とおく。④を変形して，

（④から，この1つしか式ができない！）

$a_{n+2}-3a_{n+1}=3(a_{n+1}-3a_n)$

$[\ F(n+1)\ =3\cdot\ F(n)\ ]$

（アッ！という間）

よって，

$a_{n+1}-3a_n=(\underset{6}{a_2}-3\underset{1}{a_1})\cdot 3^{n-1}$

$[\ F(n)\ =\ F(1)\ \cdot 3^{n-1}]$

これから，$a_1=1$，$a_2=6$ を代入すると，

$a_{n+1}-3a_n=3^n$ ……⑤ となる。

⑤の両辺を 3^{n+1} で割って，$\dfrac{a_n}{3^n}=b_n$ ……⑥

とおくと，

$$\underbrace{\frac{a_{n+1}}{3^{n+1}}}_{b_{n+1}}-\underbrace{\frac{a_n}{3^n}}_{b_n}=\frac{1}{3}$$

（$\dfrac{a_{n+1}}{3^{n+1}}-\dfrac{3a_n}{3^{n+1}}=\dfrac{3^n}{3^{n+1}}$）

$$b_{n+1}=b_n+\underbrace{\frac{1}{3}}_{d(公差)}$$

（$b_{n+1}=b_n+d$ の形だから $\{b_n\}$は，公差 $d=\dfrac{1}{3}$ の等差数列だね。）

ここで，$b_1=\dfrac{a_1}{3^1}=\dfrac{1}{3}$ より，数列 $\{b_n\}$は，

初項 $b_1=\dfrac{1}{3}$，公差 $d=\dfrac{1}{3}$ の等差数列である。

$\therefore b_n=\dfrac{1}{3}+(n-1)\cdot\dfrac{1}{3}=\dfrac{n}{3}\quad\left(=\dfrac{a_n}{3^n}\right)$

⑥より $\dfrac{a_n}{3^n}=\dfrac{n}{3}$ だから，求める一般項 a_n は，

$a_n=\dfrac{n}{3}\cdot 3^n=n\cdot 3^{n-1}\quad(n=1,\ 2,\ \cdots)$ である。

…………(答)

⇦④の特性方程式
$x^2-6x+9=0$ より，
$(x-3)^2=0$
$\therefore x=3$（重解）となる。
これから，④は，
$a_{n+2}-3a_{n+1}$
$=3(a_{n+1}-3a_n)$
の1つだけしか，
$F(n+1)=r\cdot F(n)$ の式を作れないんだね。

⇦この⑤だけだけれど，これを解くためには，この両辺を 3^{n+1} で割って，$\dfrac{a_n}{3^n}=b_n$ とおくと，話が見えてくるはずだ。
そう…，$\{b_n\}$の等差数列型の漸化式が導けるんだね。

⇦等差数列の一般項
$b_n=b_1+(n-1)\cdot d$

確率と漸化式

元気力アップ問題 132　難易度 ☆☆　CHECK 1　CHECK 2　CHECK 3

赤玉 1 個と白玉 2 個の入った袋から，玉を 1 つ取り出しては元に戻す試行を n 回 ($n=1, 2, \cdots$) 行ったとき，n 回中赤玉を取り出した回数が偶数である確率を P_n とおく。P_n を n の式で表せ。

ヒント！ n 回目と $n+1$ 回目の確率 P_n と P_{n+1} の関係式を模式図を作って求めるといいんだね。$P_{n+1}=aP_n+b$ の形の漸化式が導けるはずだ。

解答＆解説

玉を 1 つ取り出したとき，それが赤玉である確率を p，白玉である確率を q とおくと，

$p=\dfrac{{}_1C_1}{{}_3C_1}=\dfrac{1}{3}$，$q=1-p=1-\dfrac{1}{3}=\dfrac{2}{3}$ である。

この試行を n 回行って，n 回中赤玉を取り出した回数が偶数である確率を P_n とおいて，n 回目と $n+1$ 回目の関係を模式図により調べると，

n 回目　　　　　　　　$n+1$ 回目

P_n (赤玉が偶数回) $\xrightarrow{q=\frac{2}{3}}$ P_{n+1} (赤玉が偶数回)

$1-P_n$ (赤玉が奇数回) $\xrightarrow{p=\frac{1}{3}}$ P_{n+1} (赤玉が偶数回)

$$\therefore P_{n+1}=\frac{2}{3}P_n+\frac{1}{3}(1-P_n)=\frac{1}{3}P_n+\frac{1}{3} \quad \cdots\cdots ①$$

また，$P_1=q=\dfrac{2}{3}$ ← 1 回目は白玉を取り出せば，赤玉は 0 回 (偶数回) になる。

①を変形して，

$$P_{n+1}-\frac{1}{2}=\frac{1}{3}\left(P_n-\frac{1}{2}\right) \qquad \left[F(n+1)=\frac{1}{3}F(n)\right]$$

$$P_n-\frac{1}{2}=\left(P_1-\frac{1}{2}\right)\cdot\left(\frac{1}{3}\right)^{n-1} \qquad \left[F(n)=F(1)\cdot\left(\frac{1}{3}\right)^{n-1}\right]$$

$$\therefore P_n=\frac{1}{6}\cdot\left(\frac{1}{3}\right)^{n-1}+\frac{1}{2}=\frac{1}{2}\cdot\left(\frac{1}{3}\right)^n+\frac{1}{2} \quad \cdots\cdots\cdots\cdots(答)$$

ココがポイント

⇦ 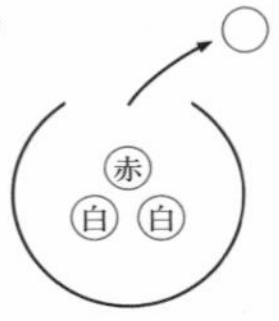

⇦・n 回目に赤玉が偶数回のとき，$n+1$ 回目は白玉を取り出せば，$n+1$ 回目も赤玉は偶数回取り出したことになる。
・n 回目に赤玉が奇数回のとき，$n+1$ 回目は赤玉を取り出せば，$n+1$ 回目は赤玉は偶数回になる。

⇦①の特性方程式は，

$x=\dfrac{1}{3}x+\dfrac{1}{3}$　　$\dfrac{2}{3}x=\dfrac{1}{3}$

$\therefore x=\dfrac{1}{2}$

⇦ $P_1-\dfrac{1}{2}=\dfrac{2}{3}-\dfrac{1}{2}=\dfrac{4-3}{6}=\dfrac{1}{6}$

数学的帰納法

元気力アップ問題 133　難易度 ☆☆　CHECK 1　CHECK 2　CHECK 3

$n=1, 2, 3, \cdots$のとき，$3^{2n}+4\cdot(-1)^n$ は 5 の倍数であることを数学的帰納法により証明せよ。　(岡山理大 *)

ヒント！ $n=1$ のとき与式が 5 の倍数であることを示す。次に，$n=k$ のとき与式が 5 の倍数であると仮定して，$n=k+1$ のときも与式が 5 の倍数であることを示せばいいんだね。これが，数学的帰納法による証明法だ。

解答＆解説

$n=1, 2, 3, \cdots$のとき，

「$3^{2n}+4\cdot(-1)^n$ は 5 の倍数である。」……(*)が

成り立つことを数学的帰納法により示す。

(i) $n=1$ のとき，

$3^{2\cdot1}+4\cdot(-1)^1=9-4=5$　(これは，5 の倍数)

∴(*)は成り立つ。

(ii) $n=k$ のとき，($k=1, 2, 3, \cdots$)

$3^{2k}+4\cdot(-1)^k=5M$ ……① (M:整数) と仮定して，

(5の倍数ということ)

$n=k+1$ のときについて調べる。

①より，$3^{2k}=5M-4\cdot(-1)^k$ ……②

$n=k+1$ のとき，与式は，

$3^{2(k+1)}+4\cdot(-1)^{k+1}=3^2\cdot 3^{2k}+4\cdot(-1)^{k+1}$

(3^{2k} は $\{5M-4\cdot(-1)^k\}$ (②より)，$(-1)^{k+1}$ は $(-1)\cdot(-1)^k$)

$=9\{5M-4\cdot(-1)^k\}-4\cdot(-1)^k$

$=5\{9M-8(-1)^k\}$ ← これで，$n=k+1$ のときも，与式は 5 の倍数であることが分かった！

(これは，整数)

∴ $n=k+1$ のときも(*)は成り立つ。

以上(i)(ii)より，すべての自然数 n について，(*)は成り立つ。 ……(終)

ココがポイント

⇦(i) $n=1$ のとき(*)が成り立つことを示す。
(ii) $n=k$ ($k=1, 2, \cdots$)のとき(*)が成り立つと仮定して，$n=k+1$ のときも成り立つことを示す。
これで，証明終了だ！

⇦①は成り立つと仮定しているので，これを
$3^{2k}=5M-4\cdot(-1)^k$
の形にして，$n=k+1$ のときに(*)が成り立つことの証明に利用するんだね。

⇦$5\cdot9M-36(-1)^k-4(-1)^k$
$=5\cdot9M-40\cdot(-1)^k$
$=5\{9M-8\cdot(-1)^k\}$
(整数)

漸化式と数学的帰納法

元気力アップ問題 134 難易度 ★★ CHECK 1 CHECK 2 CHECK 3

数列 $\{a_n\}$ が $\begin{cases} a_1=1 \\ a_{n+1}-a_n=a_n(5-a_{n+1}) \quad (n=1,\ 2,\ 3,\ \cdots) \end{cases}$ を満たしているとき，以下の問いに答えよ。

(1) n に関する数学的帰納法で，$a_n>0$ であることを証明せよ。

(2) $b_n=\dfrac{1}{a_n}$ とおくとき，b_{n+1} を b_n を用いて表せ。

(3) a_n を求めよ。　(岡山大)

ヒント！ (1)は，まず，$a_1>0$ を示し，$a_k>0$ と仮定して，$a_{k+1}>0$ を示せばいいんだね。(2),(3)は，漸化式の解法の問題で，$F(n+1)=rF(n)$ を利用して，スムーズに解こう！

解答＆解説

(1) $\begin{cases} a_1=1 \\ a_{n+1}-a_n=a_n(5-a_{n+1}) \quad \cdots\cdots ① \quad (n=1,\ 2,\ 3,\ \cdots) \end{cases}$

とおく。

$n=1,\ 2,\ 3,\ \cdots$ のとき，「$a_n>0$ である。」……(＊)

が成り立つことを数学的帰納法により示す。

(ⅰ) $n=1$ のとき，$a_1=1>0$　∴(＊)は成り立つ。

(ⅱ) $n=k$ のとき，$(k=1,\ 2,\ 3,\ \cdots)$

$a_k>0$ であると仮定して，$n=k+1$ のときについて調べる。

①を変形すると，$a_{n+1}=\dfrac{6a_n}{1+a_n}$ ……①′ より，

$a_{k+1}=\dfrac{6a_k}{1+a_k}>0$　となる。($\because a_k>0$)

よって，$n=k+1$ のときも(＊)は成り立つ。

以上(ⅰ)(ⅱ)より，すべての自然数 n について，

$a_n>0$……(＊)は成り立つ。……………………(終)

(2) (＊)より，

$b_n=\dfrac{1}{a_n}$ とおくと，$b_1=\dfrac{1}{a_1}$，$b_{n+1}=\dfrac{1}{a_{n+1}}$ となる。

($a_n>0$ より，この分母が0になることはない。)

ココがポイント

⇦ ①を変形すると，
$a_{n+1}-a_n=5a_n-a_na_{n+1}$
$(1+a_n)a_{n+1}=6a_n$
$a_{n+1}=\dfrac{6a_n}{1+a_n}$ ……①′

⇦ $a_k>0$ より，$6a_k>0$ かつ $1+a_k>0$ となるからね。

⇦ ①′ を b_n と b_{n+1} の式に書き換える。

よって，まず，$b_1=\dfrac{1}{a_1}=\dfrac{1}{1}=1$

次に，①´ の両辺の逆数をとって，

$$\underbrace{\frac{1}{a_{n+1}}}_{b_{n+1}}=\frac{1+a_n}{6a_n}=\frac{1}{6}\cdot\underbrace{\frac{1}{a_n}}_{b_n}+\frac{1}{6}$$

以上より，$\begin{cases} b_1=1 \\ b_{n+1}=\dfrac{1}{6}b_n+\dfrac{1}{6} \end{cases}$ ……② $(n=1,\ 2,\ 3,\ \cdots)$

となる。…………………………………………………………(答)

⇦ $b_{n+1}=pb_n+q$ の形
だから，②の特性方程式
$x=\dfrac{1}{6}x+\dfrac{1}{6}$ を解いて，
$\dfrac{5}{6}x=\dfrac{1}{6}$　$\therefore x=\dfrac{1}{5}$

(3) ②を変形して，

$$b_{n+1}-\frac{1}{5}=\frac{1}{6}\left(b_n-\frac{1}{5}\right)$$

$$\left[\ F(n+1)=\frac{1}{6}\cdot\ F(n)\ \right]$$

アッ！という間

よって，

$$b_n-\frac{1}{5}=\left(\overset{1}{b_1}-\frac{1}{5}\right)\cdot\left(\frac{1}{6}\right)^{n-1}$$

$$\left[\ F(n)\ =\ F(1)\ \cdot\left(\frac{1}{6}\right)^{n-1}\ \right]$$

これに $b_1=1$ を代入して，

$$b_n=\frac{4}{5}\left(\frac{1}{6}\right)^{n-1}+\frac{1}{5}=\frac{4+6^{n-1}}{5\cdot6^{n-1}}\quad\left(=\frac{1}{a_n}\right)$$

$b_n=\dfrac{1}{a_n}$ より，$a_n=\dfrac{1}{b_n}$

∴求める一般項 a_n は，

$a_n=\dfrac{5\cdot6^{n-1}}{4+6^{n-1}}$ $(n=1,\ 2,\ 3,\ \cdots)$ である。………(答)

第 8 章 ● 数列の公式の復習

1. 等差数列（a：初項，d：公差）

（ⅰ）一般項 $a_n=a+(n-1)d$　（ⅱ）数列の和 $S_n=\dfrac{n(a_1+a_n)}{2}$（$n$：項数，$a_1$：初項，$a_n$：末項）

2. 等比数列（a：初項，r：公比）

（ⅰ）一般項 $a_n=a\cdot r^{n-1}$　（ⅱ）数列の和 $S_n=\begin{cases}\dfrac{a(1-r^n)}{1-r} & (r\neq 1)\\ na & (r=1)\end{cases}$

3. 数列の 3 項問題

（ⅰ）$a,\ b,\ c$ がこの順に等差数列をなすとき，$2b=a+c$

（ⅱ）$a,\ b,\ c$ がこの順に等比数列をなすとき，$b^2=ac$

4. Σ 計算の 6 つの公式

(1) $\displaystyle\sum_{k=1}^{n}k=\frac{1}{2}n(n+1)$　(2) $\displaystyle\sum_{k=1}^{n}k^2=\frac{1}{6}n(n+1)(2n+1)$

(3) $\displaystyle\sum_{k=1}^{n}k^3=\frac{1}{4}n^2(n+1)^2$　(4) $\displaystyle\sum_{k=1}^{n}c=nc$（$c$：定数）

(5) $\displaystyle\sum_{k=1}^{n}ar^{k-1}=\frac{a(1-r^n)}{1-r}\ (r\neq 1)$　(6) $\displaystyle\sum_{k=1}^{n}\frac{1}{k(k+1)}=\frac{n}{n+1}$

5. Σ 計算の 2 つの性質

(1) $\displaystyle\sum_{k=1}^{n}(a_k\pm b_k)=\sum_{k=1}^{n}a_k\pm\sum_{k=1}^{n}b_k$　(2) $\displaystyle\sum_{k=1}^{n}ca_k=c\sum_{k=1}^{n}a_k$（$c$：定数）

6. $S_n=f(n)$ の解法パターン

$S_n=a_1+a_2+\cdots+a_n=f(n)\ (n=1,\ 2,\ \cdots)$ のとき，

（ⅰ）$a_1=S_1$　（ⅱ）$n\geqq 2$ で，$a_n=S_n-S_{n-1}$

7. 階差数列型の漸化式

$a_{n+1}-a_n=b_n$ のとき，$n\geqq 2$ で，$a_n=a_1+\displaystyle\sum_{k=1}^{n-1}b_k$

8. 等比関数列型の漸化式

$F(n+1)=r\cdot F(n)$ のとき，$F(n)=F(1)\cdot r^{n-1}$

9. 数学的帰納法

（ⅰ）$n=1$ のとき成り立つことを示す。

（ⅱ）$n=k$ のとき成り立つと仮定して，$n=k+1$ のときも成り立つことを示す。

第９章
CHAPTER

9 確率分布と統計的推測

テーマ

▶ 確率分布の基本
$\left(V(X)=E(X^2)-\{E(X)\}^2\right)$

▶ 二項分布，正規分布
$\left(B(n, p),\ N(m, \sigma^2)\right)$

▶ 統計的推測
$\left(m(\overline{X})=m,\ \sigma^2(\overline{X})=\dfrac{\sigma^2}{n}\right)$

第9章 確率分布と統計的推測 ●公式＆解法パターン

1. 確率分布

(1) 確率分布表と期待値・分散・標準偏差

確率分布表

確率変数 X	x_1	x_2	$\cdots$	x_n
確率 P	p_1	p_2	$\cdots$	p_n

$\left(\displaystyle\sum_{k=1}^{n} p_k = 1 \text{（全確率）}\right)$

(i) 期待値 $E(X) = m = \displaystyle\sum_{k=1}^{n} x_k p_k = x_1 p_1 + x_2 p_2 + \cdots + x_n p_n$

(ii) 分散 $V(X) = \sigma^2 = \displaystyle\sum_{k=1}^{n} (x_k - m)^2 p_k = \sum_{k=1}^{n} x_k{}^2 p_k - m^2 \ \left(= E(X^2) - \{E(X)\}^2\right)$

(iii) 標準偏差 $D(X) = \sigma = \sqrt{V(X)}$

(2) 新たな確率変数 $Y = aX + b$ のとき，

(i) $E(Y) = aE(X) + b$　　(ii) $V(Y) = a^2 V(X)$

(iii) $D(Y) = |a| D(X)$

(ex)

確率変数 X	1	2	3
確率 P	$\frac{1}{6}$	$\frac{1}{3}$	$\frac{1}{2}$

このとき，期待値 $m = 1 \cdot \dfrac{1}{6} + 2 \cdot \dfrac{1}{3} + 3 \cdot \dfrac{1}{2} = \dfrac{7}{3}$

分散 $\sigma^2 = 1^2 \cdot \dfrac{1}{6} + 2^2 \cdot \dfrac{1}{3} + 3^2 \cdot \dfrac{1}{2} - \left(\dfrac{7}{3}\right)^2 = \dfrac{3+24+81-98}{18} = \dfrac{10}{18} = \dfrac{5}{9}$

標準偏差 $\sigma = \sqrt{\dfrac{5}{9}} = \dfrac{\sqrt{5}}{3}$ となる。

2. 確率変数の和と積の期待値と分散の公式

(1) $E(X+Y)$ などの公式

(i) $E(X+Y) = E(X) + E(Y)$　　(ii) $E(aX+bY+c) = aE(X) + bE(Y) + c$

(iii) $E(X_1 + X_2 + \cdots + X_n) = E(X_1) + E(X_2) + \cdots + E(X_n)$ など。

(2) $V(X+Y)$ などの公式（独立な確率変数に対して）

(i) $E(XY) = E(X) \cdot E(Y)$　　(ii) $V(X+Y) = V(X) + V(Y)$

(iii) $V(aX+bY+c) = a^2 V(X) + b^2 V(Y)$

(iv) $V(X_1 + X_2 + \cdots + X_n) = V(X_1) + V(X_2) + \cdots + V(X_n)$ など。

(ex) X と Y が独立な確率変数で $E(X)=2$, $E(Y)=3$, $V(X)=4$, $V(Y)=5$ であるとき，$E(3X+2Y)$, $E(XY)$, $V(X+Y)$, $V(3X+2Y)$ を求めよう。

$\cdot\, E(3X+2Y)=3E(X)+2E(Y)=3\cdot2+2\cdot3=12$

$\cdot\, E(XY)=E(X)\cdot E(Y)=2\cdot3=6$

$\cdot\, V(X+Y)=V(X)+V(Y)=4+5=9$

$\cdot\, V(3X+2Y)=3^2V(X)+2^2V(Y)=9\cdot4+4\cdot5=56$　となる。

3. 二項分布 $B(n,\ p)$ と期待値・分散・標準偏差

(1) 二項分布 $B(n,\ p)$

反復試行の確率 $P_r={}_n\mathrm{C}_r\,p^rq^{n-r}$ $(p+q=1,\ r=0,\ 1,\ 2,\ \cdots,\ n)$ の r を確率変数 X，すなわち，$X=r=0,\ 1,\ 2,\ \cdots,\ n$ とおいて得られる確率分布のことで，$B(n,\ p)$ と表す。

二項分布 $B(n,\ p)$ の表

確率変数 X	0	1	2	………	n
確率 P	${}_n\mathrm{C}_0\,q^n$	${}_n\mathrm{C}_1\,pq^{n-1}$	${}_n\mathrm{C}_2\,p^2q^{n-2}$	………	${}_n\mathrm{C}_n\,p^n$

(2) 二項分布 $B(n,\ p)$ の期待値・分散・標準偏差

(i) $E(X)=m=np$　(ii) $V(X)=\sigma^2=npq$　(iii) $D(X)=\sigma=\sqrt{npq}$

(ex) 二項分布 $B\left(\underbrace{30}_{n},\ \underbrace{\frac{1}{3}}_{p}\right)$ の期待値 m，分散 σ^2，標準偏差 σ を求めよう。

$q=1-p=1-\frac{1}{3}=\frac{2}{3}$ より，

期待値 $m=np=30\cdot\frac{1}{3}=10$，分散 $\sigma^2=npq=30\cdot\frac{1}{3}\cdot\frac{2}{3}=\frac{20}{3}$，

標準偏差 $\sigma=\sqrt{npq}=\sqrt{\frac{20}{3}}=\frac{2\sqrt{5}}{\sqrt{3}}=\frac{2\sqrt{15}}{3}$　である。

このように，二項分布では期待値 m，分散 σ^2，標準偏差 σ を簡単に求めることができる。

4. 連続型確率変数 X と確率密度 $f(x)$

(1) 確率密度 $f(x)$ に従う確率変数 X

連続型確率変数 X が $a \leqq X \leqq b$ となる確率 $P(a \leqq X \leqq b)$ は次式で表される。

$$P(a \leqq X \leqq b) = \int_a^b f(x)dx \quad (a < b)$$

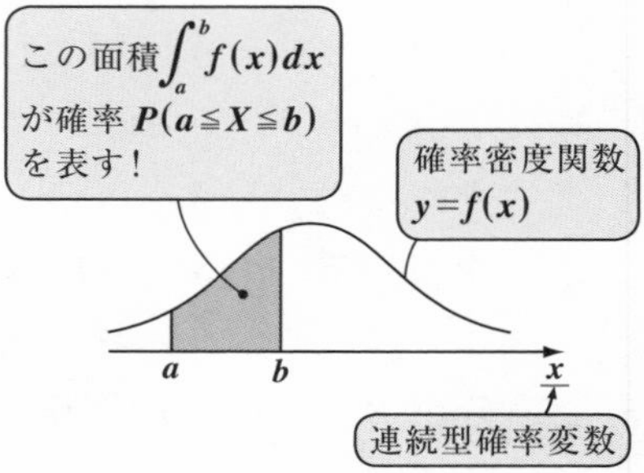

このような関数 $f(x)$ が存在するとき，$f(x)$ を "**確率密度**" と呼び，確率変数 X は確率密度 $f(x)$ の連続型確率分布に従うという。

この面積 $\int_a^b f(x)dx$ が確率 $P(a \leqq X \leqq b)$ を表す！

確率密度関数 $y = f(x)$

連続型確率変数

(2) 連続型確率変数 X の期待値・分散・標準偏差

(i) 期待値 $m = E(X) = \displaystyle\int_{-\infty}^{\infty} x f(x)dx$

(ii) 分散 $\sigma^2 = V(X) = \displaystyle\int_{-\infty}^{\infty} (x-m)^2 f(x)dx = E(X^2) - \{E(X)\}^2$

(iii) 標準偏差 $\sigma = D(X) = \sqrt{V(X)}$

$\left(\begin{array}{l} \text{また，新たな確率変数 } Y = aX + b \text{ についても，(i) } E(Y) = aE(X) + b \\ \text{(ii) } V(Y) = a^2 V(X) \quad \text{(iii) } D(Y) = |a|D(X) = |a|\sqrt{V(X)} \quad \text{となる。} \end{array}\right)$

5. 正規分布 $N(m, \sigma^2)$

正規分布 $N(m, \sigma^2)$ の確率密度 $f_N(x)$ は，

$$f_N(x) = \frac{1}{\sqrt{2\pi}\,\sigma} e^{-\frac{(x-m)^2}{2\sigma^2}} \quad \cdots\cdots(*) \quad \text{であり，}$$

(x : 連続型の確率変数，$-\infty < x < \infty$)

その期待値と分散は，

$$E(X) = m, \quad V(X) = \sigma^2 \quad \text{である。}$$

正規分布 $N(m, \sigma^2)$ の確率密度 $f_N(x) = \dfrac{1}{\sqrt{2\pi}\,\sigma} e^{-\frac{(x-m)^2}{2\sigma^2}}$

$\left(\begin{array}{l} \text{新たな変数 } Z = \dfrac{X-m}{\sigma} \text{ とおくと，} Z \text{ は標準正規分布 } N(0, 1) \text{ に従う。} \\ Z \text{ は標準化変数と呼ばれ，標準正規分布には数表が与えられている。} \end{array}\right)$

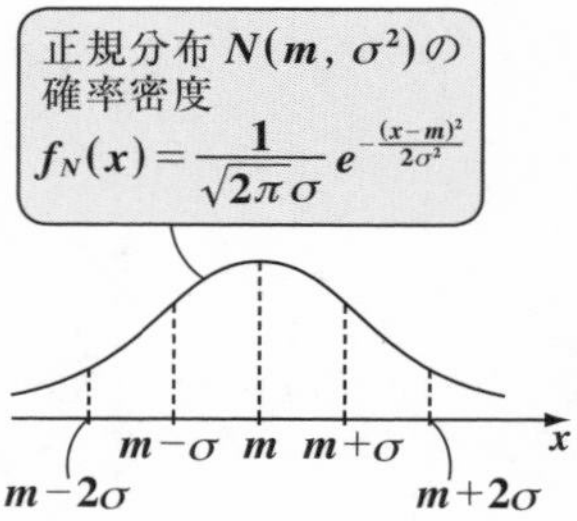

6. 推測統計

(1) 標本平均 $\overline{X}$ の期待値・分散・標準偏差

母平均 m，母分散 σ^2 の大きさ N の母集団から，大きさ n の標本，

X_1，X_2，…，X_n を無作為に抽出したとき，

標本平均 $\overline{X}=\dfrac{X_1+X_2+\cdots+X_n}{n}$ の平均 $E(\overline{X})$，分散 $V(\overline{X})$，標準偏差

$D(\overline{X})$ をそれぞれ，$m(\overline{X})$，$\sigma^2(\overline{X})$，$\sigma(\overline{X})$ とおくと，

(i) $m(\overline{X})=E(\overline{X})=m$　　(ii) $\sigma^2(\overline{X})=V(\overline{X})=\dfrac{\sigma^2}{n}$

(iii) $\sigma(\overline{X})=D(\overline{X})=\dfrac{\sigma}{\sqrt{n}}$　　(ただし，$N \gg n$ とする。)

(2) 母平均 m の区間推定

(i) 母標準偏差 σ が既知のとき，

(ア) 母平均 m の 95% 信頼区間は，次のようになる。

$$\overline{X}-1.96\frac{\sigma}{\sqrt{n}} \leqq m \leqq \overline{X}+1.96\frac{\sigma}{\sqrt{n}}$$

(イ) 母平均 m の 99% 信頼区間は，次のようになる。

$$\overline{X}-2.58\frac{\sigma}{\sqrt{n}} \leqq m \leqq \overline{X}+2.58\frac{\sigma}{\sqrt{n}}$$

(ii) 母標準偏差 σ が未知のとき，

(ア) 母平均 m の 95% 信頼区間は，次のようになる。

$$\overline{X}-1.96\frac{S}{\sqrt{n}} \leqq m \leqq \overline{X}+1.96\frac{S}{\sqrt{n}}$$

(イ) 母平均 m の 99% 信頼区間は，次のようになる。

$$\overline{X}-2.58\frac{S}{\sqrt{n}} \leqq m \leqq \overline{X}+2.58\frac{S}{\sqrt{n}}$$

(ただし，$\overline{X}$：標本平均，S：標本標準偏差)

(その他，母比率 p の 95%(または 99%)信頼区間の公式もある。)

確率分布(Ⅰ)

元気力アップ問題 135　難易度 ☆☆　CHECK 1　CHECK 2　CHECK 3

赤いカード **4** 枚と白いカード **6** 枚の計 **10** 枚から無作為に **5** 枚のカードを取り出す。取り出された **5** 枚のカードの内，赤いカードの枚数を X とおく。

(1) $X=k\ (k=0,\ 1,\ 2,\ 3,\ 4)$ となる確率 P_k を求めて，X の確率分布表を示せ。

(2) X の期待値 m_X，分散 $\sigma_X{}^2$，標準偏差 σ_X を求めよ。

(3) 新たな確率変数 Y を $Y=\dfrac{X-m_X}{\sigma_X}$ で定義する。Y の期待値 m_Y と分散 $\sigma_Y{}^2$ を求めよ。

ヒント！ **(1)** $X=0,\ 1,\ \cdots,\ 4$ となる確率 P_k の計算結果，これらの和が **1**(全確率)となることは，必ずチェックしよう。**(2)** は，公式通りに計算して，X の期待値 m_X，分散 $\sigma^2{}_X$，標準偏差 σ_X を求めればよい。**(3)** は，確率変数を標準化する問題なんだね。

解答＆解説

(1) 赤 **4** 枚，白 **6** 枚，計 **10** 枚のカードから無作為に **5** 枚を取り出す全場合の数 $n(U)$ は，

$$n(U)={}_{10}C_5=\frac{10!}{5!\cdot5!}=252 \text{ 通りである。}$$

取り出された **5** 枚のカードの内，赤いカードの枚数を X とおくと，$X=k=0,\ 1,\ 2,\ 3,\ 4$ であり，それぞれがとる確率を P_k とおくと，

（白 6 枚から 5 枚）

$$\cdot P_0=\frac{{}_6C_5}{{}_{10}C_5}=\frac{6}{252}=\frac{1}{42} \quad \cdots\cdots(\text{答})$$

（赤 4 枚から 1 枚）（白 6 枚から 4 枚）

$$\cdot P_1=\frac{{}_4C_1\cdot{}_6C_4}{{}_{10}C_5}=\frac{4\cdot15}{252}=\frac{60}{252}=\frac{5}{21} \quad \cdots\cdots(\text{答})$$

（赤 4 枚から 2 枚）（白 6 枚から 3 枚）

$$\cdot P_2=\frac{{}_4C_2\cdot{}_6C_3}{{}_{10}C_5}=\frac{6\cdot20}{252}=\frac{120}{252}=\frac{10}{21} \quad \cdots\cdots(\text{答})$$

ココがポイント

⇦ $\dfrac{10\cdot9\cdot8\cdot7\cdot6}{5\cdot4\cdot3\cdot2\cdot1}=252$

⇦ ${}_6C_5={}_6C_1=6$

⇦ ${}_6C_4=\dfrac{6!}{4!\cdot2!}=\dfrac{6\cdot5}{2\cdot1}=15$

⇦ ${}_4C_2=\dfrac{4!}{2!\cdot2!}=\dfrac{4\cdot3}{2\cdot1}=6$

${}_6C_3=\dfrac{6!}{3!\cdot3!}=\dfrac{6\cdot5\cdot4}{3\cdot2\cdot1}=20$

赤4枚から3枚　白6枚から2枚

$\cdot P_3 = \frac{{}_4C_3 \cdot {}_6C_2}{{}_{10}C_5} = \frac{4 \cdot 15}{252} = \frac{60}{252} = \frac{5}{21}$ ……………(答)

⇦ ${}_4C_3 = {}_4C_1 = 4$，${}_6C_2 = {}_6C_4 = 15$

赤4枚から4枚　白6枚から1枚

$\cdot P_4 = \frac{{}_4C_4 \cdot {}_6C_1}{{}_{10}C_5} = \frac{1 \cdot 6}{252} = \frac{1}{42}$ ………(答)

よって，X の確率分布表は，右のようになる。 ……………………(答)

確率分布表

確率変数 X	0	1	2	3	4
確率 P	$\frac{1}{42}$	$\frac{5}{21}$	$\frac{10}{21}$	$\frac{5}{21}$	$\frac{1}{42}$

$\left[\sum_{k=0}^{4} P_k = \frac{1}{42} + \frac{5}{21} + \cdots + \frac{1}{42} = \frac{1+10+20+10+1}{42} = 1 \text{(全確率)}\right]$

(2) X の期待値 m_X，分散 $\sigma_X{}^2$，標準偏差 σ_X を求める。

$\cdot m_X = \sum_{k=0}^{4} k \cdot P_k = 0 \cdot \frac{1}{42} + 1 \cdot \frac{5}{21} + 2 \cdot \frac{10}{21} + 3 \cdot \frac{5}{21} + 4 \cdot \frac{1}{42}$

$= \frac{5+20+15+2}{21} = \frac{42}{21} = 2$ ……………………(答)

$\cdot \sigma_X{}^2 = \sum_{k=0}^{4} k^2 P_k - m_X{}^2$

$= 0^2 \cdot \frac{1}{42} + 1^2 \cdot \frac{5}{21} + 2^2 \cdot \frac{10}{21} + 3^2 \cdot \frac{5}{21} + 4^2 \cdot \frac{1}{42} - 2^2$

$= \frac{5+40+45+8}{21} - 4 = \frac{2}{3}$ ……………………(答)

⇦ $\frac{98}{21} - 4 = \frac{14-12}{3} = \frac{2}{3}$

$\cdot \sigma_X = \sqrt{\frac{2}{3}} = \frac{\sqrt{6}}{3}$ ……………………………………(答)

(3) $Y = \frac{X - m_X}{\sigma_X}$ とおいて，Y の期待値 m_Y，分散 $\sigma_Y{}^2$ を求めると，

⇦ このように，変数変換（標準化）すると，$m_Y = 0$，$\sigma_Y{}^2 = 1$ となるんだね。これを変数の標準化という。

$E(Y) = E\left(\frac{X - m_X}{\sigma_X}\right) = \frac{1}{\sigma_X}\{\underbrace{E(X)}_{m_X} - m_X\} = 0$ ……(答)

⇦ $E(aX+b) = aE(X) + b$

$V(Y) = V\left(\frac{X - m_X}{\sigma_X}\right) = V\left(\frac{X}{\sigma_X} - \frac{m_X}{\sigma_X}\right) = \frac{1}{\sigma_X{}^2}\underbrace{V(X)}_{\sigma_X{}^2} = 1$

⇦ $V(aX+b) = a^2 V(X)$

………(答)

確率分布(Ⅱ)

元気力アップ問題 136 難易度 ☆☆ CHECK 1 CHECK 2 CHECK 3

2 つの確率変数 $X=1, 3, 5$ と $Y=2, 4, 6$ の同時確率分布表を右に示す。

(1) X, Y の期待値 $E(X)$, $E(Y)$ と分散 $V(X)$, $V(Y)$を求めよ。また, XYの期待値 $E(XY)$, および $X+Y$ の分散 $V(X+Y)$ を求めよ。

(2) 新たな確率変数 Z を $Z=3X+5Y$ で定義する。Z の期待値 $E(Z)$ と分散 $V(Z)$ を求めよ。

X と Y の同時確率分布

X \ Y	2	4	6	計
1	$\frac{8}{45}$	$\frac{4}{45}$	$\frac{8}{45}$	$\frac{4}{9}$
3	$\frac{8}{45}$	$\frac{4}{45}$	$\frac{8}{45}$	$\frac{4}{9}$
5	$\frac{2}{45}$	$\frac{1}{45}$	$\frac{2}{45}$	$\frac{1}{9}$
計	$\frac{2}{5}$	$\frac{1}{5}$	$\frac{2}{5}$	1

ヒント! まず, X と Y が独立な確率変数であることを確認しよう。その結果, 公式: $E(XY)=E(X)E(Y)$ や $V(X+Y)=V(X)+V(Y)$ などが利用できるようになるんだね。

解答&解説

$X=1, 3, 5$ と $Y=2, 4, 6$ の同時確率分布表より,

$$P(X=1,\ Y=2)=\frac{8}{45}=\frac{4}{9}\times\frac{2}{5}=P(X=1)\cdot P(Y=2)$$

$$P(X=1,\ Y=4)=\frac{4}{45}=\frac{4}{9}\times\frac{1}{5}=P(X=1)\cdot P(Y=4)$$

………………………………………………

$$P(X=5,\ Y=6)=\frac{2}{45}=\frac{1}{9}\times\frac{2}{5}=P(X=5)\cdot P(Y=6)$$

となるので, X と Y は独立な確率変数である。

(1)・まず, 右の X の確率分布表より,

Xの確率分布表

X	1	3	5
P	$\frac{4}{9}$	$\frac{4}{9}$	$\frac{1}{9}$

$$E(X)=1\times\frac{4}{9}+3\times\frac{4}{9}+5\times\frac{1}{9}$$

$$=\frac{4+12+5}{9}=\frac{21}{9}=\frac{7}{3}\ \cdots\cdots①\ \cdots\cdots\cdots\cdots(答)$$

ココがポイント

⇦ $X=j=1, 3, 5$
$Y=k=2, 4, 6$ のすべてについて,
$P(X=j, Y=k)=P(X=j)P(Y=k)$
が成り立つとき, X と Y は独立な確率変数と言える。
そして, XとYが独立ならば公式:
・$E(XY)=E(X)E(Y)$
・$V(X+Y)=V(X)+V(Y)$
・$V(aX+bY)$
$=a^2V(X)+b^2V(Y)$
などが成り立つので, これらを利用できるんだね。

$$V(X)=1^2\times\frac{4}{9}+3^2\times\frac{4}{9}+5^2\times\frac{1}{9}-\left(\frac{7}{3}\right)^2$$

⇦ $V(X)=E(X^2)-\{E(X)\}^2$

$$=\frac{4+36+25-49}{9}=\frac{16}{9}\ \cdots\cdots②\ \cdots\cdots\cdots\cdots(答)$$

・次に，右の Y の確率分布表より，

Y の確率分布表

Y	2	4	6
P	$\frac{2}{5}$	$\frac{1}{5}$	$\frac{2}{5}$

$$E(Y)=2\times\frac{2}{5}+4\times\frac{1}{5}+6\times\frac{2}{5}$$

$$=\frac{4+4+12}{5}=\frac{20}{5}=4\ \cdots\cdots\cdots③\ \cdots\cdots\cdots\cdots(答)$$

$$V(Y)=2^2\times\frac{2}{5}+4^2\times\frac{1}{5}+6^2\times\frac{2}{5}-4^2$$

⇦ $V(Y)=E(Y^2)-\{E(Y)\}^2$

$$=\frac{8+16+72-80}{5}=\frac{16}{5}\ \cdots\cdots④\ \cdots\cdots\cdots\cdots(答)$$

ここで，X と Y は独立な確率変数より，

$$E(XY)=E(X)\cdot E(Y)=\frac{7}{3}\times 4=\frac{28}{3}\ (①,③より)\cdots(答)$$

$$V(X+Y)=V(X)+V(Y)=\frac{16}{9}+\frac{16}{5}\quad(②,④より)$$

$$=\frac{80+144}{45}=\frac{224}{45}\ \cdots\cdots\cdots\cdots\cdots\cdots\cdots\cdots(答)$$

(2) $Z=3X+5Y$ の期待値 $E(Z)$ と分散 $V(Z)$ は，

$$E(Z)=E(3X+5Y)=3E(X)+5E(Y)$$

$$=3\times\frac{7}{3}+5\times 4=7+20=27\ (①,③より)\cdots(答)$$

⇦ 公式：
$E(aX+bY)$
$=aE(X)+bE(Y)$
は，X と Y が独立でなくても成り立つ。

$$V(Z)=V(3X+5Y)=9V(X)+25V(Y)$$

⇦ $V(aX+bY)$
$=a^2V(X)+b^2V(Y)$

$$=9\times\frac{16}{9}+25\times\frac{16}{5}=16+80\quad(②,④より)$$

$$=96\ \cdots\cdots\cdots\cdots\cdots\cdots\cdots\cdots\cdots\cdots\cdots\cdots(答)$$

二項分布 $B(n, p)$

元気力アップ問題 137　難易度 ★★　CHECK 1　CHECK 2　CHECK 3

確率変数 X は二項分布 $B(n, p)$ に従い，その分散は 22 である。また，$X=k\ (k=0, 1, 2, \cdots, n)$ となる確率を Q_k とおくと，$Q_{n-1}=198Q_n$ である。このとき，(i) n と p を求めよ。また，(ii) $\dfrac{Q_{49}}{Q_{50}}$ を求めよ。

ヒント！ $X=k$ となる確率 $Q_k={}_n\mathrm{C}_k p^k q^{n-k}$ である二項分布 $B(n, p)$ の期待値は $E(X)=np$，分散は $V(X)=npq$ となるんだね。この分散の公式を用いて解こう！

解答＆解説

二項分布 $B(n,p)$ において，$X=k$ となる確率 Q_k は，

$Q_k={}_n\mathrm{C}_k p^k q^{n-k}$ ………①

分散 $V(X)=npq$ ……②　$(p+q=1)$ である。

(i) ②より，$V(X)=npq=22$　$\therefore npq=22$ ……③

次に，$Q_{n-1}=198Q_n$ より，①から，$np^{n-1}q=198p^n$

両辺を $p^{n-1}(>0)$ で割って，$nq=198p$ ………④

③÷④より，$\dfrac{npq}{nq}=\dfrac{22}{198p}$，$p^2=\dfrac{22}{198}=\dfrac{11}{99}=\dfrac{1}{9}$

ここで，$0<p\leqq 1$ より，$p=\sqrt{\dfrac{1}{9}}=\dfrac{1}{3}$，$q=1-p=\dfrac{2}{3}$

よって，③より，$n\cdot\dfrac{1}{3}\cdot\dfrac{2}{3}=22$

$\therefore n=\dfrac{22}{2}\times 3^2=11\times 9=99$

以上より，$n=99$，$p=\dfrac{1}{3}$ である。……………(答)

(ii) ①より，$Q_{49}={}_{99}\mathrm{C}_{49}p^{49}q^{99-49}={}_{99}\mathrm{C}_{49}p^{49}q^{50}$

$Q_{50}={}_{99}\mathrm{C}_{50}p^{50}q^{99-50}$

$={}_{99}\mathrm{C}_{50}p^{50}q^{49}$　$\left(p=\dfrac{1}{3},\ q=\dfrac{2}{3}\right)$

$\therefore \dfrac{Q_{49}}{Q_{50}}=\dfrac{{}_{99}\mathrm{C}_{49}p^{49}q^{50}}{{}_{99}\mathrm{C}_{50}p^{50}q^{49}}=\dfrac{q}{p}=\dfrac{\frac{2}{3}}{\frac{1}{3}}=2$ …………(答)

ココがポイント

⇦これから，
$Q_n={}_n\mathrm{C}_n p^n=p^n$
$Q_{n-1}={}_n\mathrm{C}_{n-1}p^{n-1}q^1$
(${}_n\mathrm{C}_1=n$)
$=np^{n-1}q$
となる。

⇦${}_n\mathrm{C}_k={}_n\mathrm{C}_{n-k}$ より，
${}_{99}\mathrm{C}_{49}={}_{99}\mathrm{C}_{99-49}$
$={}_{99}\mathrm{C}_{50}$ と
なるからね。

連続型確率分布

元気力アップ問題 138　難易度　CHECK 1　CHECK 2　CHECK 3

確率密度 $f(x)=\begin{cases} ax & (0 \leqq x \leqq 2) \\ 0 & (x<0,\ 2<x) \end{cases}$ に従う確率変数 X がある。

a の値を求め，X の期待値 $E(X)$ と分散 $V(X)$ を求めよ。

ヒント！ $\int_{-\infty}^{\infty} f(x)\,dx=1$ (全確率)，$E(X)=\int_{-\infty}^{\infty} x\cdot f(x)\,dx$，$V(X)=\int_{-\infty}^{\infty} x^2 f(x)\,dx-\{E(X)\}^2$ の公式を利用して解いていこう。

解答＆解説

確率密度 $f(x)=\begin{cases} ax & (0 \leqq x \leqq 2) \\ 0 & (x<0,\ 2<x) \end{cases}$ より，

$\cdot \int_{-\infty}^{\infty} f(x)\,dx=\int_0^2 ax\,dx=\frac{a}{2}\left[x^2\right]_0^2=\frac{a}{2}\cdot 4=1$ (全確率)

$\int_{-\infty}^{0}$ と $\int_{2}^{\infty}$ では，$f(x)=0$ より，積分しても 0 だから略す。以下同様。

$2a=1$ より，$a=\frac{1}{2}$ ……(答)

$\cdot X$ の期待値 $E(X)$ と分散 $V(X)$ は，

$E(X)=\int_{-\infty}^{\infty} x\cdot f(x)\,dx=\int_0^2 \frac{1}{2}x^2\,dx=\frac{1}{6}\left[x^3\right]_0^2$

（$f(x)=\frac{1}{2}x\ (0\leqq x\leqq 2)$）

$=\frac{1}{6}(2^3-0^3)=\frac{8}{6}=\frac{4}{3}$ ……① ……(答)

$V(X)=\int_{-\infty}^{\infty} x^2 f(x)\,dx-\{E(X)\}^2=\int_0^2 \frac{1}{2}x^3\,dx-\left(\frac{4}{3}\right)^2$ (①より)

（$f(x)=\frac{1}{2}x\ (0\leqq x\leqq 2)$）

$=\frac{1}{8}\left[x^4\right]_0^2-\frac{16}{9}=2-\frac{16}{9}=\frac{2}{9}$ ……(答)

ココがポイント

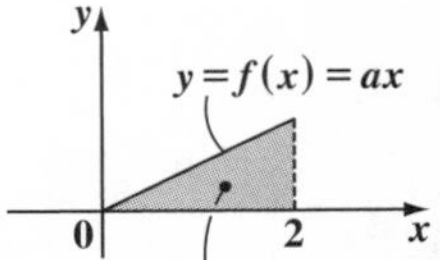

$\int_0^2 f(x)\,dx=1$ (全確率)

⇦ $E(X)=\int_{-\infty}^{\infty} x\cdot f(x)\,dx$

⇦ $V(X)=\int_{-\infty}^{\infty} x^2 f(x)\,dx-\{E(X)\}^2$

⇦ $\frac{1}{8}(2^4-0^4)-\frac{16}{9}=\frac{16}{8}-\frac{16}{9}=2-\frac{16}{9}=\frac{18-16}{9}=\frac{2}{9}$

正規分布と標準正規分布(Ⅰ)

元気力アップ問題 139　難易度 ☆☆　CHECK 1　CHECK 2　CHECK 3

次の文章の □ を，適切な用語または式で埋めよ。

二項分布 $B(n,\ p)$ の確率関数を $p_B(x)$ で表すと，

$p_B(x) =$ [ア] $(x=0,\ 1,\ 2,\ \cdots,\ n)$ となる。

ここで，n を十分に大きくとり，x を連続型の確率変数とみなすと，

これは [イ] $N(m,\ \sigma^2)$ に近づく。この $N(m,\ \sigma^2)$ の確率密度を

$f_N(x)$ とおくと，$f_N(x) =$ [ウ] である。ここで，新たな確率変数を

$z = \dfrac{x-m}{\sigma}$ で定義すると，z は，[エ] $N(0,\ 1)$ に従う確率変数になる。

ヒント！ 二項分布 $B(n,\ p)$ の n を十分に大きくとると，これは，連続型の確率分布である正規分布 $N(m,\ \sigma^2)$ に近づくんだね。ここで，$z = \dfrac{x-m}{\sigma}$ により新たな確率変数 z を定義すると，z は標準正規分布 $N(0,\ 1)$ に従うことになるんだね。以上の用語や式を正確に記述できるようになろう！

解答＆解説

二項分布 $B(n,\ p)$ の確率関数 $p_B(x)\ (x=0,\ 1,\ 2,\cdots,\ n)$ は，

$p_B(x) = {}_n\mathrm{C}_x p^x q^{n-x}\quad (q=1-p)$ である。……(ア答)

⇦これは，反復試行の確率分布と同じだね。

ここで，n を十分に大きくし，変数 x を連続型の確率変数と考えると，$B(n,\ p)$ は 正規分布 $N(m,\ \sigma^2)$ に近づく。……………………………………………(イ答)

⇦正規分布 $N(m,\ \sigma^2)$

$f_N(x) = \dfrac{1}{\sqrt{2\pi}\,\sigma} e^{-\frac{(x-m)^2}{2\sigma^2}}$

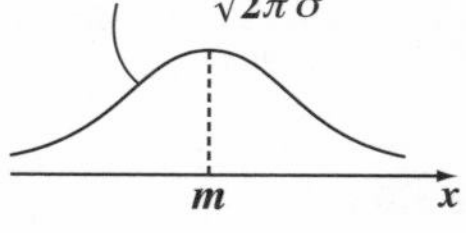

この正規分布の確率密度を $f_N(x)$ とおくと，

$f_N(x) = \dfrac{1}{\sqrt{2\pi}\,\sigma} e^{-\frac{(x-m)^2}{2\sigma^2}}$ と表される。…………(ウ答)

$(e$：ネイピア数，$e \fallingdotseq 2.72)$

ここで，$z = \dfrac{x-m}{\sigma}$ により，新たな変数 z を定義すると，z は，$m=0$，$\sigma^2=1$ の 標準正規分布 $N(0,\ 1)$ に従う確率変数になる。……………………………(エ答)

⇦z を，標準化変数と呼ぶ。

正規分布と標準正規分布(Ⅱ)

元気力アップ問題 140	難易度 ☆	CHECK 1	CHECK 2	CHECK 3

確率変数 X が正規分布 $N(5,\ 256)$ に従うとき，確率 $P(1 \leqq X \leqq 13)$ を求めよ。ただし右の標準正規分布の表を利用してもよい。

標準正規分布表 $\alpha = \int_u^{\infty} f_S(Z)dZ$

u	α
0.25	0.4013
0.5	0.3085

ヒント！ 確率変数 X を標準化した変数 Z を用いると，$P(1 \leqq X \leqq 13) = P(-0.25 \leqq Z \leqq 0.5)$ となるので，標準正規分布の表を利用すればいいんだね。

解答＆解説

確率変数 X は，正規分布 $N(\underbrace{5}_{m},\ \underbrace{256}_{\sigma^2})$，すなわち，

平均 $m=5$，標準偏差 $\sigma=16$ の正規分布に従う。

よって，X を標準化変数 Z で表すと，

$Z = \dfrac{X-5}{16}$ となる。

よって，$1 \leqq X \leqq 13$ となる確率 $P(1 \leqq X \leqq 13)$ は，

$\underbrace{\dfrac{1-5}{16}}_{-\frac{1}{4}=-0.25} \leqq \underbrace{\dfrac{X-5}{16}}_{Z} \leqq \underbrace{\dfrac{13-5}{16}}_{\frac{1}{2}=0.5}$ より，

$P(1 \leqq X \leqq 13) = P(-0.25 \leqq Z \leqq 0.5)$

$= \quad 1 \quad - \quad P(Z \geqq 0.25) - P(Z \geqq 0.5)$

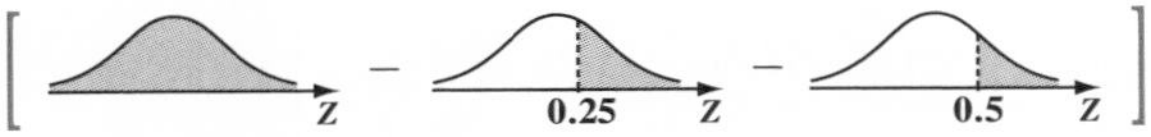

$= 1 - 0.4013 - 0.3085$

$= 0.2902$ ……………………………………………(答)

ココがポイント

⇦ $\sigma^2 = 256 = 2^8$
$\sigma = \sqrt{2^8} = 2^4 = 16$ となる。

⇦ 標準化変数 Z を
$Z = \dfrac{X-m}{\sigma}$ で定義すると，
Z は標準正規分布 $N(0,\ 1)$ に従う。

⇦ $1 \leqq X \leqq 13$ の各辺から，
$m=5$ を引いて，$\sigma=16$ で割ったもの。

⇦

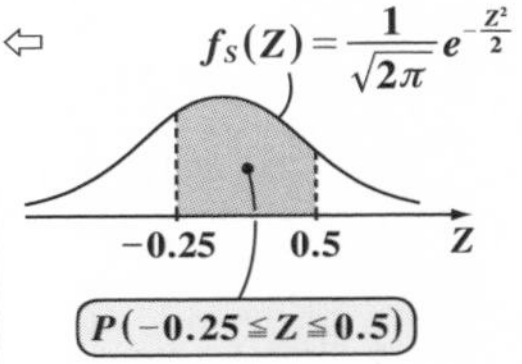

標本平均

元気力アップ問題 141　難易度　CHECK 1　CHECK 2　CHECK 3

大きさ N，母平均 $m=10$，母分散 $\sigma^2=50$ の母集団から，大きさ $n=450$ の標本を抽出したとき，標本平均 $\overline{X}$ について，次の問いに答えよ。ただし，$N \gg n$ とする。

(1) $\overline{X}$ の平均 $m(\overline{X})$ と分散 $\sigma^2(\overline{X})$ を求めよ。

(2) $\overline{X}$ が，正規分布 $N(m(\overline{X}),\ \sigma^2(\overline{X}))$ に従うものとして，確率 $P(9.5 \leqq \overline{X})$ を求めよ。ただし，$\displaystyle\int_{1.5}^{\infty} f_S(Z)dZ = 0.0668$ $\left(f_S(Z)=\dfrac{1}{\sqrt{2\pi}}e^{-\frac{Z^2}{2}}\right)$ とする。

ヒント！ (1) $\overline{X}$ の平均 $m(\overline{X})=m$，分散 $\sigma^2(\overline{X})=\dfrac{\sigma^2}{n}$ となる。(2) $\overline{X}$ を標準化変数 Z に変換して，標準正規分布 $N(0,\ 1)$ に持ち込んで解こう。

解答＆解説

(1) 母平均 $m=10$，母分散 $\sigma^2=50$ の母集団から，大きさ $n=450$ の標本を抽出したとき，標本平均 $\overline{X}$ の平均 $m(\overline{X})$ と分散 $\sigma^2(\overline{X})$ は，

$$m(\overline{X})=m=10,\ \sigma^2(\overline{X})=\frac{\sigma^2}{n}=\frac{50}{450}=\frac{1}{9}\ \cdots\cdots\cdots(\text{答})$$

(2) $\overline{X}$ は，正規分布 $N\left(10,\ \dfrac{1}{9}\right)$ に従うものとすると，

$\overline{X}$ の標準化変数 Z は次のようになる。

$$Z=\frac{\overline{X}-m(\overline{X})}{\sigma(\overline{X})}=3(\overline{X}-10)$$

よって，$9.5 \leqq \overline{X}$，すなわち $\underbrace{3(9.5-10)}_{-1.5} \leqq \underbrace{3(\overline{X}-10)}_{Z}$

$-1.5 \leqq Z$ となる確率は，

$$P(9.5 \leqq \overline{X})=P(-1.5 \leqq Z)$$

$$= \quad 1 \quad - \int_{1.5}^{\infty} f_S(Z)dZ$$

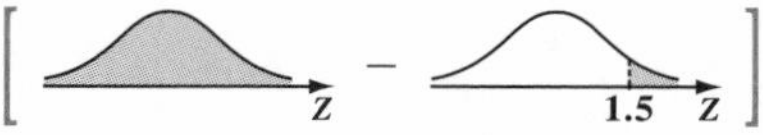

$= 1-0.0668 = 0.9332$ である。 $\cdots\cdots\cdots\cdots\cdots(\text{答})$

ココがポイント

⇦ $m(\overline{X})=m(\text{母平均})$
$\sigma^2(\overline{X})=\dfrac{\sigma^2}{n}$ となる。

⇦ $n=450$ は，十分大きな数だね。

⇦ $\dfrac{\overline{X}-10}{\sqrt{\frac{1}{9}}}=\dfrac{\overline{X}-10}{\frac{1}{3}}=3(\overline{X}-10)$

⇦ 両辺から 10 を引いて 3 をかけた。

⇦
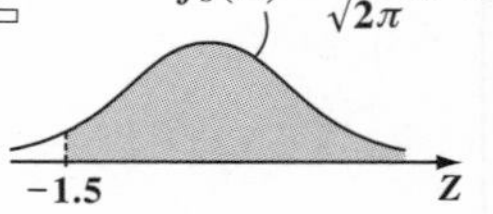

母平均の区間推定

元気力アップ問題 142　難易度 ☆☆　CHECK 1　CHECK 2　CHECK 3

ある県の高校 **2** 年生 **2** 万人に英語のテストを行った。この採点結果を母集団として，これから **225** 人の得点を無作為に標本抽出した結果，この標本平均が **72** 点，標本標準偏差が **6** 点であった。このとき，母平均 m の (i) **95%**信頼区間，および (ii) **99%**信頼区間を求めよ。

ヒント！ 標本の大きさ $n=225$ は十分に大きいと考えられる。よって，母標準偏差 σ の代わりに標本標準偏差 S を用いて，母平均 m の (i) **95%** または (ii) **99%** の信頼区間は，次の公式で求めることができるんだね。

$$\overline{X}-a\cdot\frac{S}{\sqrt{n}} \leqq m \leqq \overline{X}+a\cdot\frac{S}{\sqrt{n}}$$

（ただし，(i) 95%のとき，$a=1.96$
(ii) 99%のとき，$a=2.58$）

解答＆解説

標本の大きさ $n=225(=15^2)$，標本平均 $\overline{X}=72$，標本標準偏差 $S=6$ より，

(i) 母平均 m の 95% 信頼区間は，

$$72-\underbrace{1.96\cdot\frac{6}{\sqrt{225}}}_{0.784} \leqq m \leqq 72+\underbrace{1.96\cdot\frac{6}{\sqrt{225}}}_{0.784}$$

$\therefore 71.216 \leqq m \leqq 72.784$ ……………………………（答）

(ii) 母平均 m の 99% 信頼区間は，

$$72-\underbrace{2.58\cdot\frac{6}{\sqrt{225}}}_{1.032} \leqq m \leqq 72+\underbrace{2.58\cdot\frac{6}{\sqrt{225}}}_{1.032}$$

$\therefore 70.968 \leqq m \leqq 73.032$ ……………………………（答）

ココがポイント

⇦ $15^2=225$ だから，$\sqrt{n}=\sqrt{225}=15$ となる。

⇦ $1.96\times\frac{6}{\sqrt{225}}=1.96\times\frac{6}{15}=1.96\times\frac{2}{5}=0.784$

⇦ $2.58\times\frac{6}{\sqrt{225}}=2.58\times\frac{6}{15}=2.58\times\frac{2}{5}=1.032$

母比率の区間推定

元気力アップ問題 143	難易度 ☆☆	CHECK 1	CHECK 2	CHECK 3

ある地域から無作為に n 世帯を抽出して，自動車の所有率を標本調査したところ，所有率は **20**%であった。この地域の全世帯の自動車の所有率の **99**%信頼区間の幅が，**5.16**%以下となるようにするためには，少なくとも何世帯を標本抽出すればよいか。

ヒント！ 標本の大きさ n，標本比率 $\overline{p}$ のとき，母比率 p の(i)**95**%または(ii)**99**%の信頼区間は，次の公式で求めることができる。

$$\overline{p}-a\sqrt{\frac{\overline{p}(1-\overline{p})}{n}} \leqq p \leqq \overline{p}+a\sqrt{\frac{\overline{p}(1-\overline{p})}{n}}$$

(ただし，(i)95%のとき，$a=1.96$
(ii)99%のとき，$a=2.58$)

解答＆解説

標本の大きさ n，標本比率 $\overline{p}$ のとき，母比率 p の **99**% 信頼区間は，次のようになる。

$$\overline{p}-2.58\sqrt{\frac{\overline{p}(1-\overline{p})}{n}} \leqq p \leqq \overline{p}+2.58\sqrt{\frac{\overline{p}(1-\overline{p})}{n}} \quad \cdots\cdots①$$

①より，母比率 p の **99**% 信頼区間の幅は，

$$\overline{p}+2.58\sqrt{\frac{\overline{p}(1-\overline{p})}{n}}-\left(\overline{p}-2.58\sqrt{\frac{\overline{p}(1-\overline{p})}{n}}\right)$$

$$=2\times 2.58\sqrt{\frac{\overline{p}(1-\overline{p})}{n}}=5.16\sqrt{\frac{\overline{p}(1-\overline{p})}{n}} \quad \cdots\cdots②$$ である。

ここで，$\overline{p}=0.2$ であり，②の幅が **5.16**% 以下となるための条件は，

$$5.16\sqrt{\frac{0.2\times 0.8}{n}} \leqq \frac{5.16}{100}$$ である。両辺を **2** 乗して，

$$\frac{0.16}{n} \leqq \frac{1}{10000} \qquad 10000\times 0.16 \leqq n$$

$\therefore 1600 \leqq n$ より，少なくとも **1600** 世帯を抽出すればよい。……………………………(答)

ココがポイント

⇦母比率 p の **99**% 信頼区間の公式だね。

⇦$\overline{p}$ は 20% より，$\overline{p}=0.2$

⇦$5.16\sqrt{\frac{0.2(1-0.2)}{n}} \leqq \frac{5.16}{100}$（$\frac{5.16}{100}$ ＝ 5.16%）

第9章 ● 確率分布と統計的推測の公式の復習

1. 期待値 $E(X)=m$，分散 $V(X)=\sigma^2$，標準偏差 $D(X)=\sigma$

(1) $E(X)=\sum_{k=1}^{n} x_k p_k$ (2) $V(X)=\sum_{k=1}^{n}(x_k-m)^2 p_k=E(X^2)-\{E(X)\}^2$

(3) $D(X)=\sqrt{V(X)}$

2. 新たな確率変数 $Y=aX+b$ の期待値，分散，標準偏差

(1) $E(Y)=aE(X)+b$ (2) $V(Y)=a^2V(X)$ (3) $D(Y)=|a|D(X)$

3. $E(X+Y)=E(X)+E(Y)$

4. 独立な確率変数 X と Y の積の期待値と和の分散

(1) $E(XY)=E(X)E(Y)$ (2) $V(X+Y)=V(X)+V(Y)$

5. 二項分布の期待値，分散，標準偏差

(1) $E(X)=np$ (2) $V(X)=npq$ (3) $D(X)=\sqrt{npq}$ $(q=1-p)$

6. 確率密度 $f(x)$ に従う連続型確率変数 X の期待値，分散

(1) $E(X)=\int_{-\infty}^{\infty} xf(x)dx$ (2) $V(X)=\int_{-\infty}^{\infty}(x-m)^2 f(x)dx$

$$=E(X^2)-\{E(X)\}^2$$

7. 正規分布 $N(m,\ \sigma^2)$ の確率密度 $f_N(x)$

$$f_N(x)=\frac{1}{\sqrt{2\pi}\sigma}e^{-\frac{(x-m)^2}{2\sigma^2}} \quad (m=E(X),\ \sigma^2=V(X))$$

8. 標本平均 $\overline{X}$ の期待値 $m(\overline{X})$，分散 $\sigma^2(\overline{X})$，標準偏差 $\sigma(\overline{X})$

(1) $m(\overline{X})=m$ (2) $\sigma^2(\overline{X})=\frac{\sigma^2}{n}$ (3) $\sigma(\overline{X})=\frac{\sigma}{\sqrt{n}}$ (m：母平均，σ^2：母分散)

9. 母平均 m の（ⅰ）95% 信頼区間，（ⅱ）99% 信頼区間

（ⅰ）$\overline{X}-1.96\frac{S}{\sqrt{n}}\leqq m\leqq\overline{X}+1.96\frac{S}{\sqrt{n}}$

（ⅱ）$\overline{X}-2.58\frac{S}{\sqrt{n}}\leqq m\leqq\overline{X}+2.58\frac{S}{\sqrt{n}}$

10. 母比率 p の（ⅰ）95% 信頼区間，（ⅱ）99% 信頼区間

（ⅰ）$\overline{p}-1.96\sqrt{\frac{\overline{p}(1-\overline{p})}{n}}\leqq p\leqq\overline{p}+1.96\sqrt{\frac{\overline{p}(1-\overline{p})}{n}}$

（ⅱ）$\overline{p}-2.58\sqrt{\frac{\overline{p}(1-\overline{p})}{n}}\leqq p\leqq\overline{p}+2.58\sqrt{\frac{\overline{p}(1-\overline{p})}{n}}$

($\overline{p}$：標本比率，n：標本数)

★★★元気に伸びる数学Ⅱ・B問題集★★★
補充問題（additional question）

補充問題 1	難易度 ★★	定積分で表された関数と面積計算

関数 $f(x)=\int_{-1}^{x}(1-|t|)\,dt$ について，次の問いに答えよ。

(1) 関数 $f(x)$ を，(ⅰ) $-1 \leqq x < 0$ と (ⅱ) $0 \leqq x \leqq 1$ の場合について，x の式で表せ。また，関数 $y=f(x)$ $(-1 \leqq x \leqq 1)$ のグラフを描け。

(2) 関数 $y=f(x)$ $(-1 \leqq x \leqq 1)$ と x 軸とで挟まれる図形の面積 S を求めよ。

（神戸商船大＊）

ヒント！ **(1)** t の関数 $(1-|t|)$ を t で積分した後，t に x と -1 を代入して引き算したものが $f(x)$ だから，$f(x)$ は当然 x の式で表されるんだね。**(2)** 面積 S は，$y=f(x)$ を (ⅰ) $-1 \leqq x < 0$ と (ⅱ) $0 \leqq x \leqq 1$ に場合分けして求めよう。

解答＆解説

(1) $u=1-|t|$ とおくと，

$$u=\begin{cases} 1-(-t)=1+t & (t<0 \text{ のとき}) \\ 1-t & (t \geqq 0 \text{ のとき}) \end{cases}$$ となる。

よって，$f(x)$ を，(ⅰ) $-1 \leqq x < 0$ と (ⅱ) $0 \leqq x \leqq 1$ に場合分けして求めると，次のようになる。

(ⅰ) $-1 \leqq x < 0$ のとき，右図より，

$$f(x)=\int_{-1}^{x}(1+t)\,dt=\left[t+\frac{1}{2}t^2\right]_{-1}^{x}$$

$$=x+\frac{1}{2}x^2-\left(-1+\frac{1}{2}\right)=\frac{1}{2}(x^2+2x+1)$$

$$=\frac{1}{2}(x+1)^2 \cdots\cdots ①$$ となる。………(答)

ココがポイント

⇦ $|t|=\begin{cases} -t & (t<0 \text{ のとき}) \\ t & (t \geqq 0 \text{ のとき}) \end{cases}$ より

$u=1-|t|$ のグラフを下に示す。

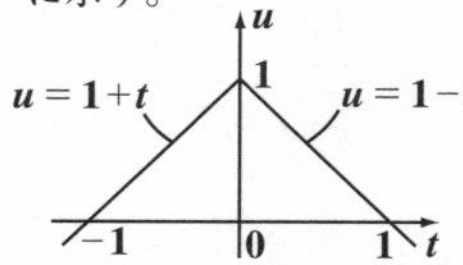

⇦ (ⅰ) $-1 \leqq x < 0$ のとき

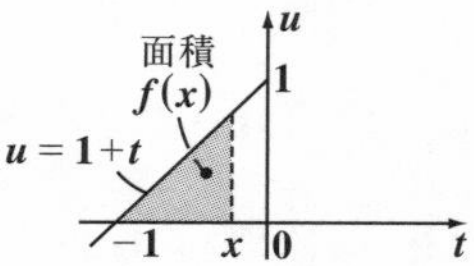

(ii) $0 \leqq x \leqq 1$ のとき，右図より，

$$f(x) = \int_{-1}^{0}(1+t)\,dt + \int_{0}^{x}(1-t)\,dt$$

$$= \left[t + \frac{1}{2}t^2\right]_{-1}^{0} + \left[t - \frac{1}{2}t^2\right]_{0}^{x}$$

$$= -\frac{1}{2}(x^2 - 2x - 1) = -\frac{1}{2}(x-1)^2 + 1$$

……② となる。……(答)

⇦(ii) $0 \leqq x \leqq 1$ のとき

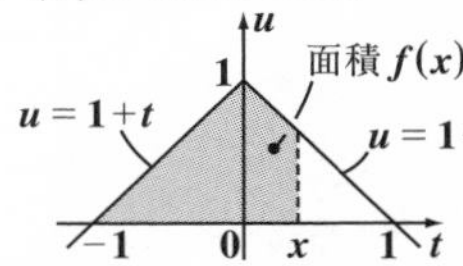

⇦$f(x) = 0 - \left(-1 + \frac{1}{2}\right) + x - \frac{1}{2}x^2 - 0$
$= -\frac{1}{2}x^2 + x + \frac{1}{2}$
$= -\frac{1}{2}(x^2 - 2x + 1) + 1$
$= -\frac{1}{2}(x-1)^2 + 1$

以上 (i)(ii) の①，②より，関数 $y = f(x)$ $(-1 \leqq x \leqq 1)$ のグラフの概形は右図のようになる。……………………………………………(答)

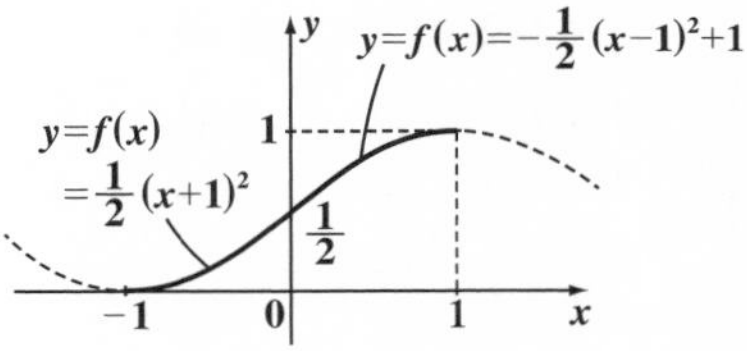

(2) 次に，関数 $y = f(x)$ $(-1 \leqq x \leqq 1)$ と x 軸とで挟まれる図形の面積 S を求めると，

$$f(x) = \begin{cases} \frac{1}{2}(x^2 + 2x + 1) & (-1 \leqq x < 0) \\ -\frac{1}{2}(x^2 - 2x - 1) & (0 \leqq x \leqq 1) \end{cases}$$ より，

$$S = \int_{-1}^{0} f(x)\,dx + \int_{0}^{1} f(x)\,dx$$

$$= \frac{1}{2}\int_{-1}^{0}(x^2 + 2x + 1)\,dx - \frac{1}{2}\int_{0}^{1}(x^2 - 2x - 1)\,dx$$

$$= \frac{1}{2}\left[\frac{1}{3}x^3 + x^2 + x\right]_{-1}^{0} - \frac{1}{2}\left[\frac{1}{3}x^3 - x^2 - x\right]_{0}^{1}$$

$$= \frac{1}{2}\left\{0 - \left(-\frac{1}{3} + 1 - 1\right)\right\} - \frac{1}{2}\left(\frac{1}{3} - 1 - 1 - 0\right)$$

$$= \frac{1}{2} \times \frac{1}{3} - \frac{1}{2} \times \left(-\frac{5}{3}\right)$$

$$= \frac{1}{6} + \frac{5}{6} = 1$$ である。………………………(答)

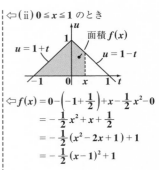

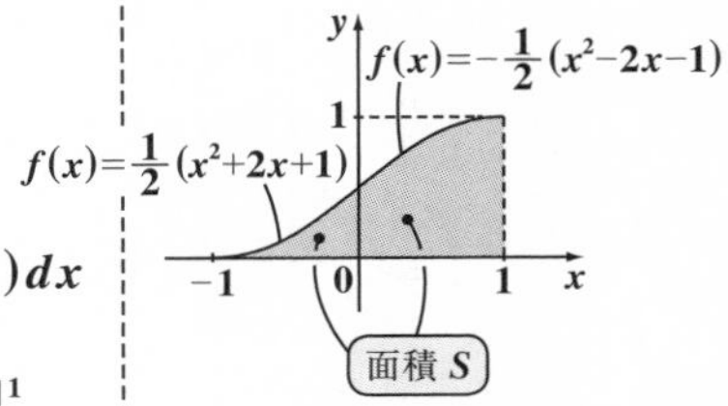

補充問題 2　難易度 ★★　連続型確率分布 (Ⅱ)

確率密度 $f(x)=\begin{cases}\dfrac{1}{2a^2}(x+a) & (-a\leqq x\leqq 0)\\ -\dfrac{1}{6a^2}(x-3a) & (0<x\leqq 3a)\\ 0 & (x<-a,\ 3a<x)\end{cases}$ …① (a：正の定数) に従う

確率変数 X がある。

(1) $-\dfrac{a}{2}\leqq X\leqq a$ となる確率 $P\left(-\dfrac{a}{2}\leqq X\leqq a\right)$ を求めよ。

(2) X の期待値 $E(X)$ を求めよ。

(3) 新たな確率変数 $Y=-\dfrac{X}{a}+1$ について，Y の期待値 $E(Y)$ を求めよ。

ヒント！ 今回は，任意の正の定数 a について $\int_{-\infty}^{\infty}f(x)dx=1$ (全確率) をみたすので，a の値を決定する必要はないんだね。(2) では $\int_{-\frac{a}{2}}^{a}f(x)dx$ を求め，(3) では $E(X)=\int_{-\infty}^{\infty}xf(x)dx$ を求めよう。(3) の $E(Y)$ はすぐに求められるね。共通テスト数学 II·B レベルの問題だ！頑張ろう！

解答＆解説

(1) ①の確率密度 $f(x)$ から求める確率は，右図より

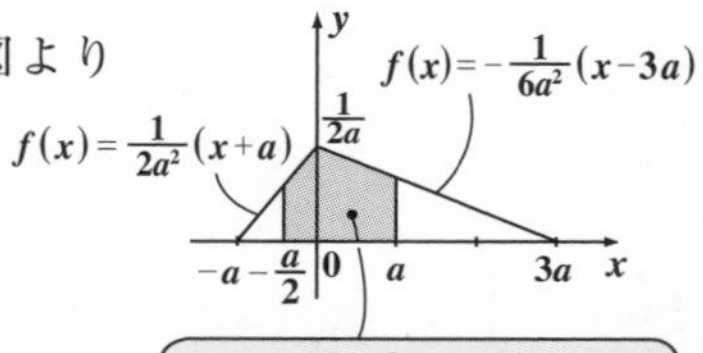

この面積 $\int_{-\frac{a}{2}}^{a}f(x)dx$ が，確率 $P\left(-\dfrac{a}{2}\leqq X\leqq a\right)$ になる。

$P\left(-\dfrac{a}{2}\leqq X\leqq a\right)$

$=\int_{-\frac{a}{2}}^{a}f(x)dx$

$=\dfrac{1}{2a^2}\int_{-\frac{a}{2}}^{0}(x+a)dx$

$\quad-\dfrac{1}{6a^2}\int_{0}^{a}(x-3a)dx$

ココがポイント

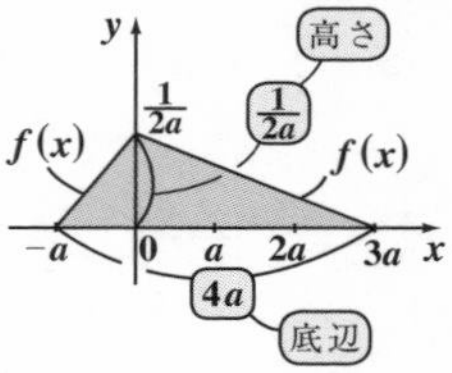

$y=f(x)$ のグラフより，この三角形の面積が，$\dfrac{1}{2}\times 4a\times\dfrac{1}{2a}=1$ (全確率) となるのが分かる。よって，a の値は決定できない。任意の正の定数になるんだね。

$$\therefore P\left(-\frac{a}{2} \leqq X \leqq a\right) = \frac{1}{2a^2}\left[\frac{1}{2}x^2 + ax\right]_{-\frac{a}{2}}^{0} - \frac{1}{6a^2}\left[\frac{1}{2}x^2 - 3ax\right]_0^a$$

$$= \frac{1}{2a^2} \times \frac{3}{8}a^2 - \frac{1}{6a^2} \times \left(-\frac{5}{2}a^2\right)$$

$$= \frac{3}{16} + \frac{5}{12} = \frac{9+20}{48} = \frac{29}{48} \quad \cdots\cdots\cdots\cdots\cdots(答)$$

⇦ $\cdot\left[\frac{1}{2}x^2 + ax\right]_{-\frac{a}{2}}^{0}$

$= 0 - \left\{\frac{1}{2}\left(-\frac{a}{2}\right)^2 + a \cdot \left(-\frac{a}{2}\right)\right\}$

$= -\frac{1}{8}a^2 + \frac{1}{2}a^2 = \frac{3}{8}a^2$

$\cdot\left[\frac{1}{2}x^2 - 3ax\right]_0^a$

$= \frac{1}{2}a^2 - 3a^2 = -\frac{5}{2}a^2$

(2) 次に，期待値 $E(X)$ は，

$$E(X) = \int_{-\infty}^{\infty} x \cdot f(x)dx = \int_{-a}^{0} x \cdot \underbrace{f(x)}_{\frac{1}{2a^2}(x+a)} dx + \int_0^{3a} x \cdot \underbrace{f(x)}_{-\frac{1}{6a^2}(x-3a)} dx$$

$\int_{-\infty}^{-a} x \cdot \underbrace{f(x)}_{0} dx = \int_{3a}^{\infty} x \cdot \underbrace{f(x)}_{0} dx = 0$ となるので，省略できる。

⇦ $E(X) = \int_{-\infty}^{\infty} x \cdot f(x)dx$
（期待値の定義式）

$$= \frac{1}{2a^2}\int_{-a}^{0}(x^2 + ax)dx - \frac{1}{6a^2}\int_0^{3a}(x^2 - 3ax)dx$$

$$= \frac{1}{2a^2}\left[\frac{1}{3}x^3 + \frac{a}{2}x^2\right]_{-a}^{0} - \frac{1}{6a^2}\left[\frac{1}{3}x^3 - \frac{3a}{2}x^2\right]_0^{3a}$$

$$= \frac{1}{2a^2} \times \left(-\frac{1}{6}a^3\right) - \frac{1}{6a^2} \times \left(-\frac{9}{2}a^3\right)$$

$$= -\frac{1}{12}a + \frac{3}{4}a = \frac{9-1}{12}a = \frac{2}{3}a \cdots ① \text{となる。}$$

……(答)

⇦ $\cdot\left[\frac{1}{3}x^3 + \frac{a}{2}x^2\right]_{-a}^{0}$

$= 0 - \left\{\frac{1}{3}(-a)^3 + \frac{a}{2} \cdot (-a)^2\right\}$

$= \frac{1}{3}a^3 - \frac{1}{2}a^3 = -\frac{1}{6}a^3$

$\cdot\left[\frac{1}{3}x^3 - \frac{3a}{2}x^2\right]_0^{3a}$

$= \frac{1}{3} \cdot (3a)^3 - \frac{3a}{2} \cdot (3a)^2$

$= 9a^3 - \frac{27}{2}a^3 = -\frac{9}{2}a^3$

(3) 新たな変数 $Y = -\frac{1}{a}X + 1$ の期待値 $E(Y)$ は，
①より，

$$E(Y) = E\left(-\frac{1}{a}X + 1\right) = -\frac{1}{a}\underbrace{E(X)}_{\frac{2}{3}a\ (①より)} + 1$$

$$= -\frac{1}{a} \times \frac{2}{3}a + 1 = 1 - \frac{2}{3} = \frac{1}{3} \text{となる。}$$

……(答)

⇦ $Y = aX + b$ （a，b：定数）
のとき，Y の期待値 $E(Y)$
は $E(Y) = E(aX + b)$
$= aE(X) + b$ となる。

補充問題 3　難易度 ☆☆　確率と漸化式

右図に示すような三角形 A, B, C と動点 P がある。表と裏が $\frac{1}{2}$ の確率で出るコインを投げ，表が出たら点 P を時計回りに隣りの次の頂点へ，また裏が出たら反時計回りに隣りの次の頂点に移動する試行を繰り返し行う。動点 P が頂点 A から移動を開始するとき，n 回目の試行の後で頂点 A にいる確率を $P_n(A)$ $(n=1, 2, 3, \cdots)$ とおく。次の各問いに答えよ。

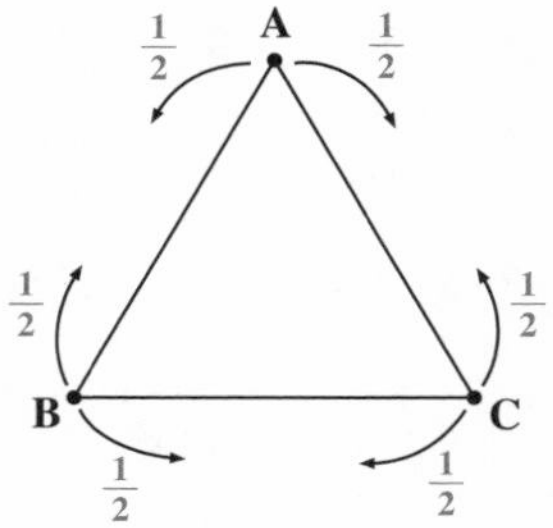

(1) $P_1(A)$ を求めよ。

(2) $P_n(A)$ と $P_{n+1}(A)$ の関係式 (漸化式) を求めよ。

(3) $P_n(A)$ $(n=1, 2, 3, \cdots)$ を求めよ。　(横浜市大 *)

ヒント！ (1) 初めに P は点 A にいるので $n=1$ 回目の試行後は，B または C に移動する。(2) $P_n(A)$ と $P_{n+1}(A)$ の模式図を描いて，$P_n(A)$ と $P_{n+1}(A)$ の漸化式を求めよう。(3)(2) で求めた漸化式を等比関数列型漸化式を利用して解いていこう。

解答＆解説

(1) 初めに動点 P は頂点 A にいるので，この試行を $n=1$ 回行えば，P は B または C に移動して，A には存在しない。

$\therefore P_1(A)=0$ である。……………………………(答)

(2) n 回目の試行後に P が A にいる確率が $P_n(A)$ であり，A にいない，すなわち B または C にいる確率は $1-P_n(A)$ となる。

よって，第 n 回目の試行後に，

$\begin{cases} \cdot \text{P が A にいる確率は，} P_n(A) \\ \cdot \text{P が B または C にいる確率は } 1-P_n(A) \text{ で} \end{cases}$

あり，第 $n+1$ 回目の試行後に，P が A にいる

ココがポイント

⇦

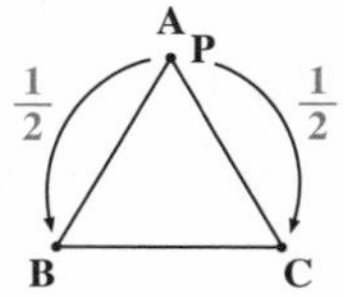

⇦

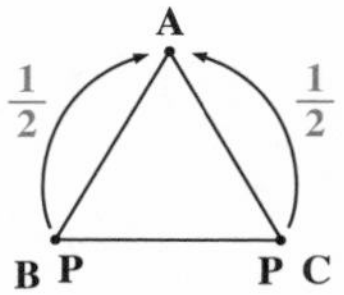

確率 $P_{n+1}(A)$ は，次の模式図を利用して求める
ことができる。

第 n 回目　　　　　　　　第 $n+1$ 回目

$P_n(A)(A$ にいる $)$ 　　　　　　0

　　　　　　　　　　　　　$P_{n+1}(A)$

$1-P_n(A)(B, C$ にいる $)$ 　$\frac{1}{2}$

この模式図より，$P_{n+1}(A)$ は次式で表される。

$P_{n+1}(A) = 0 \cdot P_n(A) + \dfrac{1}{2} \cdot \{1 - P_n(A)\}$

$\therefore P_{n+1}(A) = -\dfrac{1}{2} P_n(A) + \dfrac{1}{2}$ …① $(n = 1, 2, 3, \cdots)$

が導かれる。……………………………………(答)

(3) 以上 **(1)**, **(2)** の結果より，

$\begin{cases} P_1(A) = 0 \\ P_{n+1}(A) = -\dfrac{1}{2} P_n(A) + \dfrac{1}{2} \cdots ① \ \ (n = 1, 2, 3, \cdots) \end{cases}$

①の特性方程式：$x = -\dfrac{1}{2} x + \dfrac{1}{2}$ の解は，

$x = \dfrac{1}{3}$ より，これを用いて，①を変形して，

$P_{n+1}(A) - \dfrac{1}{3} = -\dfrac{1}{2}\left\{P_n(A) - \dfrac{1}{3}\right\}$

$\left[\quad F(n+1) \quad = -\dfrac{1}{2} \cdot \quad F(n) \quad \right]$

アッという間!

よって，

$P_n(A) - \dfrac{1}{3} = \left\{P_1(A) - \dfrac{1}{3}\right\}\left(-\dfrac{1}{2}\right)^{n-1}$
　　　　　　　　⓪

$\left[\quad F(n) \quad = \quad F(1) \quad \cdot \left(-\dfrac{1}{2}\right)^{n-1} \right]$

これに，$P_1(A) = 0$ を代入すると，

求める一般項 $P_n(A)$ は，次のように求められる。

$P_n(A) = \dfrac{1}{3} - \dfrac{1}{3}\left(-\dfrac{1}{2}\right)^{n-1} \quad (n = 1, 2, 3, \cdots)$

……(答)

⇦ ・n 回目に P が A にいると，$n+1$ 回目には移動して A にいることはない。
・n 回目に P が A にいない，すなわち，B または C にいるとき，このいずれの場合においても，P は $\dfrac{1}{2}$ の確率で A に移動する。

⇦ $P_n(A) = P_n$, $P_{n+1}(A) = P_{n+1}$ と略記すると，
$P_{n+1} = -\dfrac{1}{2} P_n + \dfrac{1}{2}$ より，
この特性方程式は，
$x = -\dfrac{1}{2} x + \dfrac{1}{2}$
これを解いて，
$\dfrac{3}{2} x = \dfrac{1}{2}$ より，$x = \dfrac{1}{3}$
$\therefore$①は，次のように変形できる。
$P_{n+1} - \dfrac{1}{3} = -\dfrac{1}{2}\left(P_n - \dfrac{1}{3}\right)$

⇦ 等比関数列型漸化式による解法
$F(n+1) = -\dfrac{1}{2} F(n)$ より，
$F(n) = F(1) \cdot \left(-\dfrac{1}{2}\right)^{n-1}$

補充問題 4　難易度 ★★　数列の和と漸化式

数列 $\{a_n\}$ の初項から第 n 項までの和を S_n と表す。$S_n = 2^{n+1} - a_n$ …①
$(n = 1, 2, 3, \cdots)$ が成り立つとき，次の問いに答えよ。

(1) a_1, a_2, a_3 を求めよ。

(2) a_{n+1} を a_n の式で表し，一般項 a_n $(n = 1, 2, 3, \cdots)$ を求めよ。

(福井大＊)

ヒント！ (1) では，①式に $n = 1, 2, 3$ を代入して，a_1, a_2, a_3 を求めればよい。(2) では，①より $S_{n+1} = 2^{n+2} - a_{n+1}$ …②とし，②−①から a_{n+1} と a_n の関係式 (漸化式) が求められる。後は，等比関数列型漸化式：$F(n+1) = r \cdot F(n)$ の形にもち込んで解いていこう。

解答＆解説

(1) $S_n = 2^{n+1} - a_n$ ……① $(n = 1, 2, 3, \cdots)$ について，

(i) $n = 1$ のとき，$\underline{S_1} = 2^{1+1} - a_1$ より，（$S_1 = a_1$）

$a_1 = 4 - a_1 \quad 2a_1 = 4 \quad \therefore a_1 = 2$ ………(答)

(ii) $n = 2$ のとき，$\underline{S_2} = 2^{2+1} - a_2$ より，（$a_1 + a_2 = 2 + a_2$）

$2 + a_2 = 8 - a_2 \quad 2a_n = 6 \quad \therefore a_2 = 3$ ……(答)

(iii) $n = 3$ のとき，$\underline{S_3} = 2^{3+1} - a_3$（$a_1 + a_2 + a_3 = 2 + 3 + a_3$）

$5 + a_3 = 16 - a_3 \quad 2a_3 = 11 \quad \therefore a_3 = \dfrac{11}{2}$ …(答)

(2) ①式の n に $n+1$ を代入すると，

$S_{n+1} = 2^{n+2} - a_{n+1}$ ……② $(n = \underline{0}, 1, 2, \cdots)$（$n$ は 0 スタート！）

②−①より，

$\underline{S_{n+1}} - \underline{S_n} = 2^{n+2} - a_{n+1} - (2^{n+1} - a_n)$ $(n = \underline{1}, 2, 3, \cdots)$

（$n \geqq 0$ かつ $n \geqq 1$ より，n は 1 スタートとなる。）

$S_n = (a_1 + a_2 + \cdots + a_n)$

$S_{n+1} = (a_1 + a_2 + \cdots\cdots + a_n + \underline{a_{n+1}})$（これだけ残る。）

ココがポイント

⇦ $S_1 = a_1$
$S_2 = a_1 + a_2$
$S_3 = a_1 + a_2 + a_3$

⇦ $S_{n+1} = 2^{n+1+1} - a_{n+1}$
$S_{n+1} = 2^{n+2} - a_{n+1}$ ……②
このとき，n は，
$n = \underline{0}, 1, 2, \cdots$（0 スタートとなる）
②は，
$S_n = 2^{n+1} - a_n$ ……①
のときの，
$n = \underline{1}, 2, 3, \cdots$ と同じだ。（1 スタート）

$a_{n+1}=2^2\cdot 2^n-a_{n+1}-2\cdot 2^n+a_n$ より，

$a_{n+1}=\frac{1}{2}a_n+2^n$ ……③ $(n=1,\ 2,\ 3,\ \cdots)$ となる。

……(答)

③を $F(n+1)=\frac{1}{2}\cdot F(n)$……④の形にするために，定数 α を用いて，

$\begin{cases} F(n)=a_n+\alpha\cdot 2^n \text{ ……⑤ とおくと，} \\ F(n+1)=a_{n+1}+\alpha\cdot 2^{n+1} \text{ ……⑥ となる。} \end{cases}$

⑤，⑥を④に代入して，

$a_{n+1}+\alpha\cdot 2^{n+1}=\frac{1}{2}(a_n+\alpha\cdot 2^n)$ ……④′ となる。

これを変形して，

$a_{n+1}=\frac{1}{2}a_n+\frac{\alpha}{2}\cdot 2^n-2\alpha\cdot 2^n$

$a_{n+1}=\frac{1}{2}a_n\underbrace{-\frac{3}{2}\alpha}_{1}\cdot 2^n$ ……⑦

③と⑦を比較して，$-\frac{3}{2}\alpha=1$ より，$\alpha=-\frac{2}{3}$

これを④′に代入して，

$a_{n+1}-\frac{2}{3}\cdot 2^{n+1}=\frac{1}{2}\left(a_n-\frac{2}{3}\cdot 2^n\right)$

$\left[\quad F(n+1)\quad=\frac{1}{2}\cdot\quad F(n)\quad\right]$

アッ！という間

$a_n-\frac{2}{3}\cdot 2^n=\left(\underbrace{a_1}_{2}-\frac{2}{3}\cdot 2^1\right)\cdot\left(\frac{1}{2}\right)^{n-1}$

$\left[\quad F(n)\quad=\quad F(1)\quad\cdot\quad\left(\frac{1}{2}\right)^{n-1}\right]$

これに $a_1=2$ を代入すると一般項 a_n は，

$a_n=\frac{1}{3}\left\{2^{n+1}+\left(\frac{1}{2}\right)^{n-2}\right\}$ $(n=1,\ 2,\ 3,\ \cdots)$

となる。……………………………………………(答)

⇦ $2a_{n+1}=a_n+2\cdot 2^n$

$a_{n+1}=\frac{1}{2}a_n+2^n$

(漸化式)

⇦ $F(n)=a_n+\alpha\cdot 2^n$ の n の代わりに $n+1$ を代入すると，

$F(n+1)=a_{n+1}+\alpha\cdot 2^{n+1}$

となる。

このように，自分で，$F(n+1)=r\cdot F(n)$ の形になるように，デザインすることがポイントなんだね。

⇦ $a_n-\frac{1}{3}\cdot 2^{n+1}=\underbrace{\left(2-\frac{4}{3}\right)}_{\frac{2}{3}}\cdot\left(\frac{1}{2}\right)^{n-1}$

$a_n=\frac{1}{3}\cdot 2^{n+1}+\frac{2}{3}\cdot\left(\frac{1}{2}\right)^{n-1}$

$=\frac{1}{3}\left\{2^{n+1}+\left(\frac{1}{2}\right)^{n-2}\right\}$

スバラシク伸びると評判の
元気に伸びる 数学II・B問題集
改訂 4

マセマ

著　者　馬場 敬之
発行者　馬場 敬之
発行所　マセマ出版社
〒 332-0023 埼玉県川口市飯塚 3-7-21-502
TEL 048-253-1734　FAX 048-253-1729
Email：info@mathema.jp
https://www.mathema.jp

編　集　山崎 晃平
校閲・校正　高杉 豊　馬場 貴史　秋野 麻里子
制作協力　久池井 茂　栄 瑠璃子　真下 久志
石神 和幸　松本 康平　小野 祐汰
木津 祐太郎　奥村 康平　冨木 朋子
間宮 栄二　町田 朱美
カバーデザイン　児玉 篤　児玉 則子
ロゴデザイン　馬場 利貞
印刷所　中央精版印刷株式会社

ISBN978-4-86615-194-6 C7041
落丁・乱丁本はお取りかえいたします。
本書の無断転載、複製、複写（コピー）、翻訳を禁じます。
KEISHI BABA 2021 Printed in Japan